运筹学在油田开发规划中的应用与发展

付百舟 张继风 王禄春 王 刚 编著

石油工业出版社

内容提要

本书主要介绍了常用运筹学方法在油田开发规划中的应用及案例，重点论述了规划优化方法，包括常用的目标规划和动态规划等确定性优化方法及其实例应用、不确定性因素的分析与表征思想及描述方法、不确定性优化模型及其求解算法、方案风险评估方法及常用工具，以及不确定性优化在油田中长期开发规划编制中的应用实例。

本书可供从事油气田开发工作的研究人员、油气藏工程技术人员以及石油院校相关专业师生阅读参考。

图书在版编目（CIP）数据

运筹学在油田开发规划中的应用与发展 / 付百舟等编著 . -- 北京：石油工业出版社，2024.8. -- ISBN 978-7-5183-6832-7

Ⅰ . O22；TE34

中国国家版本馆 CIP 数据核字第 2024K60Q71 号

出版发行：石油工业出版社
（北京安定门外安华里 2 区 1 号楼　100011）
网　　址：www.petropub.com
编辑部：（010）64249707
图书营销中心：（010）64243633
经　　销：全国新华书店
印　　刷：北京中石油彩色印刷有限责任公司

2024 年 8 月第 1 版　2024 年 8 月第 1 次印刷
787×1092 毫米　开本：1/16　印张：15.5
字数：360 千字

定价：80.00 元
（如出现印装质量问题，我社图书营销中心负责调换）
版权所有，翻印必究

前言
Preface

油田开发规划的最大特征是不确定性，而运筹学是研究不确定性的有效技术手段。伴随着油田开发的不断深入和计算机等信息技术的发展，开发规划与运筹学的结合也经历了从简单定量到定性与定量融合的多种方法综合集成应用，并在实践中不断发展、完善，逐步形成了具有油田开发规划编制特点的、适应油田规划编制需求的方法体系。

对油田开发规划问题的研究必然要经历由浅入深、由简单到复杂、由笼统到具体的发展过程，以求尽可能接近油田开发实际。随着油田开发不断深入，地面与地下、技术与经济等问题出现得愈来愈多且复杂，在决策部署时需要考虑的因素也越来越多且深入，因而应用运筹学理论和方法来解决规划中不确定性问题显得愈发重要。运筹学的思想和方法在油田已应用近四十余年，有必要对开发规划中常用运筹学相关理论与方法，以及矿场实际应用经验与教训进行总结归纳，一方面利于技术人员掌握、应用和改进，另一方面利于促进运筹学与规划技术深入融合，以期对相关技术人员及开发规划技术的发展给与有益的帮助和指导。

大庆油田勘探开发研究院技术人员在多年的油田开发规划工作中积累了一些经验，也吸取了很多教训。为了总结经验以利再战，通过对近四十年来开展实际工作的系统总结、梳理和提炼，在勘探开发研究院副院长付百舟的组织下，由一级工程师张继风执笔，编写了《运筹学在油田开发规划中的应用与发展》，本书共分为五章，付百舟、张继风、郭昊编写了第一章运筹学发展概述，张继风、王威、白永旺编写了第二章油田开发规划常用确定性优化方法及应用案例；王禄春、王海峰、桂东旭编写了第三章不确定理论及规划优化方法；王刚、刘亚坤、赵玉双编写了第四章不确定优化方法在油田"十二五"开发规划中的应用；张继风、王福林、关恒编写了第五章常用方案风险评估方法及应用。在编写过程中，汲取了开发规划老专家乔书江和田晓东多年的研究成果，并得到企业首席技术专家方艳君的全程指导，在此表示衷心感谢！

由于水平有限，书中不足之处在所难免，望读者见谅，同时恳请业内专家和读者提出宝贵意见和建议，以便做好本书的完善和再版工作，共同提高运筹学在油田开发规划应用中的理论水平与实践能力。

编 者
2024 年 6 月

目录
Contents

第一章　运筹学发展概述 ··· 1
　第一节　运筹学发展历程与概况 ··· 1
　第二节　运筹学方法的应用 ·· 18
　第三节　运筹学的发展态势与挑战 ··· 29
　参考文献 ·· 34

第二章　油田开发规划常用确定性优化方法及应用案例 ····································· 35
　第一节　油田开发规划编制流程及优化技术应用 ·· 35
　第二节　多目标优化在油田"九五"开发规划中的应用 ··································· 60
　第三节　基于大系统理论的规划优化方法及应用 ·· 84
　参考文献 ·· 99

第三章　不确定理论及规划优化方法 ··· 100
　第一节　不确定性分析与因素表征 ··· 100
　第二节　不确定优化理论及其模型 ··· 117
　第三节　不确定优化模型求解算法 ··· 137
　第四节　不确定规划优化应用情况 ··· 149
　参考文献 ·· 158

第四章　不确定优化在油田"十二五"开发规划中的应用 ··································· 160
　第一节　面临的形势与规划编制主要内容 ·· 160
　第二节　不确定规划优化模型建立及求解算法 ··· 172
　第三节　油田"十二五"产量规划优化 ·· 186
　参考文献 ·· 190

第五章　方案风险评估方法及应用 ·· 191
　第一节　风险评估方法及分布概型的确定 ·· 191
　第二节　已知分布的随机抽样 ··· 196
　第三节　灵敏度分析 ·· 207
　第四节　风险分析常用工具及应用 ··· 211
　第五节　产量概率模拟案例 ·· 229
　参考文献 ·· 240

第一章　运筹学发展概述

"运筹"一词,出自西汉司马迁《史记·高祖本纪》:"夫运筹策帷帐之中,决胜于千里之外"。运筹学的英文词 Operational Research 最早出现于 1938 年,原意为"作战研究",英文缩写为 OR。20 世纪 50 年代中期,钱学森、许国志等将运筹学引入中国,并结合中国的特点在国内推广应用,中国学术界将原词译为运筹学。

运筹学是自 20 世纪三四十年代发展起来的一门新兴交叉学科[1-4]。它主要研究人类对各种资源的运用及筹划活动,以期通过了解和发展这种运用及筹划活动的基本规律,发挥有限资源的最大效益,达到总体最优的目标。从问题的形成开始,到构造模型、提出解决方案、进行检验、建立控制,直至付诸实施为止的所有环节构成了运筹学研究的全过程。运筹学研究对象的客观普遍性,以及强调研究过程完整性的重要特点,决定了运筹学应用的广泛性,它的应用范围遍及工农业生产、经济管理、工程技术、国防安全、自然科学等各个方面和领域。

第一节　运筹学发展历程与概况

运筹学从创建时期开始起就表现出其理论与实践结合的鲜明特点,在它的发展过程中还充分表现出多学科的交叉结合,物理学家、化学家、数学家、经济学家和工程师等联合组成研究队伍,各自从不同学科的角度出发提出各自对实际问题的认识和见解,促使解决大型复杂现实问题的新途径、新方法、新理论更快地形成。

运筹学的学科体系主要包含 3 大部分:模型、理论和算法。无论是早期解决第二次世界大战(以下简称二战)中的兵力部署和武器调配,还是生产组织问题或交通、通信问题,相关领域的运筹学工作者都建立了各种各样的模型,在这些模型下逐步地建立了比较完整的理论体系,提出了求解相应问题的各种类型的算法。

运筹学经过 60 多年的发展,已经逐步形成了一套系统地研究和解决实际问题的方法,它可以概括为以下几个阶段。

(1)构建所关心问题的数学模型,将一个实际问题表示为一个运筹学问题。
(2)分析问题(最优)解的性质和求解问题的难易程度,寻求合适的求解方法。
(3)设计求解相应问题的算法,并对算法的性能进行理论分析。
(4)编程实现算法,并分析模拟数值结果。
(5)判断模型和解法的有效性,提出解决原始实际问题的方案。

这些阶段并不是相互独立的,也绝非依次进行的。正如邦德(美国工程院院士,曾任美国军事运筹学会主席和美国运筹学会主席)在谈到他几十年建模和分析的体会时指出的，对于模型的开发应该是一种连续的研究、开发、分析、改进的过程，是一个原型化和呈螺旋状发展的过程，而不是一个单个事件。在短期内建造一个原型（如有必要，可加上一些不切实际的假设），然后通过去除那些不切实际的假设，增加过程、增加系统等等不断地将模型改进。

线性规划是运筹学模型、理论和算法的最典型的代表之一。20世纪40年代前学者们缺乏对事物进行优化的兴趣和动力，在文献中虽然有四五十篇关于线性不等式系统的文章，但其中没有一篇提及目标函数。1947年，丹齐格基于其二战时担任实践计划规划者的经历，认识到多数的实际计划关系都可以用一组线性不等式来刻画，并用一个目标函数来取代为选取一个较好计划而设定的一组基本规则，从而提出了线性规划模型和求解方法，单纯形法。运筹学以后的发展表明，线性规划及单纯形法不仅是证明理论的一个有力的分析工具，还是一个强有力的计算工具，更是运筹学研究的一个催化剂。学者们对线性规划和单纯形法的计算复杂性的持续研究，最终产生了椭球算法和内点算法等一系列理论成果，并形成了新的研究课题。线性规划的产生和巨大成功极大地推动了数学规划发展。

运筹学作为一门新兴的交叉学科，在军事国防、企业民生、科技工程和经济金融等领域中产生了深刻而广泛的影响。

一、运筹学发展历程

数学既是所有学科的共同语言，也是有力的工具。尽管运筹学作为一门有着不长历史的新兴交叉学科，已形成了比较完整的学科体系，但它通常还是作为数学的一个分支。实际上，数学与运筹学有着紧密的关系。数学是解决运筹问题和实现运筹思想的最基本的工具之一。运筹学主要用数学方法构造问题模型，建立相应理论，设计和分析求解算法。在这个过程中，可以用数学方法解决实际问题，也可以发现新的数学问题，丰富数学的内涵，推动数学的发展。下面对数学和运筹学的发展分别做了一个简要的回顾，可以更好地理解运筹学的内涵和特征。

(一) 数学发展概述

数学从开始就是从实际中产生出来，就是为生产服务。反过来，随着生产的发展，人类对数学的要求也相应提高，四则运算逐渐成为生活所必需。由于尼罗河水的特殊条件，每年春天上游的水大量集中直冲而下，将下游的耕地冲刷成为平原。为了恢复原来的土地面积的分配，引发了对某些平面图形，如矩形、三角形、圆等的面积计算，进而对它们之间的关系进行研究。这些研究对于重新分配土地面积是必要的。到了公元前600年左右，埃及的几何学传到了雅典，一些人对之进行学术性研究，初等几何逐渐发展成一门学科亚里斯多德等人强调对事物的分类和比较，重视思维的条理化，并将逻辑推理方法引入了数学研究。公元前300年左右，在亚历山大城建立了一个博物馆，为学者们研究和讲授数学与地学。

虽然由于欧几里得和阿波罗尼奥斯等根据前人的积累，将几何学提升到了一个新的高度，但由于当时计数方法的繁琐以及随之而来的生产技术进步的停顿，对数学提不出新的有意义的要求，计算也仅局限于一些简单的四则运算，因而学者们探究的问题必然脱离现实。正如后来威尔斯在其所著的《世界史纲》所评述的那样："智慧离开了亚历山大城，留下的只是卖弄学问的学究气。书籍的崇拜代替了书籍的利用。有学问的人很快地变成了一个特殊化的古怪阶级，具有种种令人讨厌的特点"。

在经历了中世纪战争频发、人群不断流动的这段漫长时期之后，14—16世纪，意大利的文艺复兴唤醒了人类。各种阻碍人类社会发展的繁琐哲学和无谓的神学辩论逐步被抛弃，随之而来的是生产的进步和工业的繁荣。因而给数学提出了许多问题，促使数学得到快速的发展。首先是波兰的哥白尼根据观测和分析，提出了与神学对抗的日心说。由于三角学在天文、航海和物理等方面都有广泛应用，对三角函数的数值计算（手算）成了一项重要工作。随后开普勒根据第谷积累的观测资料，提出了著名的开普勒三定律，并最终导致牛顿发现万有引力定律。期间物理学和天文学的进展，也使数学得到了相应的发展。特别是计算方面，纳皮尔创造了对数，帕斯卡发明了加法机，大大提高了计算速度，实际的需要促进了计算技术的进步。然而因为当时工业生产还处于小作坊模式，计算工具也很初等，所以生产实践中不可能对数学提出非常有意义的问题。

17世纪初期，解析几何的出现是数学发展的一大飞跃，它将几何图形与数学表达式联系起来。由于开普勒的启蒙，积分的概念被正式提出，它用来求曲线之长，曲线所围成的面积等等。而稍后提出的微分，则可以用来描述物体在运动的瞬间状态。17世纪下半叶，由牛顿和莱布尼兹分别从运动学和几何学的角度分别独立创立的微积分学，无疑是数学的一大进步，它使得数学与其他自然科学，特别是物理学和天文学，紧密相连并相互促进；它也使得数学自身的研究范围得以伸延，从而引出了许多新问题，开辟了一些新的方向。

尽管数学因微积分得到快速发展，但是物理学和天文学，由于受到当时物质条件的限制，发展速度远比数学逊色，因而对数学难以提出明确的新问题。因此，当时包括欧拉、拉格朗日等在内的一些著名数学家对数学的发展前途感到了悲观，因为他们认为物质世界才是数学发展的泉源。但是，他们没有意识到，当时发展起来的数学本身存在着许多问题需要解决，数学自身需要有一段相当长的时间使自己臻于完善。例如，微分和积分的理论基础如何，级数的收敛性，复平面的必要性，五次和五次以上的代数方程的可解性，等等。若这些数学内在问题不解决，以数学作为工具所导出的物理和天文等的实际问题的解答就没有坚实的理论基础。当然，物理学也是在发展之中，在18世纪末，如热力学、流体力学和测地学等也逐渐发展起来，数学在其中得到了广泛的应用和进一步的发展。由于数学的发展很快，大约从18世纪中叶开始，研究数学逐渐成为一种专业。许多大学相继建立了数学系，数学家逐渐成为一种得到全社会承认的职业。数学系的建立对数学的发展产生了两方面的影响。一方面，它便于培养数学人才，也使得数学家可以悉心致力于数学内在问题的研究，有利于促进数学自身的发展。但另一方面，在数学系工作的人很容易脱离社会的实践，从而给数学的发展带来很大的副作用。因为真正有意义的数学的内在问题是很有限的，所以大多数人只能在前人的工作中去寻找问题，或者是同行中相互提出问题。在评价彼此的工作时，也主要依据所解决的问题的难度，而不注意这些工作对社会是否能生产积极的作用。著名科学家拉格朗日曾说过，一个数学家，只有当他能够走出去，对他在街上碰到的第一个人清楚地解释自己的工作时，他才完全理解了自己的工作。美国哈佛大学第25任校长博克在其撰写的《走出象牙塔现代大学的社会责任》一书中，对学术研究和技术创新需求及学术研究的社会责任做了深入的剖析，主张美国大学逐渐融入到社会中去。

在二战结束后，计算机的诞生和快速发展，大型工商业的兴起以及产品新陈代谢的加速，为数学的发展提供了一股新的推动力。一种以图灵创立的计算的模型和理论为主要基础的新数学逐渐形成，它与已有的数学有很大的差异：

（1）研究对象一般都是大规模的，其变量数目一般都很大甚至巨大，变量须满足的条件个数很多且复杂；

（2）研究的问题通常不能仅以数学式来描述，即使可以描述，也因变量或者条件过多，使得无法在计算机上处理；

（3）研究的问题变量或者条件的离散性，使得微积分等连续性方法和工具的作用十分有限；

（4）算法的设计与分析成为一个非常重要的内容。

社会发展的需要就是学科发展的源泉，计算技术的革命性进步过程为数学工作者提供了一个广阔的研究领域，一定会有许多新的思想、新的方法被提出来，数学的发展也将会随之有一个新的飞跃。

（二）运筹学发展简史

朴素的运筹思想在中国古代历史发展中源远流长。公元前6世纪的著作《孙子兵法》研究如何筹划兵力以争取全局胜利，是我国古代军事运筹思想最早的典籍。同一时期，我国创造的轮作制、间作制与绿肥制等先进的耕作技术暗含了现代运筹学中二阶段决策问题的雏形。总之，统筹、多阶段决策、多目标优化、合理运输、选址问题、都市规划、资源综合利用等运筹思想方法屡见不鲜，但很少有人从数学的角度将这些运筹思想和方法进行提升。

西方国家的科学家一方面试图从朴素的运筹问题和运筹思想中发展新的数学内涵，另一方面，又试图利用已经建立的数学概念和方法解决实际问题。1736年，欧拉用图论思想成功地解决了哥尼斯堡七桥问题。1738年，贝努利首次提出了效用的概念，并以此作为决策的标准。1777年，布冯发现了用随机投针试验来计算π的方法，这是随机模拟方法（蒙特卡洛法）最古老的试验。1896年，帕累托首次从数学角度提出多目标优化问题，引进了帕累托最优的概念。1909年，丹麦电话工程师埃尔朗利用概率论，开展了关于电话局中继线数目的话务理论的研究，开创了排队论研究的先河。1912年，策梅洛首次使用数学方法来研究博弈问题。

现代运筹的思想萌芽于第一次世界大战时期，这段时间人们开始用数学的方法探讨各种运筹问题，只是由于人力不足、资料有限和经费不足的原因限制了运筹学研究的深度。1915年，哈里斯对商业库存问题的研究是库存论模型最早的应用。1916年，兰彻斯特开展了关于战争中兵力部署的理论，这是现代军事运筹最早提出的战争模型。1921年，博雷尔引进了博弈论中最优策略的概念，对某些博弈问题证明了最优策略的存在。1926年，博鲁夫卡最早发现了拟阵与组合优化算法之间的关系。1928年，冯·诺依曼提出了二人零和博弈的一般理论。1932年，威布尔研究了维修问题和替换问题，这是可靠性数学理论最早的工作。1939年，康托罗维奇开创性地提出线性规划，并据此模型研究了工业生产的资源合理利用和计划等问题，因而在1975年获得了诺贝尔经济奖。上述这些先驱性的成就对运筹学的发展有着深远的影响。

现代运筹学真正起源于20世纪二战期间，并因其在军事作战方面的大量成功运用而得到蓬勃发展。1935—1938年，这个时期被视作运筹学基本概念酝酿期。英国为了有效地运用新研制的雷达系统来应对德国飞机的空袭，在皇家空军中组织了一批科学家，进行新战术试验和战术效率的研究，并取得了满意的效果。他们把自己从事的这种工作叫作"Operational Research"（译作"运筹学"）。二战期间英军每一个大的指挥部大都成立了这种运筹研究小组。在美国和加拿大的军事部门也成立了若干运筹研究小组，称之为"Operations Research"。他们广泛地研究有关战果评价、战术革新、技术援助、战略决策和战术计划等问题。

1949年，美国成立了著名的兰德公司，与此同时，许多运筹学工作者逐步从军方转移到政府及产业部门进行研究。在新的、更宽阔的环境中，运筹学的理论和应用研究得到了蓬勃发展。随之产生的理论成果主要有线性规划、整数规划、图论、网络流、几何规划、非线性规划、大型规划和最优控制理论等；同时也为欧美等国创造了巨大的社会财富。

研究优化模型的规划论，研究排队（或服务）模型的排队论（也称随机服务系统），及研究博弈模型的博弈论（也称对策论）是运筹学最早的三个重要分支，通常称为运筹学早期的三大支柱。随着学科的发展和计算机的出现，现在分支更细，名目更多。例如线性与整数规划、图与网络、组合优化、非线性规划、多目标规划、动态规划、随机规划、博弈论、随机服务系统、库存论、可靠性理论、决策分析、马尔可夫决策规划、搜索论、随机模拟和管理信息系统等基础学科分支，工程技术运筹学、管理运筹学、工业运筹学、农业运筹学、军事运筹学等交叉与应用学科分支也先后形成。

在运筹学快速地发展和不断地拓广其应用领域的过程中，以下两个因素起了非常重要的作用：

（1）运筹学方法的实质性改进。二战以后，许多参加过运筹学小组或者听说过这项工作的科学家都对相关领域进行了更深入的研究。很多欧美国家的大学里设立了运筹系、管理科学系、工业工程系和系统科学系，在这些系和数学系及计算机科学系开设了运筹学及其部分分支学科的课程，培育了一大批运筹学及相关领域的人才。

（2）现代计算机的诞生、发展和应用。运筹学中的复杂问题的求解通常需要进行大批的计算工作，借助于计算机人们所能完成的计算工作量要比手工计算快于百万倍。在20世纪50年代前后，美国的军事分析领域中的许多测算多数都是借助滑动计算尺和福利登计算器完成的；而资源分配方案是通过对固定在大桌子上的效用图，用直尺和三角板测量直线的斜率得到的。计算机及相关软件的普及更易于人们应用运筹学的方法解决实际问题，从而大大地推动了运筹学的进一步发展。比克斯比（美国工程院院士，曾任数学规划学会主席）在回顾求解线性规划的实际问题的几十年的发展历程时指出："计算机的进步对线性规划的实际应用起到了巨大的作用；知道，如果没有计算机的话，那么线性规划根本就不可能存在。"

（三）中国运筹学发展

现代运筹学被引入中国是在20世纪50年代后期。中国第一个运筹学小组是在钱学森、许国志推动下，在1956年于中国科学院（以下简称中科院）力学研究所成立。钱学森在麻省理工学院取得硕士学位，在加州理工大学取得博士学位后成为该校的第一位戈达德讲座教授。许国志在堪萨斯大学取得博士学位后，在马里兰大学流体力学和应用数学研究所当研究员。他们两人于1955年回到祖国致力于新中国的科技事业。可见在中国运筹学一开始就被理解为与工程有密切联系的学科。

1959年，第二个运筹学部门在中国科学院数学研究所成立，这是大跃进中数学家们投身于国家建设的一个产物。力学所小组与数学所的小组于1960年合并成为数学研究所的一个研究室，当时的主要研究方向为排队论、非线性规划和图论，还有人专门研究运输理论、动态规划和经济分析（例如投入产出方法）。1963年是中国运筹学教育史上值得一提的一年，数学研究所的运筹学研究室为中国科学技术大学应用数学系的第一届学生（1958届）开设了较为系统的运筹学专业课，这是第一次在中国的大学里开设运筹学专业和授课。今天在中国，运筹学的课程已成为几乎所有大学的商学院、工学院乃至数学系和计算机系的基本课程了。

20世纪50年代后期，运筹学在中国的应用集中在运输问题上。其中一个代表性工作是研究"打麦场的选址问题"，解决在手工收割为主的情况下如何节省人力。此外，国际上著名的"中国邮路问题"模型也是在那个时期由管梅谷教授提出的。可以看出现在非常热门的"物流学"，在当时就形成一些研究雏形，但可惜中国在计划经济体制下，大工业落后，使我国在相当长的时期中远离了当代"物流学"的发展主流。

中国运筹学早期普及与推广工作的亮点是由华罗庚先生点燃的。在文化大革命期间，他身为中国数学会理事长和中科院数学所所长，亲自率领一个小组，大家称为"华罗庚小分队"，到农村、工厂讲解基本的优化技术和统筹方法，使用于日常的生产和生活中。自1965年起的十年中，他到了约20个省和无数个城市，受到各界人士的欢迎，他的辛勤劳动得到了毛泽东主席的肯定和表扬。华罗庚先生这一时期的推广工作播下了运筹学哲学思想的种子，大大推动了运筹学在中国的普及和发展。直到今天，许多中国人还记得"优选法"和"统筹法"。

自20世纪80年代以来，随着改革开放，国内外学术交流不断增加。中国运筹学得到了快速发展，运筹学工作者取得了一批有国际影响的理论和应用成果。例如，将全局最优化、图论、神经网络等运筹学理论及方法应用于分子生物信息学中的若干应用基础性问题的研究中；将优化及决策分析方法，应用于金融风险控制与管理、资产评估与定价分析模型等相关问题研究中；将随机过程方法应用于排队网络的数据指标分析中；将随机动态规划模型应用于供应链管理中的多重决策的最优策略计算中。特别是，他们因在组合优化、生产系统优化、图论和非线性规划领域的突出贡献曾先后获得国家自然科学奖二等奖4项，因在经济信息系统评估和粮食产最预测方面取得突出成绩曾先后获得国际运筹学会联合会运筹学进展奖一等奖2项。

此外，中国运筹学工作者继续坚持运筹学研究与国民经济建设等重大项目和问题紧密结合。他们在山东省与大连市经济发展计划的制定，兰州铁路局铁路运输的优化安排，中外合资经营项目经济评价，宝钢和武钢等大型企业的调度优化，若干国家重大工程的综合风险分析等方面，都发挥了积极的作用，产生了良好的经济效益和社会效益。

二、运筹学发展概况

60多年以来，运筹学在研究与解决复杂的实际问题中不断地发展和创新，各种各样的新模型、新理论和新算法不断涌现，有线性的和非线性的、连续的和离散的、确定性的和不确定性的。至今它已成为一个庞大的、包含多个分支的学科，其中一些已经发展得比较成熟，另外一些还有待完善，还有一些才刚刚形成。

（一）数学规划

数学规划是在决策变量满足一定约束下求一个或多个函数的极小值或者极大值。它以大量实践中抽象出来的典型最优化模型为研究对象，利用数学工具研究这些模型的数学性质，构造与实现求解方法，以及将算法应用于实际问题。自1939年康托罗维奇提出线性规划模型、1947年，丹齐格提出求解线性规划问题的单纯形法、卡罗胥和库恩与塔克先后分别独立地给出一般非线性规划问题的最优性条件以来，数学规划得到了快速发展，形成了多个分支。

1. 线性规划

自1939年苏联数学家康托罗维奇提出线性规划问题和1947年美国数学家丹齐格提出求解线性规划问题的通用方法——单纯形法以来，线性规划可以说是研究得最为透彻的一个研究方向。单纯形法统治线性规划领域达40年之久，而且至今仍是最好的、应用最广泛的算法之一。虽然它在最坏情况下具有指数复杂性，但在平均意义下已经证明是一个多项式算法。目前，关于单纯形算法的研究主要在于如何选取主元。另一大类算法是内点法，它起源于1979年苏联数学家卡奇扬提出的多项式椭球算法，而因1984年美籍印度裔数学家卡玛卡提出的多项式时间算法而迅速成为国际热点，各式各样的算法大量涌现：仿射变换法、势函数方法、对数罚函数法、路径跟踪法、原始对偶法和不可行内点法等等。目前线性规划的内点法也趋于成熟，这方面的研究者们目前大都致力于以线性规划作为特例的锥规划，以及如何利用线性规划松弛求解整数规划等方面的研究。然而，就线性规划而言，是否存在强多项式算法仍然是一个重要且困难的理论问题。

2. 非线性规划

等式约束规划问题的最优性条件可追溯到拉格朗日，一般非线性规划问题的最优性条件则归功于卡罗胥和库恩与塔克，是他们奠定了非线性规划的理论基础。然而，目前还有不少人试图在没有强互补的条件下进行理论分析和算法研究。对偶理论是非线性规划理论研究的另一个重点。在计算方法方面，早期的方法以最速下降法和牛顿法为主。1959年拟牛顿法的引入和1964年非线性共轭梯度法的出现，吸引了许多研究者研究非线性规划。目前，序列二次规划算法是一类被用于广泛求解一般非线性规划的有效算法，同时也还有许多研究者在为改善这类算法作努力，其中包括序列线性规划算法以及内点算法等。非线性规划算法通常使用线搜索策略选取步长，或通过求解信赖域子问题而得到新的迭代点。这两个方面的研究非常基本，但仍有改善的空间。2001年弗莱彻和勒斐通过将非线性规划问题视为双目标问题而提出的滤子方法和2002年鲍威尔提出的基于二次插值的直接法是近些年来两个重要的算法进展。对于约束规划问题，如何推广鲍威尔的直接法；对于大规模问题，如何设计子空间算法；以及如何有效求解一般非线性规划的全局最优，和一些来自于图像处理等领域的特殊的非光滑问题是目前非线性规划研究的重要课题。总之，尽管在表面上看非线性规划已经有许多研究，但由于非线性的存在，好的研究结果还将会不断出现，并且随着问题的不同而产生更加具有针对性的特殊算法。

3. 锥规划

锥规划是线性空间中凸锥上的数学规划，它是线性规划与非线性规划的推广。自20

世纪90年代中期开始，它一直是国际优化领域的研究热点。相关的研究带动了数学规划学科的深入发展，促进代数、群论、拓扑学、几何学和非线性分析等分支在数学规划中的融合，及优化理论与技术在工程、交通、经济与金融、管理等领域的广泛应用。

目前锥规划方面的研究成果主要包括以下四个方面。

（1）二阶锥优化和半定优化。线性二阶锥优化和半定优化已经得到了很好的发展，并且广泛地应用于各种实际问题。近些年，人们开始致力于非线性二阶锥优化和非线性半定优化的理论与算法的研究。

（2）对称锥优化。20世纪末国际优化专家开始致力于这一领域的研究工作，主要集中在求解对称锥上线性优化问题的内点算法方面。近几年，人们开始探讨对称锥上的非线性优化问题和非凸优化问题的理论与各种算法。

（3）齐次锥优化。齐次锥的理论早在1963年就有相关研究，但齐次锥优化问题的研究最近才开始。

（4）双曲锥优化。这方面目前只有很少的理论研究，需要寻求合适的工具开展其理论与算法的研究。

4. 矩阵规划

在众多的科学领域与社会经济中，很多优化问题的决策变世是一个具有特殊结构的矩阵，这样的优化问题被称为矩阵优化或者矩阵规划。矩阵规划的早期研究可以追溯到1981年，然而真正的研究是在20世纪90年代，它以被誉为21世纪的线性规划——半定规划为研究起点。至今，线性—半定规划的理论趋于完善，人们正在发掘它在实际中的应用。然而，目前的数值软件只能有效地求解矩阵维数小于500的小规模线性—半定规划问题，因此，开展大规模半定规划的数值方法研究是当前一项十分迫切而又重要的课题。此外，由著名华裔数学家陶哲轩等人在2006年提出的压缩传感理论而引发的低秩矩阵问题，其理论与算法研究是当今优化领域与信息科学领域（例如，信号处理、图像恢复与重建）共同关心的热点研究课题。在未来一段时期里，矩阵（锥）优化理论与算法、张量（锥）优化理论与算法、多项式优化理论与算法研究等方向必将引起人们的关注。

5. 变分不等式与互补问题

变分不等式与互补问题是一类具有普遍意义的均衡优化模型。它不仅为非线性优化、极大极小、博弈论、非线性方程、微分方程等提供了一个统一的理论框架，而且在力学工程、交通、经济、管理等实际部门有广泛的应用。互补问题首先由丹齐格和科特尔于1963年提出。次年，科特尔在他的博士论文中第一次提出求解它的非线性规划算法。变分不等式问题首先被哈特曼和斯塔姆巴切在1966年提出。后来发现，变分不等式是互补问题的一个推广，且其数学性质和应用有惊人的相似之处。所以，它们经常在文献中成对出现。变分不等式与互补问题被提出后，很快引起了当时运筹学界和应用数学界的广泛关注和浓厚兴趣，许多人参与了这类问题的研究。经过40余年的探索，特别是20世纪最后10年的研究，人们在理论与算法方面取得了丰富、系统的成果，并在科技与经济中得到了广泛的应用。

当前主要是对于广义变分不等式和锥互补问题的研究，而对于不确定信息下变分不等式和互补问题的研究无疑是发展的必然。归纳起来，对它们的研究可分为理论与算法两方面：前者主要研究解的存在性、唯一性、稳定性与灵敏度分析以及它们与其他数学问题的联系等；后者则主要建立有效的求解方法及相应的理论和数值分析。

6. 整数规划

整数规划是带整数变量的最优化问题，即求解一个全部或部分变量为整数的多元函数受约束于一组等式和不等式条件的最优化问题。整数规划的历史可以追溯到 20 世纪 50 年代，丹齐格首先发现可以用 0—1 变量来刻画最优化模型中的固定费用、变量上界、非凸分片线性函数等。他和富尔克森、约翰逊对旅行商问题的研究成为后来分支定界法和现代混合整数规划算法的开端。1958 年，戈莫里发现了第一个一般线性整数规划的收敛算法 - 割平面方法。随着整数规划理论和算法的发展，整数规划已成为应用最广泛的最优化方法之一，特别是近年来整数规划算法技术和软件系统的发展和推广，整数规划得到了广泛的应用和发展。整数规划问题的困难和挑战来源于三个方面：(1) 大部分整数规划问题都是较难的 NP 难问题（能在多项式时间内得出一个正确解的问题都可以变换），故本质上不太可能存在和线性规划和凸规划一样有效的算法；(2) 对整数点集合（如多面体格点理论和全单模理论）和整数变量的函数在数学上缺乏有力的理论和工具；(3) 实际问题的规模往往超过现有算法的求解能力，尽管现有的一些整数规划软件可以求解任意线性、二次和非线性整数规划问题，但往往不能处理来源于实际问题的整数规划模型，例如运输和交通中的大规模 0—1 混合线性整数规划问题，金融优化中的离散约束问题等。整数规划未来发展方向和关键问题包括：(1) 整数多面体凸包的刻画；(2) 随机整数规划；(3) 多层整数规划；(4) 混合 0—1 二次整数规划；(5) 协正规划；(6) 半定整数规划。

7. 动态规划

当系统模型具备马尔科夫性，同时目标函数可分且嵌套单调时，基于贝尔曼提出的最优性原理，运用动态规划可将求解多阶段全局最优决策问题分解为一系列在各个时间段上的局部优化问题。相比其他解法，特别是在有扰动或在随机情况下，动态规划总是能有效地提供一个在当前信息集下的最优反馈控制策略。在过去的若干年里，动态规划取得了不少可喜的进展，特别是它被扩展到多目标动态规划；动态规划应用在 21 世纪前后的一个重大突破是其在海量数据分析中的应用，特别是人类基因组计划完成以后，它成为生物信息学的一个基本模型和工具。

然而，在克服被贝尔曼称之为"维数灾"的这一动态规划致命弱点的方面，至今尚未取得突破性的进展。所以寻求克服维数灾的有效算法对动态规划在高维问题中的应用具有它的紧迫性。另外，求解不可分优化问题得到的最优策略并不满足最优性原理，或不具备时间一致性。这牵涉到不可分优化问题模型本身的合理性。因此怎样找出一组可分优化问题来逼近一个给定的不可分优化问题也对动态规划发展具有显然的重要性。

8. 向量优化

近几十年来向量优化（亦称多目标优化）理论研究有了迅猛发展，在各种解的存在性、稳定性以及最优性条件等方面获得了丰富的结果，并创造性地建立了向最优化问题解集的结构定理、连通性定理和稠密性定理，被应用到经济问题中。通过向量广义凸性的研究，很好地处理了一大类非线性向量优化问题；通过提出向量变分不等式模型，开拓了研究向量优化问题的新方向。由于向量优化中衡量向量"大小"的是不完全的偏序，致使最大的向量优化问题没有解，甚至在向量目标函数光滑并有下界的情况下没有数值优化意义下的近似解。由于任何优化问题算法每一步获得的迭代项都是该优化问题的一个近似解，因此研究向量优化问题近似解的存在性以及拉格朗日和卡罗胥—库恩—塔克等优化性条件仍然是具有基础性作用的主要问题也是求解算法的有力保障。分式向量优化问题是具有重要经济意义的数学模型，关于这类模型的求解问题，也是今后向量优化问题研究的重点。利用次微分，使用变分分析技术和方法研究非光滑向量优化问题，就变分分析和向量优化进行交叉研究仍将是未来很有生命力的方向。

9. 全局优化

全局优化是非线性规划的一个分支，主要研究求解非凸优化问题的全局最优或近似全局最优解。由于非凸优化问题可能存在多个不同的局部最优点，基于导数信息的卡罗胥—库恩—塔克最优性条件不再适用于刻画非凸问题的全局最优性，从而，经典的局部优化方法不能保证收敛到全局最优解。全局优化较系统的研究始于20世纪70年代。图伊和霍斯特是早期全局优化研究的先驱者，他们在凹规划的系统研究成果使全局优化开始形成一门真正的学科。在20世纪90年代初全局优化作为非线性规划的一个分支开始受到广泛的关注，越来越多的研究者开始从事该领域的研究，特别是对一些具有特殊结构的非凸优化问题的研究取得了许多突破性的成果，如非凸二次规划、非凸多项式规划、机会约束问题的凸逼近，以及在实际应用中遇到的许多特殊形式的非凸优化问题的研究都有很多深刻的研究成果，一些基于分支—定界的全局优化通用软件的发展及其在优化建模系统中的嵌入应用使学术界和工业界可以方便地求解一定规模的非凸问题的全局解，全局优化问题的困难在于非凸性使卡罗胥—库恩—塔克条件一般不足以保证全局最优性，从而无法利用局部优化算法寻找全局最优点，本质上，由于导数是局部性质，因而不能期望基于导数性质的传统优化算法有希望求到全局解，全局算法需要函数和问题的全局性质，目前的数学理论很难或无法刻画一般多元函数的全局性质，这是全局优化问题的本质困难所在。全局优化的未来发展方向和关键问题包括：（1）凸逼近和凸松弛方法；（2）非凸二次规划；（3）基于模拟仿真技术的全局优化算法；（4）特殊结构的全局优化问题。除了上面所介绍的九个分支外，数学规划在近些年来出现了若干新的分支。例如，近十年来，国际上对鲁棒优化、微分方程所控制的优化、多项式优化和稀疏优化等新方向的研究相当重视。

10. 随机优化

随机最优化问题是特指带有随机因素的最优化问题，需要利用概率统计、随机过程以及随机分析等工具。所谓的随机因素，包括环境的随机因素、控制变量不确定因素、准则值的不确定因素等等。例如，在考虑水库优化调度问题的时候，天然来水一般是三阶皮尔逊分布的随机变量。在考虑库存管理问题时，变动的需求常常考虑为外生的随机变世这些都属于环境的不确定因素。在排队系统中服务速率确定后，真实的服务时间依然是随机变化的，这属于控制变世的不确定因素。使用药物最终能够达到的效果往往不是确定的，评判最优的值函数在很多问题中也具有不确定性等等。通常人们处理随机因素的第一种方法是期望值方法，将随机的因素用它的期望值代替，将问题转化为确定性问题考虑。第二种方法是在概率意义下考虑优化问题。例如在置信区间范围内考虑优化问题，将问题转换为概率约束或者是机会约束的优化问题；又例如考虑极大化某些事件的概率问题，也称为相关机会约束问题。第二种方法相对于期望值方法的优点是考虑到各种风险的影响，缺点是使得问题的处理变得相对困难。

(二)博弈论

现代博弈论(亦称对策论)起源于20世纪初,以策梅洛、博雷尔和冯·诺依曼等人的工作为代表。二战为博弈论的应用提供了广泛的背景,加快了博弈论体系的形成。冯·诺依曼和摩根斯坦在1944年合著的《博弈论与经济行为》完善了博弈论的数学理论,使之系统化和公理化。此外,纳什等人也对博弈论做出了重大贡献,奠定了非合作博弈的基础。博弈论的研究对象与社会、政治、军事、经济、科学、技术等领域都有密切关系和广泛应用,一直是运筹学及相关领域的重要研究热点。

1. 非合作博弈

截至21世纪初,博弈论体系中最为完善的组成部分是零和博弈,其在应用方面最著名的例子是冷战时期美国和原苏联之间的军备竞赛以及著名的核遏制战略,1994年诺贝尔经济学奖得主纳什在20世纪50年代初奠定了非合作博弈的基础,对非合作博弈论体系的建立做出了重大贡献。事实上,因在"非合作博弈论中开创性的均衡分析"方面的杰出贡献,泽尔腾、海萨尼与纳什同时获得1994年诺贝尔经济学奖,他们的贡献涵盖了具有完全或不完全信息的静态、动态博弈的均衡分析理论。

近20年合作与非合作的争论,纳什均衡以及非合作概念成为博弈论研究的热点。从合作理论到非合作理论这种历史转变有三个原因:(1)大多数合作理论忽视了外部效应,即联盟可能会被不属于这个联盟的局中人的行动影响;(2)合作博弈论假设能够得到帕雷托有效的结果;(3)合作博弈论认为会形成极大联盟(所有局中人的联盟)。合作博弈论的这些特性是存在问题的,因为在大多数经济学的应用环境中外部效应是极其重要的,帕雷托无效也会发生,而且极大联盟也可能不会形成。纳什曾经提议将合作与非合作理论统一起来,这就是著名的纳什仲裁方案,但它在应用上还没有产生太大的影响。

2. 合作博弈

在21世纪初,19位世界博弈论领域的权威学者接受了采访,并回答了同样的5个问题,对博弈论研究领域未来发展前景做出了预测。有多位学者一致认为合作博弈论在20世纪被忽视或者应该得到更多重视。经典合作博弈主要关注多个局中人之间的联盟形成方式及联盟效用分配方案,即多人结盟合作博弈的解,在20世纪中叶有过较多研究,提出了一些重要的多人结盟合作博弈的解概念。目前多人合作博弈的发展明显滞后于多人非合作博弈,经典合作博弈论的突出特征是局中人的完全理性假设以及理论体系的不完善,因而"合作博弈让人们苦恼很长时间"。

近年来,合作博弈论的进展基本上包括以下几个方面(区别于下文将介绍的合作演化):(1)建立新的最优准则,从而导致新的合作解。但是上述经典合作解的缺陷通常会依然存在,即要么这些解集合内有很多元素即联盟效用分配方案,要么一个元素也没有,也即多人结盟合作博弈的解不存在,或者没有可行的联盟效用分配方案;(2)经典合作解在具有非完全合作特性、广义合作方式的博弈、微分博弈以及NTU博弈模型中的扩展或变型;(3)在局中人具有"有限理性"的合作博弈中合作解的建立、存在性及其特性;(4)经典合作解在动态合作博弈、图上博弈以及网络博弈中的运用;(5)运用公理化方法建立或研究合作解;(6)经典合作解在社会、经济、管理领域模型中的应用研究。

3. 网络博弈

网络博弈完全是在近20年产生与发展起来的。针对网络博弈、网络生成和演化的动态过程的研究是 20 世纪后期博弈论领域具有重大突破的博弈论课题。其中网络生成博弈论是网络博弈领域中相对完善的组成部分。网络环境下的策略互动以及学习一般被认为是网络演化的内因。内生或外生的网络结构表现出节点所代表的局中人之间的互动模式，局中人之间的互动也是在该网络中信息流动和传播得以实现的载体。

早在 20 世纪 90 年代初人们就提出了网格上策略互动相关的概念，并对不同网络上的局部互动和全局互动的异同进行了比较性研究。而后人们又对一般网络中基于协同博弈的互动进行了研究，并对基于协同博弈的互动模型中个体的行动选择与邻居不同行动选择情况之间的关系进行了深入的研究。在很多近期的研究工作中，互动邻居不再仅仅是局中人的直接邻居，其邻居的邻居或者邻居的邻居的邻居也可能参与到与该局中人的互动过程。事实上，这类似于经济网络中的行为主体既可能从他们的直接竞争对手处获得信息，又可以从那些与他们间接相关的主体那里得到有关信息。

20 世纪末人们开始研究模仿行为（学习），相关工作重视区别信息结构（"模仿谁"）和行为准则（"局中人如何模仿"）。一般来说，模仿谁比如何模仿更重要。特别地，如果一个人模仿的是他的对手，那么结果将变得非常具有竞争性；如果一个人模仿的是与自己面临同样问题，但与别的对手进行对局的局中人，那么最终将得到纳什均衡。

21 世纪以来人们开始研究模仿准则下有效行动的蔓延，互动博弈的网络与行动选择的协同进化。此外，网络博弈研究领域中的非常有价值的研究课题还包括博弈论在解决网络安全问题及一般冲突控制系统的优化问题中的应用。

4. 微分博弈

微分博弈的研究始于 20 世纪 40 年代。艾萨克斯在 1965 年对完全对抗的二人零和微分博弈问题的研究，奠定了微分博弈论的基础。由于微分博弈模型中局中人决策相对时间的连续性、对支付函数所应满足条件的严格限制以及研究结果在除军事之外的其他领域长期没有得到有效的应用等原因，微分博弈在过去甚至是现在都是一个颇具争议的研究领域。2004 年，诺贝尔经济学奖授予挪威经济学家基德兰德和美国经济学家普雷斯科持以表彰他们在动态宏观经济学方面做出的杰出贡献。事实上，他们的主要理论贡献是关于复杂冲突控制系统中的时间一致性问题，而关于合作随机微分博弈的子博弈一致性的理论体系正是建立在关于时间一致性的研究基础上。

5. 机制设计

机制设计理论被认为是经济学中的"工程学"部分。机制设计者为了特定的目标或目的需要一个机制或博弈以使所期待的目标出现在均衡中，即博弈是被选择的而不是给定的。博弈由机制设计者选择而不是由"自然"给定，这具有三个分析上的优点。首先，因为设计者提前制定了规则，所以局中人应该能准确地知道他们所进行的博弈；其次，设计者观察研究博弈的执行，当然也知道博弈的准则；最后，在机制设计中，可以选择具有吸引力的博弈。2007 年诺贝尔经济学奖授予赫尔维茨、马斯金以及迈尔森，以表彰他们为"机制设计理论奠定了基础"。

6. 合作演化

合作演化的问题严格地说不能算是纯粹的博弈问题。非合作博弈中合作行为的产生是一个在近期受到众多学科关注并且具有重要发展潜力的前沿问题，博弈论在该领域应该扮演关键的角色。当今世界面临很多紧迫的问题，如森林砍伐、过渡捕捞、气温变化等，这些被称为公共问题，公共问题的解决需要成百上千人的合作。然而如此大范围的合作，却被合作困境所困扰。在每个人仅考虑个人兴趣的标准预测中，大部分合作是不实现的，因为具有搭便车行为的人不可能在不考虑个人成本的情况下考虑公共利益。

合作演化研究手段主要包括实体实验和仿真实验两种，研究重点是，在非合作博弈的条件下，什么机制导致合作行为的出现？具体的研究课题大体上可以分成以下几个方向：（1）基于选择模式的研究（包括群体选择、亲缘选择、文化选择以及多层选择等理论；（2）基于互惠机制理论的研究（包括直接互惠与间接互惠）；（3）基于多行为主体的研究；（4）基于空间结构的研究。

此外，相关的研究还包括进化博弈。20世纪70年代，生态学家史密斯和普赖斯结合生物进化论与经典博弈论，在研究生态演化现象的基础上提出了进化博弈论的基本均衡概念进化稳定策略。

7. 算法博弈论

近20年以来，算法博弈论逐渐成为博弈论的一个热点方向。它将一个系统的形成和运行看作一个博弈过程，假设规划者从整体利益出发，优化设计系统以达到全局最优，但博弈的参与者却从自身利益出发，做出自私的行动选择以达到个体最优；这常常使得系统的实际性能低于规划者期望的全局最优。算法博弈论研究的主要问题包括：（1）如何描述和计算参与者的自私行为所导致的系统性能；（2）如何分析和刻画博弈中参与者的自私行为与系统整体性能之间的关系；（3）如何设计一个合理的机制使得其系统在实际运行中能够真正实现整体利益最大化。算法博弈论的特点是，它不仅仅关心均衡解或者机制的存在性，还强调计算它们的复杂性，并设计有效的算法求出（或者近似）它们。

（三）管理科学

管理科学与运筹学有着非常紧密的关系。20世纪60年代，管理科学被视为运筹学在商业领域中的应用。现如今，管理科学的内涵更加广泛，其中还包含研究若干个体是如何组成一个组织结构，它是如何运作的，组织内部的个体应如何协调，以发挥出个体最大潜能，给组织带来最大的利益，以及组织之间所形成的社会关系，而这些关系又是怎样影响个体的表现等方面。与运筹学一样，管理科学也是一门交叉学科，主要研究经济、商业和工程等领域中的最优决策问题。管理科学家的主要任务是采用合理的、系统的和科学的方法，找出和改进各种各样的决策方案。他们最关心的是如何建立和应用模型与概念，以清楚地阐明并有效地解决管理问题，同时设计和发展出新的和更好的优秀的管理模式。

1. 决策理论与方法

决策理论是将二战以后发展起来的系统理论、运筹学、计算机科学等综合运用于管理决策问题而形成的一门有关决策过程、准则、类型及方法的较完整的理论体系。决策理论已形成了以1978年诺贝尔经济学奖得主西蒙为代表人物的决策理论学派。决策理论是有关决策概念、原理和学说的总称。决策一般分为确定型决策、风险型决策和不确定型决策3种。决策的目标可以是单一目标或多种目标。备选方案数量有限的多目标决策问题称为多准则决策或多属性决策。20世纪70年代中期，由美国运筹学家塞特提出的层次分析法是一种用于多准则决策的、定性和定量相结合的、系统化、层次化的有效方法。备选方案无限的多目标决策问题也称多目的决策。美国运筹学家查恩斯和库伯1961年提出的目标规划是解决多目的决策的有效方法。对于风险型决策问题，方法有决策树法、期望值法、边际分析法、贝叶斯法和马尔可夫法等。

2. 评价理论与方法

评价理论与方法是指运用多个指标对多个参评对象进行评价的理论和方法。目前较成熟的评价方法有主成分分析法、数据包络分析法和模糊评价法等。主成分分析法是一种降维的统计方法。借助于一个正交变换，将其分量相关的原随机向量转化为其分量不相关的新随机向量。这在代数上表现为将原随机向量的协方差阵变换成对角形阵，在几何上表现为将原坐标系变换成新的正交坐标系，使之指向样本点散布最开的 p 个正交方向，然后对多维变量系统进行降维处理，使之能以一个较高的精度转换成低维变量系统，再通过构造适当的价值函数，进一步把低维系统转化成一维系统。数据包络分析法由美国运筹学家查恩斯和库伯 1986 年提出，它是对拥有多投入和多产出的多个决策单元进行效率评价的一种数学方法。目前已发展出适用于不同数据和条件的多种数据包络分析模型，是评价理论最活跃的一个分支。模糊综合评价法是一种基于模糊数学的综合评价方法。该方法根据模糊数学的隶属度理论把定性评价转化为定批评价，具有结果清晰、系统性强的特点，能较好地解决模糊的、难以量化的问题，适合各种非确定性问题的解决。

3. 预测理论与方法

采集历史数据并用某种数学模型来外推将来。预测方法有四种基本的类型：定性预测、时间序列分析、因果联系法和模拟。定性预测是基于估计和评价的主观判断。常见的定性预测方法包括：市场调研法、小组讨论法、历史类比和德尔菲法等。时间序列分析是将过去相关的历史数据用于预测未来。常见的时间序列分析方法主要有：简单移动平均、加权移动平均、指数平滑、回归分析、詹金斯法和西斯金时间序列等。因果联系法是根据未来事件的某些内在因素或周围环境的外部因素的相关性进行预测。常见的因果联系法主要有回归分析、经济模型、投入产出模型和系统动力学模型等。模拟是对预测的条件作一定程度的假设，并建立模拟模型进行预测。

4. 信息管理与信息系统

信息管理是人类为了有效地开发和利用信息资源，以现代信息技术为手段，对信息资源进行计划、组织、领导和控制的社会活动。简单地说，信息管理就是人对信息资源和信息活动的管理信息管理是指在整个管理过程中，人们收集、加工和输入、输出的信息的总称。信息管理的过程包括信息收集、信息传输、信息加工和信息储存信息管理的基本方法包括逻辑顺序方法、物理过程方法、企业系统规划方法和战略数据规划方法等。管理信息系统是一个以人为主导，利用计算机硬件、软件、网络通信设备以及其他办公设备，进行信息的收集、传输、加工、储存、更新和维护，以企业战略竞优、提高效益和效率为目的，支持企业的高层决策、中层控制、基层运作的集成化的人机系统。完整的管理信息系统包括：决策支持系统、工业控制系统、办公自动化系统以及数据库、模型库、方法库、知识库和与外界交换信息的接口。办公自动化系统、与外界交换信息等需结合企业内部网及互联网应用。

5. 风险管理

风险管理的目标就是要以最小的成本获取最大的安全保障。它不仅仅只是一个安全生产问题，还包括识别风险、评估风险和处理风险，涉及财务、安全、生产、设备、物流、技术等多个方面，是一套完整的方案，也是一个系统工程。风险管理的基本程序包括风险识别、风险估测、风险评价、风险控制和风险管理效果评价等环节。风险的识别是经济单位和个人对所面临的以及潜在的风险加以判断、归类整理，并对风险的性质进行鉴定的过程。风险的估测是指在风险识别的基础上，通过对所收集的大量的详细损失资料加以分析，运用概率论和数理统计，估计和预测风险发生的概率和损失程度，风险估测的内容主要包括损失频率和损失程度两个方面。风险管理方法分为控制法和财务法两大类，前者目的是降低损失频率和损失程度，重点在于改变引起风险事故和扩大损失的各种条件；后者是事先做好吸纳风险成本的财务安排。风险管理效果评价是分析、比较已实施的风险管理方法的结果与预期目标的契合程度，以此来评判管理方案的科学性、适应性和收益性。

6. 工业工程

工业工程是对人、物料、设备、能源和信息等所组成的集成系统，进行设计、改善和实施的一门学科，它综合运用数学、物理和社会科学的专门知识和技术，结合工程分析和设计的原理与方法，对该系统所取得的成果进行确认、预测和评价。工业工程针对以生产现场为中心的作业进行，主要内容包括：（1）系统的分析。作为现在的系统应该达到的成果，实际没有达到预计的成果时，发现问题并进行控制管理的研究。（2）系统的改善。现在的系统达到的成果不够充分和作业不方便而有必要改善其中一部分的时候，研究其改善的办法。（3）系统的设计。发生新的状况使得现在的系统难以达到充分的成果时，查找需求来研究设计新的系统。主要研究领域包括：（1）人因工程。在设施的工程设计时综合应用关于感觉、知觉、智力和精神运动的知识，以提高操作的水平和工人工作的质量。（2）制造系统工程。需求计划，分析和制造方法的设计，工艺和综合的系统包含装备、控制服务管理和新的技术如计算机：计算机辅助设计/计算机辅助设计制造、自动控制、机器人和计算机控制。（3）生产管理。分析、设计、安装和维护一个包含生产和分发商品和服务的生产或管理系统的方法和理论。其任务是计划、调度、配置和控制生产过程并有效利用资金、人力、资源。

7. 项目管理

项目管理是指把各种系统、方法和人员结合在一起，在规定的时间、预算和质量目标范围内完成项目的各项工作。即从项目的投资决策开始到项目结束的全过程进行计划、组织、指挥、协调、控制和评价，以实现项目的目标。在项目管理方法论上主要有：阶段化管理、散化管理和优化管理三个方面。项目管理工具方法体系体现了多学科知识与技能的融合。主要有要素分层法、方案比较法、资金的时间价值、评价指标体系、项目财务评价、国民经济评价法、不确定性分析、环境影响评价、项目融资、模拟技术、里程碑计划、工作分解结构、责任矩阵、网络计划技术、甘特图、资源费用曲线、质量技术文件、并行工程、数理统计、偏差分析法、决策树、鱼骨刺图、直方图和生命周期成本等工具方法。项目管理内容包括：（1）项目范围管理；（2）项目时间管理；（3）项目成本管理；（4）项目质量管理；（5）人力资源管理；（6）项目沟通管理；（7）项目风险管理；（8）项目采购管理；（9）项目集成管理等。

8. 应急管理

应急管理主要是研究围绕非常规突发事件的一系列科学问题。它是21世纪以来人们十分关心的热点问题之一，得到了国际上学术界和政府有关管理部门越来越多的关注。应急管理所涉及的突发公共事件包括：自然灾害、事故灾难、公共卫生事件和社会安全事件。它们具有突发性、紧迫性、弱经济性、信息不确定性和物资需求量大等特点。目前的研究大都局限在个案的研究上，缺乏以数学为基础的系统理论。事实上，这种理论的形成已经有了雏形，例如：随机混杂系统的理论研究工作渐渐成为描述应急过程一种有效工具。随着两种时间尺度差异的变大，微观与宏观之间的相互影响机制在这种变化中不断显现，而应急过程在不同环境下的差异性变化被有效地刻画，随着环境变化的决策方案的适时性和有效性可以充分体现。这正是应急管理所关心的核心内容，既包括了应急事件的发起，也包括了应急事件的发展，还包括了应急事件恢复的控制等等。另外，将预备阶段的预案和实施阶段的调整方案紧密结合在一起，使预案在实际应用时能根据所得的实时信息做出迅速调整，这种研究非常必要。针对应急管理的不同问题的数学模型需研究它们相应的求解算法，特别是大规模问题的快速求解算法的设计，也值得重视和深入研究。

（四）智能计算

智能计算是涉及数学、运筹学、生命科学和计算机科学等的一个交叉研究方向。智能计算主要是借鉴仿生学和拟物的思想，基于人们对生物体智能机理和某些自然规律的认识，采用数值计算的方法去模拟和实现人类的智能、生物智能和其他社会与自然的规律。智能计算的发展具有较悠久的历史。尽管20世纪50年代后，符号智能体系就取得了巨大的成功，但是20世纪80年代以后，这种经典人工智能的发展一度受到了阻碍。而后，智能计算在遗传算法和神经网络的带动下又迅猛发展。特别是，它与生命科学、系统科学联系在一起，使得计算机学者还有其他学科的学者也加入到智能计算的研究中来，极大地促进了智能计算的发展。虽然，至今没有一个统一的定义来精确刻画智能计算，但智能计算愈来愈引起人们广泛的关注。尤其随着随机理论、模糊理论、不确定理论、人工神经网络理论的快速发展，智能计算为研究不精确、不完整、不确定性等问题提供了有效的处理技术和方法，并且在许多应用领域取得了长足的进展。

1. 遗传算法

遗传算法是模拟达尔文生物进化论的遗传学机理和自然选择的生物进化过程的计算模型，是通过模拟自然界的进化过程来搜索最优解的一种方法。它起源于20世纪50年代。1965年，霍兰德首次提出了人工遗传操作的重要性，并把这些应用于自然系统和人工系统中。1975年，霍兰德发表了著名专著《自然与人工系统中的适应》，系统地阐述了遗传算法的基本理论和方法。

遗传算法是从一个问题的可行解的种群开始的，通过对所产生的每个染色体进行评价，并根据适应度来选择染色体，使适应度好的染色体比适应度差的染色体有更多的繁殖机会。末代种群中的最优个体可以作为问题近似最优解。它的主要特点是群体搜索策略和群体之间的信息交换。与解析法、穷举法、随机法等传统搜索方法相比，遗传算法具有不需搜索空间的知识、并行爬峰、编码方法适应性广等特点。遗传算法尤其适用于处理传统搜索方法难以解决的复杂的非线性问题，可广泛用于组合优化、机器学习、自适应控制、规划设计和人工生命等领域是21世纪有关智能计算中的关键技术之一。

2. 模拟退火算法

模拟退火算法是受物理学领域启发而来的一种优化算法。其主要思想来源于物理上的退火过程：在某一给定初温下，通过缓慢下降温度参数，使算法能够在多项式时间内给出一个近似最优解。人们可以用数学中"马尔可夫链"对模拟退火算法进行严格的形式化描述。基于马尔可夫过程理论,可以证明模拟退火算法以概率1收敛于全局最优值这一很好的数学特性。模拟退火算法从某一较高初温出发,伴随温度参数的不断下降,结合概率突跳特性在解空间中随机寻找目标函数的全局最优解。与以往的近似算法相比,模拟退火算法具有描述简单、使用灵活、运用广泛、运行效率高和较少受到初始条件约束等优点。此外,由于模拟退火算法从理论上可以达到全局极小值,所以对该算法的研究更有实际意义,众多学者正在努力钻研将其一般化,使其具有普遍适用性。

模拟退火算法是一种解决组合优化问题的通用算法,只要优化问题能提供一个对候选方案的适应性函数或费用函数,即可使用模拟退火算法对它求解。作为一种通用和有效的近似算法,目前已被广泛应用于生产调度、控制工程、机器学习、神经网络和信号处理等领域。

3. 禁忌搜索算法

禁忌搜索算法通过引入一个灵活的存储结构和相应的禁忌准则来避免迂回搜索,并通过藐视准则来赦免一些被禁忌的优良状态,从而找到全局最优解。禁忌搜索的思想是对局部领域搜索的一种扩展,即逐步地向全局最优解搜索。它是对人类智力过程的一种模拟。

禁忌搜索最重要的思想是对已搜索的局部最优解的一些对象进行标记,并在后面的搜索中尽量避开这些对象,但不是绝对的禁止,从而获得更多的搜索区间。禁忌搜索涉及到领域、禁忌表、禁忌长度、候选解和藐视准则等概念。其中领域函数、禁忌表和藐视准则构成了禁忌搜索算法的关键。

与传统的优化算法相比,禁忌搜索是一种搜索特点不同的亚启发式随机搜索算法,在搜索过程中可以接受劣解,因此具有较强的"爬山"能力。迄今为止,禁忌搜索算法在组合优化、机器学习、神经网络等领域得到了广泛应用,并取得了很大的成功。近些年又在函数全局优化方面得到较多的研究,并有很好的发展前景。

4. 粒子群算法

粒子群算法,又称粒子群优化算法,它是20世纪90年代发展起来的一种较新的进化算法。它是通过模拟鸟群觅食行为而发展起来的一种基于群体协作的随机搜索算法。通常被认为是群集智能的一种。在这类算法中,每个优化问题的解都是搜索空间中的一只鸟,称之为"粒子"粒子群算法初始化为一群随机粒子,然后通过迭代找到最优解。在每一次迭代中,粒子通过跟踪两个"极值"来更新自己。一个就是粒子本身所找到的最优解,这个解叫作个体极值,另一个极值是整个种群目前找到的最优解,这个极值是全局极值。

粒子群算法同遗传算法类似,是一种基于迭代的优化算法。但是与遗传算法相比较,粒子群算法的信息共享机制是很不同的,在大多数情况下,所有的粒子可更快地收敛于最优解这种算法由于其实现容易、精度高、收敛快等优点而受到学术界的重视。目前它已广泛应用于函数优化,神经网络训练,模糊系统控制以及其他应用领域。

5. 蚁群算法

蚁群算法,是一种基于群体的、用于求解复杂优化问题的通用搜索技术。与真实的蚂蚁通过外激素的留存/跟随行为进行间接通信相似。蚁群算法的基本思想来源于蚂蚁在寻找食物过程中发现路径的行为。它是一种用来在图中寻找优化路径的概率型算法。每只蚂蚁在事先不知道食物在什么地方的情况下开始寻找食物。当一只蚂蚁找到食物后,它就会向周围发出信息,吸引其他蚂蚁过来,这样就会有越来越多的蚂蚁找到食物。然而并不是每只蚂蚁的路径都是一样的。如果有一只蚂蚁的路径比之前其他蚂蚁的路径要短,就会吸引后面的蚂蚁走这条短的路径。经过一段时间后,可能会出现一条最短的路径被大多数蚂蚁重复着。

蚁群算法是一种求解组合优化问题的新型通用启发式方法,它具有正反馈、分布式计算和富于建设性的贪婪启发式搜索的特点。其不同于其他人工智能算法之处在于:(1)蚁群算法采用正反馈机制;(2)蚁群算法一般需要较长搜索时间,且容易出现停滞现象;(3)蚁群算法的收敛性能对初始化参数的设置比较敏感。

蚁群算法首先被应用于求解旅行商问题,并获得了较大的成功。随后被用于解决各种组合优化问题、函数优化问题、机器人路径规划等问题方面取得了很大成功。此外,近年人们根据模拟自然界中猴群爬山的全过程设计的爬、望、跳三个过程,提出了一种猴群算法,用它求解高维的、非线性的和不可微函数的优化问题的全局最优解。

6. 人工神经网络算法

人工神经网络(简称神经网络)是在现代生物学研究人脑组织成果的基础上提出的,用来模拟人类大脑神经网络的结构和行为。神经网络反映了人脑功能的基本特征,如并行信息处理、学习、联想、模式分类和记忆等。

神经网络是一种运算模型,由大量的节点(或称神经元)和之间相互连接构成。每个节点代表一种特定的输出函数,称为激励函数。每两个节点间的连接都代表一个对于通过该连接信号的加权值,即为权重,相当于人工神经网络的记忆功能。网络的输出则依据网络的连接方式,权重值和激励函数的不同而不同。

神经网络的特点和优越性主要有三点:(1)自学习功能;(2)联想存储功能;(3)高速寻找优化解的能力。神经网络主要应用在模式识别、自动控制、人工智能领域。近年来,神经网络与其他方法相结合的策略也得到了广泛的应用,且取得了很大的进展。

7. DNA 计算

DNA 计算是基于 DNA、生物化学以及分子生物学原理的一种计算机运算形式。20 世纪 90 年代初,阿德莱曼利用 DNA 计算解决了 7 个点的哈密顿圈问题。DNA 计算可以分为 3 类分子内、分子间和超分子 DNA 计算。分子内计算主要是借助于分子内的形态转移操作,用单 DNA 分子构建可编程的状态机。分子间主要是在不同 DNA 分子间的杂交反应,使其作为计算的一个基本步骤。超分子 DNA 计算式利用不同序列的原始 DNA 分子的子装配过程进行计算。DNA 计算的未来研究重点包括,如何充分发挥 DNA 并行运算的优势,真正解决大规模的计算难题,让 DNA 计算机向高速化和精确化方向迈进。

第二节 运筹学方法的应用

运筹学方法的应用十分广泛,除军事方面外,尤其在以下 10 个与实际生活密切相关的方面:

(1)市场销售方面,如在广告预算和媒体的选择、竞争性定价、新产品开发、销售计划的制定等。如美国杜邦公司在 20 世纪 50 年代起就非常重视将作业研究用于研究如何做好广告工作、产品定价和新产品的引入。

(2)生产计划方面,在总体计划方面主要是从总体确定生产、储存和劳动力的配合等计划以适应变动的需求计划，主要用线性规划和仿真方法等。此外，还可用于生产作业计划、日程表的编排等。还有在合理下料、配料问题、物料管理等方面的应用。

（3）库存管理方面，存货模型将库存理论与计算器的物料管理信息系统相结合，主要应用于多种物料库存量的管理，确定某些设备的能力或容量，如工厂的库存、停车场的大小、新增发电设备容量大小、计算机的主存储器容量、合理的水库容量等。

（4）运输问题方面，涉及空运、水运、公路运输、铁路运输、捷运、管道运输和厂内运输等。包括班次调度计划及人员服务时间安排等问题。

（5）财政和会计方面，涉及预算、贷款、成本分析、定价、投资、证券管理和现金管理等。用得较多的方法是：统计分析、数学规划、决策分析。此外，还有盈亏点分析法、价值分析法等。

（6）人事管理方面，人员的获得和需求估计；人才的开发，即进行教育和训练；人员的分配，主要是各种指派问题；各类人员的合理利用问题；人才的评价，其中有如何测定一个人对组织、社会的贡献；薪资和津贴的确定等。

（7）设备维修、更新和可靠度、项目选择和评价：如电力系统的可靠度分析、核能电厂的可靠度以及风险评估等。

（8）工程最佳化设计方面，在土木、水利、信息、电子、电机、光学、机械、环境和化工等领域皆有作业研究的应用。

（9）计算器和讯息系统方面，将作业研究应用于计算机的主存储器配置，研究等候理论在不同排队规则对磁盘、磁鼓和光盘工作性能的影响。利用整数规划寻找满足一组需求档案的寻找次序，利用图论、数学规划等方法研究计算器讯息系统的自动设计。

（10）城市管理方面，包括各种紧急服务救难系统的设计和运用。如消防队救火站、救护车、警车等分布点的设立。美国曾用等候理论方法来确定纽约市紧急电话站的值班人数。加拿大也曾研究一城市警车的配置和负责范围，事故发生后警车应走的路线等。此外，运筹学还应用于诸如城市垃圾的清扫、搬运和处理；城市供水和污水处理系统的规划等方面。

下面重点以在军事、物流调度以及油田管理与开发等3个领域的应用进行概述。

一、运筹学在军工领域的应用

在过去、现代和未来战争中，如何以最少的人力、物力消耗，达到预定的军事目的，是任何一个国家军事指挥人员所期望的效益。这是一个典型的运筹学问题，因而其在军工方面运用广泛。如军事后勤是军队保障战斗力的重要保障，运筹学可以应用于军事后勤的物流规划、编配、调度等方面，优化后勤资源配置，提高后勤保障效率，保障作战力量的有效运用[5]。

（一）二战期间运筹学的应用

在二战中，军事上得到重用的运筹学主要用于提高现存设备和人员的使用效率。英国海军的OR小组在搜寻德军潜艇方面制定了有效的战术策略，投掷深水海炸弹的计划作了精心安排。美军在新兵分配方面，采用了充分利用人力的最优方案。新几内亚海域上搜寻并炸沉日本舰只的一次实战，运用了战略决策的数学理论，在有限的人力、物力的情况下，提高设备利用率的方案不断产生，并成为战后运筹学重大进展的先声，一直沿用至今。后来美国仿效英国，引入了军事运筹学。

军事运筹学最突出领域则是线性规划，由于从平时转入战争状态，必须在减少人员、材料和生产能力的条件下保持经济能力，办法是人员素养的提高和充分利用，战斗队形的合理展开，供应和后勤的及时提供，设备的完整配套等等。这里时间是一个决定性的因素，美国空军在战时已用线性规划方法对这些问题作了探讨并投入使用。1946年，但泽发现许多提高设备利用率的方法在战时已经有了，只要用线性不等式代替线性方程就能把这些方法简化成简单的数学模型，1947年，但泽提出了完整的数学论证，并发展为一门具有广泛应用的新学科——线性规划论。从数学上说，但泽并非首创，早在1820年，傅立叶就有过类似的想法。而前苏联的康托洛维奇也在《组织和计划生产的数学方法》一书中发表了线性规划问题，并在前苏联的经济和卫国战争中得到应用。美国政府在长期的军事实践中看到了应用数学的重要性，因而大力支持，同时美国军方也一直拨款支持应用数学的研究，由于社会上数学化势头的增加，许多数学组织也相继成立。

（二）军事运筹学的产生与应用

军事运筹学的形成经历了一个漫长的过程。早在古代，人类从战争实践中就总结出了丰富的运筹思想。两次世界大战又为军事运筹实践提供了良好的契机。军事运筹学是二战期间为适应战争需要而发展起来的，系统研究军事问题定量分析及决策优化理论和方法的一门学科。随着运筹学在军事领域的不断扩大应用，进一步促进了军事运筹研究工作的深入发展，逐渐形成了既同"运筹学"有关，又不完全相同的一门独立的军事学科——军事运筹学（Military Operations Research）。

二战后，军事运筹理论得到了突飞猛进的发展。20世纪50年代末，军事运筹学基本上形成为一门独立的新学科。随着军事技术的进步、计算机技术的发展和高技术武器装备的出现，军事运筹学在解决军事战略、战役、战术、作战方法、军队指挥、后勤管理、军事训练等许多现实课题中起了不可替代的作用，进一步确立了军事运筹学作为现代军事学中一门独立学科的地位。

军事运筹学的研究对象是军事活动中的决策优化问题，它运用数学模型、计算机技术和定量分析等方法，揭示各种军事系统的结构、功能及其运行规律，为科学地进行军事实践活动，合理利用资源，提高军事效益提供理论依据。对整个军事科学而言，军事运筹学是军事理论转化为军事实践所必需的技术支撑。军事运筹学从系统的观点研究军队建设与国防建设，强调定量分析、系统优化与科学管理。对和平时期军队与国防建设有重要意义，与直接研究作战的战略学、战役学、战术学有密切关系。

自20世纪70年代末以来，在钱学森等老一辈科学家的积极倡导下，我国的军事运筹学经历了起步研究、重点发展和全面发展等阶段，取得了很大的成绩，已成长为军事科学中最富生机、发展最快的学科之一，在应用成果、理论研究、作战模拟和人才培养等方面取得显著进展。目前，我国的军事运筹研究已形成一定规模和水平，为未来的发展奠定了良好的基础。经过近半个世纪的发展，军事运筹学已从二战时期以战术指挥决策问题为对象，发展到今天以应用科技方法解决军事领域各类决策问题为对象的军事学科。它研究的内容和应用的范围，可以说覆盖了军事科学的各个基础理论学科。如军事力量建设和运用的筹划、战时对战争全局问题与平时对军事斗争全局问题的运筹；战役战斗行动的优化；军事指挥的科学决策；军队规模、编制体制的论证；后勤保障、技术保障的运筹；武器装备的体系建设方案和全寿命管理；军队人力资源的规划和管理，以及军备控制的研究和方案拟制等。

（三）军事运筹学的发展前景

目前，军事运筹学在国际上开展得十分广阔，仅在美国国防部系统就有军事运筹学从业人员三万多人，另外美国还有兰德公司、国防分析研究公司等运筹研究机构，经常为政府或军界提供政策及战略咨询。各大公司及政府部门也有相应的系统分析机构，英、法和北约各国都有自己的高级运筹研究组织。同样，前苏联的军事运筹学规模也很大，在军用方面就有一个约两千人的运筹学应用研究机构，该机构参加了国际所有的有关运筹及系统分析的学术团体。

由于军事运筹学是应用数学工具和现代计算技术对军事问题进行定量分析，从而为决策提供数量依据的一种科学方法，是一门综合性科学。它被主要用来进行作战评估分析；武器装备系统的效能分析，确定军队（兵力）的战斗能力，选择最佳战斗方案，评估军队指挥、训练、后勤保障系统的技能和预测未来战争和武器的装备的发展趋势，以及分析国防经济实力和管理军事行政等方面。从它的定义不难看出，其内容应包括用于定量解决军事问题的理论方法和工具，诸如概率统计、规划论、决策分析、对策论、排队论、存贮论、搜索论和现代控制理论以及仿真模拟技术、网络分析技术、预测技术、计算机技术等等。随着现代科学技术的迅速发展，军事运筹学的基本理论和方法也将进一步发展。其发展方向主要是，如何提高描述精度，如何通过直接和间接的数学方法以及其他科学方法，对难于用数量表示的那部分军事问题予以量化。以及如何通过人机联系的最新途径——人工智能等进行作战模拟。军事运筹学的应用范围将更加广泛，对研究解决作战、训练、武器装备、后勤管理等军事问题的作用将越来越大。

二、运筹学在物流调度方面的应用

随着经济的发展，物流系统已经成为不可或缺的组成部分。强大的物流体系不仅能带动经济增长，还能够提高人民生活质量。物流是经济发展的重要组成部分，而优势产业则依赖强大的物流系统。目前，我国正处于工业化进程中，工业生产需要大量的原材料和能源，这些资源都是从世界各地运输到中国来加工处理的。但是由于我国地理位置偏远，交通不便，使得许多国家难以获得所需的原材料，这就导致了价格高昂、供应不稳定等问题。此外，随着人们生活水平的提高，越来越多的人开始追求更高质量的商品或服务，然而物流配送能力不足已经成为阻碍人们获取所需求产品的主要因素之一。因此，为了实现国民经济持续快速健康发展，亟须建设完善的物流体系，以满足人民日益增长的消费需求。可见，物流是一个非常重要的行业，它不仅仅可以推动国民经济增长，而且也有利于提高人们的生活水平和社会进步。因此，强大的物流系统对经济发展具有十分重要的意义。国内外在此方面都进行了持续且深入的研究[6-8]。

（一）国内典型应用案例

在整数规划模型的有研究中，纪寿文在《基于混合整数规划的铁路物流中心选址建模求解》中，从供给、需求两方面研究铁路物流中心的选址问题，运用混合整数规划方法建立包括配送费用、铁路作业费用、中转费用的总费用最小的"备选点—货源地"的2层规划模型。庞燕在《基于混合整数规划模型的农产品物流网络优化》中，运用混合整数规划模型，建立了农产品销售网络变参数 0—1 线性规划模型与大规模的变参数 0—1 线性规划问题。朝克在《库存能力限制下的物流配送中心选址研究》中，研究了在仓储能力限制下，物流配送费用最优情况下的物流配送中心的选址。

在线性规划模型的有关研究中，帅斌在《危险废物物流系统的 LRP 改进多目标线性规划模型》中，以费用和风险最小化为优化目标，建立了危险废物物流系统的改进多目标 0—1 混合整数线性规划模型。金淳在《物流中心作业资源配置的线性规划逆优化模型》中，构建了资源配置线性规划逆优化模型，通过最小化地调整资源作业效率求解符合实际操作要求的作业资源配置优化方案。安立军在《基于线性规划模型的物流运输调度问题研究》中，利用线性规划理论建立物流运输调度的数学模型，研究了开放的、动态的现代化物流运输调度问题。

在非线性规划模型的有关研究中，叶彩鸿在《一类基于价格弹性的分销配送优化模型》中，建立了存在价格弹性时的一类分销配送优化模型。按利润最大化原则给出了分销配送优化问题的有约束非线性规划模型。贾经冬在《不同缺货策略下非线性再制造供应链系统动态行为》中，建立了不可退货、供货受制于当前供货服务水平且回收产量受最大回收能力限制的更符合实际情况的非线性系统模型。依据混沌动力学原理和方法，对两种缺货策略下非线性系统的动力学行为进行了仿真分析。刘羽欣在《基于非线性需求函数的逆向物流回收模式》中，分析了 4 种逆向物流回收模式，在建立系统的回收模型的基础上，在再制造条件下，对需求函数为非线性的不同回收模式下的产品最优价格和生产商最大利润进行了比较分析。

在网络规划模型的有关研究中，刘思婧在《基于退货策略的快速时尚品物流网络规划模型研究》中，考虑快速时尚品的价格衰减与顾客需求量的关系，建立了网络销售环境下的快速时尚品物流网络规划模型。王建华在《价格敏感型供应链网络规划模型及其混合遗传算法》中，综合考虑了在四级供应链中，制造企业根据供应商的批量折扣函数、自身制造能力等因素来选择物料供应商和物流服务提供商，进行采购批量、销售市场及定价决策的网络规划问题，建立了供应链网络规划整数非线性规划 INLP 模型。甘蜜在《一类新的供应链超网络设计模型及其网络转化方法》中，构建了一类新的超网络设计模型对多层多产品供应链网络进行了优化，既求解了传统供应链网络设计考虑的设施选址和配送路径问题，又解决了作为供应链网络载体的交通网络规划问题。

在存贮模型的有关研究中，高清平在《考虑补货周期偏移的最优库存控制双层规划》中，以库存系统的平均总费用最小为上层目标，以库存系统所需的仓库空间最小为下层目标，建立了双层规划模型。王莺在《基于零售商系统的存贮路径问题研究》中，对基于零售商的存贮路径问题满足客户要求所需配备的配送汽车的平均数最小作为目标，协调了运输规模、运营成本与服务质量之间的关系。

在排队论模型的有关研究中，董皓在《基于排队论理论的自动化立体仓库系统运行参数分析》中，应用排队论理论建立了自动化立体仓库的数学模型并给出了该仓库的模型约束松弛条件，并且评估了自动化立体仓库系统的运行参数指标。于占泉在《基于排队论的入库理货区规划研究》中，建立了入库理货区规划模型；用蒙特卡洛模拟进行了大量的数据分析，减弱了随机性对结果造成的影响。

物流业在各个领域的作用日益突出，也从以仓储、运输管理为主的传统物流阶段发展到了以仓储、运输、配送、装卸搬运、包装、流通加工、信息处理等功能为一体的现代物流阶段。把运筹学理论与方法应用到现代物流管理中，优化各个阶段的工作，通过定量的方法对物流运作过程中产生的问题进行研究，对于有效地利用各种物流资源，提高物流系统的工作效率，具有重大的意义。

（二）国外典型应用概述

在汽车物流配送及调度方面，Boysen 等全面综述了汽车物流全流程及相关决策优化问题。Tadei 等证明汽车一类运输问题的计算难解性，构建整数规划模型并提出优化算法。Wensing 考虑有限可行装载模式、无限运力、结构相同的轿运车的装载及路径规划问题。在需求必须和非必须满足的假设下，通过实验和案例分析比较贪婪算法和全局算法对经济、社会和环境多维度优化目标的影响。Bonassa 等考虑允许分段交付、不对重新装货施加限制等场景，优化多周期内运输工具装载车辆的最佳组合，使得总运输成本最小。Parez 等研究满足容量和时间窗口约束下的物流配送最优化问题。提出两阶段启发式算法，从而最小化总行驶距离、装载/卸载操作和运输成本。Chen 等研究汽车出厂物流中的装载优化问题，以优化服务水平与运输成本为综合目标。考虑满载约束和向下兼容配载模式，建立了整数规划模型，并提出高效的基于列生成的优化算法。Wang 等研究了汽车出厂物流中以最大化总收益为目标的商品车装载和路线选择的集成优化问题，提出基于列生成的启发式算法，结论表明该方法能够在合理运算时间内针对实际大规模问题生成接近最优的解决方案。

在智能化决策支持系统的创建与开发方面，以人机交互为保障，以管理科学、运筹学、算法设计与分析等为理论基础，以计算机技术和信息技术为手段，以数学模型与算法为核心。Sharda 等同对决策支持系统的效果进行了实证研究，指出 DSS 决策相比人工决策的有效性。以运筹学为研发技术的智能化决策支持系统一般涉及资源分配、线路优化、调度优化和采购定价等四个主要方向，下面对此逐一简要综述。

资源分配是指将有限资源分配至给定任务。Elvira 等创建了用于西班牙航空安全和保安局的风险决策支持系统，有效保障西班牙国家航空安全。Bruck 等构建一种决策支持系统，旨在解决经营电力、燃气和水的意大利多功能企业所面临的无人值守的家庭服务问题。该系统基于历史数据，建立运筹数学模型，提出启发式算法，实现技术人员与客户之间的最优匹配。Upadhyay 等研发了用于印度铁路集装箱列车运营的智能决策支持系统。该系统有效利用列车资源，实现集装箱与列车之间的最优配载。Bailey 等研发了用于教育资源优化配置的决策工具，实现师生的最优指派及日程安排。

线路优化是指通过调度运输资源，优化访问顺序，在满足运输需求以及体积、重量与时间窗等约束下，实现运输收益最大化。Chu 等研发了公交路线优化的决策支持系统，该系统以最小化成本与最大化"一致性"为目标。2018 年以来，一直被丹佛公立学校用于路线规划决策。Fischetti 等研发了海上风电场设计的优化决策系统，极大提高了企业竞争力，降低绿色能源价格。Dang 等研究考虑时间规则和公共承运人的车辆路径问题，开发蚁群优化算法，帮助 DHL 及其客户每年节省数百万美元。

调度优化是指为调度任务分配合理的调度资源，并安排调度任务的执行时刻，使得给定目标最优。Weckenborg 等为大众汽车预生产中心研发了调度决策支持系统，进行日常的产能调度。Blanco 等研发了协助大型浓缩苹果和梨汁工厂运营的决策工具，生成未来几周的果汁生产详细生产计划。Duran 等研发了基于数学规划的联赛调度模型，生成最优的赛季时间表。Heiney 等采用遗传算法和设备物理模拟，基于问题分解和混合整数规划技术，研发了大规模供应链集成计划决策系统，为英特尔带来了可观的成本节约。Borndorfer 等针对德意志铁路公司，构建了机车车辆排班计划的核心优化算法引擎。

在采购定价方面，Besbes 等提出了可重复资源定价的分析方法，使得制造商利润在 10 个月内提高了 3.9%。Gorman 等为法式糕点特许经营者开发了一种低成本、用户友好型和创新性的解决方案，在保持产品新鲜度的同时，最小化经营成本。Beck 等采用二次规划方法，为嘉年华公司构建了收益优化和需求分析系统，优化了邮轮定价。该系统每天通过分析数百万条的可能价格，对 65 艘游船进行定价优化，产生了 1.5%~2.5% 票房提升。Chen 等采用深度强化学习、仿真和优化方法为沃尔玛商品销售部门研发了一款多目标维度的降价系统，使得沃尔玛的销售率提高了 21%，成本降低了 7%。Rouen 等论述用于大型项目采购基于模型的决策支持系统，考虑预期的自付费用以及迟到和/或加急罚款，以最大限度地降低预期成本。

三、运筹学在油田开发与管理方面的应用

运用运筹学方法研究油田开发规划等问题可追溯到 1958 年 Aonofsky 和 Lee 在 JPT 杂志上发表的题为 "A Linear Programming Model for Scheduling Crude Oil Prodection" 的文章[9]。文中运用线性规划方法研究了以生产效益最大为目标的有限个均质油藏的生产规划问题。但在 1985 年前，所发表的文章基本属于探索性的，优化方法在油田开发决策中的应用还没有得到足够的重视。1985 年以后，由于油田开发的迫切需要和优化方法、计算机技术的迅速发展，情况有了很大变化。国内外都积极地利用优化技术研究并解决油田开发中出现的各种问题，在系统建模、方法求解和应用等方面都有了一定的研究与发展。但是这些研究大都只局限于多目标优化决策的某一具体方面，对于如何全面地考虑多目标因素以真正实现优化决策的问题上，尚未得到完全的体现。

国内外在产量分配、生产管理与规划、油田开发策略和方案研究、井位优化、三次采油过程控制和油田战略规划等方面，进行很多理论研究和实际应用[10-11]，建立了一系列的优化模型。由于油田开发系统的复杂性、不确定性，在决策过程中还有许多非模型活动，例如决策问题的识别，求解结果的分析和评估等，这些问题的解决需要用到人们的经验，特别是该领域专家的知识。因此，纯粹的优化方法只能支持决策过程中一个重要的阶段，对于决策过程中的非模型活动，可通过人工智能方法，以达到主客观相结合，定量和定性相结合，充分借助油田开发专家的经验，在决策过程中注意人机结合的半自动化方式，注重从定性到定量的多种方法的综合集成。

（一）产量分配方面

一个大的油气公司往往由多个油气田或开发区块组成。如何合理分配产量实现最佳经营是决策者遇到的一个问题。运用优化方法研究产量分配问题在各油田中得到了一些尝试。

（1）在油田动态分析、预测的基础上，通常是通过建立油田产量分配模型，将全油田的产量按"定产量规划""定生产成本规划""效益规划"及其他给定的条件最优地分配到各采油厂（未来的一年或多年都可进行），并相应确定各采油厂其他的开发及经济指标（如：产水量，生产成本，生产井数等）。

①产量构成优化。将选定采油厂(或全油田)的产量按"定产量""定生产成本""效益"及给定的其他条件最优的确定出使各方面的分项产量(自然产量,措施产量,老区新井产量,新区新井产量)的值及相应的其他开发指标,经济指标。

②措施结构优化。将选定采油厂(或全油田)的措施产量按"定措施产量","定措施成本","效益"及其他给定的条件最优的确定出 8 项措施(压裂,酸化,大修,卡堵水,补孔,转抽,大泵电泵,其他措施)的产量值、井次值及相应的经济指标值。

模型的约束条件通常采用隐函数的形式,并根据模型特点,提出一套适应于此类模型的求解方法。类似模型系统已在中原、华北、大港、新疆产量分配中推广应用,取得了良好的效果,表明了优化技术的有效性。

(2)针对油田产量指标分配难的问题,一般可建立指标分配的 C—C 方法(成本—产能)模型,一般是二级大系统目标规划分配模型,通常采用串式调优算法求解此类模型。该模型克服了大多模型只考虑经济效益,没有兼顾各油田的生产能力,容易造成分配上的不合理性的不足,较好地解决了油田产量指标的合理分配问题。

(3)在油田产液结构调整优化中,充分利用专家经验,建立起了全油田产液量分配规划模型,针对模型提出了线性规划与动态规划相结合的系统协调方法。对类似的问题,大量的研究关注于以下两个方面:

①通过研究油田生产系统的一种常见的资源优化配置问题,提出了解决这类问题的方法,建立了全局系统和子系统两级数学模型。从大系统优化和非线性规划的角度出发,研究了这类模型的两种计算方法:经典方法,协调方法。该方法可应用于石油生产规划中的产量分配(或投资分配)问题,优化系统的资源配置结构,也可以推广用于其他总系统到子系统的资源配置问题。

②以单位产量成本最小为目标,建立了一个成组油田开发优化配产的非线性混合整数规划模型,或者建立具有递阶结构的全产量分配二级优化模型。

(二)经济产量优化方面

产量优化研究就是在对油田、区块或单井进行工程评价和地质评价的基础上,结合多年来的油田开发数据、现有的勘探、开发技术水平以及各生产要素的可投入情况和不同的油价水平,确定经济效益最大时的产量或产量组合,即最佳经济产量。根据油田的生产特点,油田产量优化研究必须遵循强化地质研究原则、坚持可持续发展原则和利润最大化原则。

(1)较为常见的做法是通过分析影响油田最佳经济产量的因素,建立自然油变动成本、措施油变动成本和新建产能变动成本的计算方法,在此基础上,提出了多约束条件下以利润最大化为目标的油田产量优化模型。

最佳经济产量与一定的地质条件和技术经济环境相联系,影响经济产量的因素很多,既有资源因素、技术因素和经济因素,也有国家政策因素和社会环境因素,这些因素通过影响石油生产的投入和产出来影响石油最佳经济产量。

①剩余可采储量和合理的采油速度。石油企业是从事石油资源勘探、开发的企业,地下的石油资源是有限的,要想使有限资源带来最大收益,企业的经营就必须遵循一定的自然规律(如不能过度开采),这样才能保证最终的采出程度和长期利润达到最大值。因此,原油年产量不能大于剩余可采储量与合理采油速度的乘积。

②原油价格。经济产量对油价的反映是非常敏感的,在成本不变的条件下,油价越高,效益越好,原本不经济的产量也可能变为经济产量,使得经济产量增加。

③国内外经济环境。油价、银行利率和税金等构成了经济环境的主要内容,它们从影响收入和成本费用两方面来影响经济产量。

④开发投资效果。单位投资建设原油生产能力越大,吨油分摊的产能建设综合投资越少,吨油成本越低,效益越好,则经济产量越高。

⑤操作费用。在油价、税金一定的条件下,操作费用直接影响油田经济效益,因此吨油操作费用越低,吨油成本就越低,效益越好,则经济产量越高。

⑥技术进步。开发技术的发展可能使开采成本降低,增加经济效益,或使原本不经济的开采变为经济的开采,增加经济产量。

由上述模型可以得出利润最大时的产量及资源的最优组合。如果上述模型中的某些条件发生变化,则须调整资源组合及最优产量,确保利润最大此时可以借助于资源的影子价格分析资源量变化时对利润额的影响,为开发规划决策提供有价值的资料。影子价格是指某种资源在具体经济结构中的使用价值,或称该种资源的边际收益。由此可知,在条件许可时,应优先增加酸化工作量,其次是增加新建产能投资,再次是压裂等。这样可以保证产量最优,利润最大。

(2)对较为复杂的技术经济条件下,如多驱替方式、多类型油田和多开发阶段等并存的多构成油田,在考虑投资约束、产量要求和成本控制的关系的同时,还需考虑承担相同的风险时期望收益最大的产量规模(或获得收益相同时风险最小的产量规模),从而实现产量、投资、成本与效益的分配关系。如在充分考虑地面适应能力的前提下,需分别建立三次采油产量模型、水驱未措施老井产量模型、水驱措施产量模型和水驱新井产量模型四个线性模型,通过整数规划方法进行多方案的组合优选,为油田合理产量规模的确定提供技术支持。

(三)管理决策与规划方面

油田规划问题是比较常规的决策问题,是实现某种措施合理安排的优化问题。国内外油田及相关科研院校都做了大量研究与应用工作,下面简要介绍较为典型的几个方向与研究方法及取得的成果与认识。

(1)休斯顿大学的 McIakland 与得克萨斯大学的 Leon Lasdon 等建立了一个开发规划和问题优化控制模型,追求的目标是净现值最大,决策变量是各阶段的钻井数、采油速度和生产年限等(目标函数与油价、产量和费用直接相关,而产量和费用又与钻井数有关。因此,最为根本的决策变量是钻井数)。产量与钻井数之间关系由储罐模型,即零维模型给出。所谓储罐模型就是忽略油藏非均质性,由物质平衡方程给出的模型。优化模型解法仍然使用 Lasdon 等所用的罚函数法。

(2)菲利浦石油公司的 Burness 从经济统计学的角度出发,围绕油田的资金分配问题建立了线性最优分配模型。利用单年和多年费用最优分配数学模型的优化信息,分析确定油田规划资金的投资策略。最优过程集中体现在对最接近现值或市场值的经济效益评估。对管理油田、控制采油成本起到必要的作用。

(3)美国管理研究所的 Grimmetth 和得克萨斯州的 Startman 以投资最小为目标建立了线性规划优化模型,降低投入,改善油田的开发效益。通过最优安排 0—1 规划模型及计算机技术的应用,来合理选择设备和措施,取得了很好的效果。

总体看来,国外优化技术的应用主要集中在各石油公司及油田的单项指标控制上,追求效益最好是国外油田(公司)应用优化技术的主要目的。在国内,针对油田规划方案编制方面也进行了大量的研究和探讨工作。

随着油田开发的深入,油田的开发决策已从单目标决策问题变为多目标决策问题,包含的内容、条件的越来越多,系统变得非常复杂,以往的优化模型在处理这类复杂系统方面存在着很多的局限性。为此,国内各大石油院校在多目标决策方面进行了大量的研究。

(4) 21世纪初,新疆油田公司以区块作为基本的配置单元,以基本配置单元的产量、成本费用、可建产能及所需投资作为优化配置的基础数据,按照整体最优的配置原则和仿真优化思想,通过系统分析的方法建立了6个产能、产量、投资及成本的最优化配置模型。解决传统的离散型资源优化配置方法中期望水平确定较难、局部优化与整体最优矛盾两个问题。

①最佳规模效益产量的确定及优化配置模型;
②特定目标效益下的目标效益产量确定及优化配置模型;
③特定目标成本下的目标成本产量确定及优化配置模型;
④特定目标产量下的目标产量成本确定及优化配置模型;
⑤最佳规模投资产能的确定及优化配置模型;
⑥特定目标产能下的目标产能投资确定及优化配置模型。

随着油田开发的深入,油田的开发决策已从单目标决策问题变为多目标决策问题,包含的内容、条件的越来越多,系统变得非常复杂,以往的优化模型在处理这类复杂系统方面存在着很多的局限性。为此,国内各大石油公司及科研院校在多目标决策方面进行了大量的研究。

(四)规划方案优选方面

与其他系统相比,油田开发系统涉及专业领域广,是人们间接认识油藏、开发油藏的一项综合性技术、经济活动。油田开发决策属于大系统优化问题,具有复杂性、规模大、联合性和随机性的特点。在实施开采策略前往往需要出制定多个方案,然后进行多目标综合评价。多目标综合评价是指将评价对象多项指标的信息加以汇集、组织起来,形成一个包含各个侧面的综合指标,从整体上认识评价对象在一定标准下的优劣状况。

规划方案的优选与决策是近年来发展起来的一项方案多目标综合评价技术。开发多目标决策方法,所要解决的是如何对多方案中的多目标和评价指标进行最优化决策的问题。一个油田开发规划方案含多个技术经济指标,各指标值的量纲、单位往往不统一,且指标间存在相互依赖和相互矛盾的指标取值,这就决定开发规划方案优选不能以直接比较各指标值或某一指标值的大小来决定方案优劣,必须综合考虑各指标信息、各指标特性,进行综合评价。开发规划方案优选的综合评价方法研究的范围比较广,主要采用的方法有主成分法、聚类分析法、模糊综合评价法、层次分析法及其他综合评价方法(灰色关联度,距离法、密切值法、DEA)等。

(五)在其他方面的应用

运筹学方法在大庆油田的广泛应用,带动了油田科学技术的革新与发展,在油田勘探、开发、钻井、测井、采油和地面等工程领域中也取得了一定的成果。

1. 油田地面工程优化

地面建设工程规模巨大，投资占整个油田总投资的45%~50%。搞好规划方案优化是控制投资的途径。大庆油田在生产能力、能源消耗和经济效益等方面进行了综合分析的基础上，采用非线性混合规划、图论等数学手段研究建立了油田地面工程方案优选模型。该模型适用于几十口至几千口油水井的新油田或对已建油田进行调整改造的规划方案设计。可对原油集输、油田气集输与处理、油田注水、含油污水处理、油田供配电5个主要系统的总体布局进行方案综合优选，是一个可供油田地面工程建设规划设计决策的有力工具。在油田集输系统设计优化中，把复杂的系统工程问题归结为MS多级星形网络优化问题和MRS多级环行——星形网络优化问题。采取了拓扑结构优化、分级优化、多级优化和动态规划集输管网的多目标优化等科学方法，解决了该领域中多项重大技术难题。

2. 聚合物驱参数优选

利用正交设计和最优化技术解决了合理优选聚合物驱注入参数，确定合理的聚合物注采方式，提高了室内实验和数值模拟研究设计聚合物驱开发方案的适用性，加快了聚合物驱由室内实验、工业性矿场试验向工业化应用阶段的步伐。

3. 水淹层测井解释

结合现有的水淹层解释方法、水淹机理与专家判断水淹层的经验，将模糊数学理论与神经网络相结合进行水淹层解释，研究成功了薄层和厚层细分的水淹层综合解释技术和薄差层水淹层定量解释技术，并在大庆油田和国内其他油田推广应用；利用灰色多元加权归一系数综合表达水淹层各种特征、性质的定量关系，改进了神经网络分析技术。

根据密闭取芯检查井等各种资料的水淹解释成果，建立单油层水淹状况与其主要影响因素的隶属关系，结合神经网络识别单油层水淹状况技术，对任何井点单油层的水淹程度进行判别，确定单层油层剩余油的平面分布状况，为射孔层位的确定提供依据。

4. 油藏动态参数历史拟合优化

油藏动态参数历史拟合是油藏数值模型一个重要的前处理过程。考虑到油藏参数表现的不同特征规律上的差异，进行参数历史拟合时采用了最速下降、拟牛顿法中的DFP算法和BFGS算法、Rosen梯度投影法、Zoutendijk可行方向法、Nelder-Mead单纯形法和一维寻查法等6种优化算法。

应用于单纯确定油水间低渗透条带、平均孔隙度、方向渗透率、油水相对渗透率等参数历史拟合，各种优化算法表现出良好的适定性，以足够的精度收敛到真实值，提高了历史拟合的质量，历史拟合后的数值模型与实际油藏动态一致，提高了工作效率和油藏模拟的可靠性。

5. 小井眼钻井参数优化设计

在分析、建立开发井小井眼动态系统理论模型的基础上，根据小井眼与常规井不同的技术特点，首次将多目标优化方法应用于开发井小井眼钻井中，建立适于小井眼钻井特点的钻速模型，对直接影响钻井速度的主要参数进行定量优选优配，对多方案小井眼钻井指标进行综合对比分析，提高了设计结果与实际符合率。此项技术填补了大庆油田小井眼钻井的空白，是降低大庆外围油田和低压低渗透油田的开发成本最有效的途径。

6. 区块堵水方案优化设计

在生产条件保持不变的情况下，按照确定堵水井与堵水层的原则，根据正交试验和最小二乘法确定堵水的试验方案，及模拟堵水后区块生产的动态特征，采用线性规划法建立区块堵水最佳方案优选模型。优选出井底注入压力不超过破裂压力条件下的区块综合堵水方案，使设计方案具有更大的科学性和预见性。

7. 深层致密气藏压裂优化设计

针对大庆外围油田深层致密气藏地质条件复杂，压裂施工投资大、风险大的特点，建立起适于深层致密气藏压裂优化设计的气藏压裂经济评价线性规划模型、气藏裂缝扩展模型和气藏产量预测模型。在综合考虑压裂液、支撑剂等经济效益的条件下，优选确定地下裂缝的几何尺寸，提高气藏产量预测的可信度，较好地指导了压裂施工。

8. 有杆泵井抽油参数优化设计

利用检泵初期产液量和流压，合理安排抽油机、抽油杆、抽油泵和电机等抽油设备，对不同含水阶段的泵深、泵径、冲程、泵充满系数等参数进行优选，实现供抽协调，合理利用抽油设备、节能降耗的目的。

运筹学方法作为科研生产管理决策的现代化手段，已融入到油田科研生产的每一个阶段、每一道工序、每一项设计中。这些技术在油田的应用与发展，推动了油田可持续发展的进程，也标志着运筹学在油田的应用已迈向了新的台阶。

第三节　运筹学的发展态势与挑战

近 20 年来，随着信息科学、生命科学等现代高科技对人类社会产生了巨大影响，运筹学工作者还关注到其中一些运筹学起作用的新发展方向。如将全局最优化、图论、神经网络等运筹学理论及方法应用于分子生物信息学中的 DNA 与蛋白质序列比较、芯片测试、生物进化分析、蛋白质结构预测等问题的研究；在金融管理方面，将优化及决策分析方法应用于金融风险控制与管理、资产评估与定价分析模型等；在网络管理上利用随机过程方法研究排队网络的数量指标分析；在供应链管理问题中利用随机动态规划模型研究多重决策最优策略的计算方法。在这些重要的新方向上运筹学工作者都取得了可喜的进展及成绩。

一、运筹学发展态势

21 世纪随着生物科技的日新月异的发展，经济发展的全球化，可以预测在探索生命和社会发展规律的过程中将形成崭新的数学，而运筹学将在这一过程中，起到重要作用，并形成新的交叉领域与学科增长点。

（一）运筹学与生命科学的交叉

这里所指的生命科学包括生物学、医学和药物学等。传统的生命科学和其他自然科学如物理学相比，更多地关注于定性研究，而不是定量研究。但是这种现象正在迅速改变。20 世纪中期，随着蛋白质空间结构的解析和 DNA 双螺旋结构的发现，形成了以遗传信息载体核酸和生命功能执行者蛋白质为主要研究对象的分子生物学。21 世纪初人类基因组计划的完成，标志着生命科学研究进入了一个崭新的后基因组时代，其特征和标志包括：

高通量生物技术的成熟应用、大型生物数据库的建立、从单个的组学（如基因组学、蛋白质组学等）到系统生物学的研究方法等。

运筹学已经逐步应用到生物信息学和系统生物学等诸多新兴的生命科学研究领域，发挥着重要的作用。目前在生命科学中得到广泛应用的运筹学分支有：图论与组合数学、动态规划、人工神经网络、线性规划、非线性规划、整数规划等。例如，基于动态规划的序列比对算法是目前最重要的生物信息学基本工具之一。线性规划、非线性规划和整数规划在蛋白质结构比对和结构预测中作为重要工具经常使用。另一方面，现代生命科学对运筹学理论和方法提出了新的需求和巨大的挑战。例如基因组学和蛋白质组学中的数学模型大多涉及求解总体极值和大规模变量的问题，促进了启发式算法和近似算法的研究。生命科学的迅猛发展和对运筹学理论和方法的巨大需求，吸引了大量的运筹学家加入了运筹学与生命科学交叉领域的研究。运筹学理论和方法在生命科学的研究中越来越普遍和重要，而运筹学本身也从中得到了发展的动力。

运筹学是一门"优化的科学（Science of Better）"，而生命的进化过程本身就是一个自然选择和遗传优化的过程，所以许多生命科学问题的数学模型都与优化有关。而且这些模型大多是 NP 难的，所以近似算法和启发式算法的研究在这方面起到重要的作用。生命科学被称为 21 世纪的科学，从过去 10 年的发展可以预见，未来的 30 年将是生命科学飞速发展的时期。在日新月异的现代生物实验和医学技术的帮助下，生物学家和医学工作者对生命和疾病的过程和机制的了解将越来越深刻，生命科学领域的数据和数学模型也会越来越多。运筹学工作者应该抓住这个难得的机会使运筹学成为未来 30 年中生命科学研究的主要工具之一。

与运筹学发展早期的工业生产、经济管理等领域类似，未来 30 年生命科学领域与运筹学的联系将越来越紧密。运筹学不仅可以帮助生命科学研究人员建立从微观（基因、蛋白、细胞器、细胞）到宏观（组织、器官、物种）的数学模型，帮助生命科学研究人员更好、更合理地设计实验和改进技术，还可以通过模型优化来更好地探寻生命科学中的规律和机制，更好地为人类健康服务。

运筹学与生命科学的交叉研究将更加全面和深入。首先，除了已经在生命科学中得到广泛应用的分支（如线性规划、动态规划等）将继续得到重视，运筹学的其他分支将找到用武之地。例如随机优化模型可能用于研究细胞内部的调控策略和信号传导机制；博弈论可能帮助分子遗传进化研究找到新的突破。其次，运筹学与生命科学的交叉研究将扩展到更多的生命科学分支领域，例如生命起源的研究、个性化医疗中的最优医疗策略等。

最重要的是，与生命科学的交叉研究可能促进新的运筹学理论和方法的出现，甚至产生新的运筹学分支。可能对运筹学发展产生促进作用的因素有很多，例如生命科学的海量数据对计算复杂性的挑战、现有运筹学模型在描述复杂生命系统时的不足、生命系统和其他物理系统的显著差异、生命过程和生命现象的不确定性和随机性等。

（二）运筹学与网络科学的交叉

网络科学是本世纪刚刚兴起的一个新的交叉学科。它以复杂网络为主要研究对象，通过对复杂网络特性的提取和刻画，探究其所反映的复杂系统的普遍规律。网络科学是将运筹学的思想和方法应用于生命科学（特别是系统生物学）的主要桥梁之一。网络科学在过去的 10 余年间飞速发展，在计算机、社会学、生物学等领域都产生了重大影响，已经成为研究复杂系统、解决复杂性问题的重要理论和方法。例如大量基于复杂网络社团结构（模块）的分析方法已经成为系统生物学中研究生物功能的基本工具。运筹学的各个分支，特别是最优化方法和图论已经在网络科学中发挥了重要作用。

今后几十年内网络科学预期将有重大的突破，并成为应用科学的主流性分支。运筹学同网络理论有着天然的联系：运筹学有可能给出网络的表达方式、理论刻画以及分析方法。未来30年网络科学和运筹学的交叉研究可能在以下两个方面有所突破。

（1）网络生成模型。随着各种实际网络数据的大量产生，人们对实际网络基本特征的认识必将深化，对普适性的网络和个性化的网络建立合适的网络模型的时机将更为成熟例如生命科学中，各种生物网络迅速积累和扩张。在过去十余年间伴随着网络科学的发展，生物网络相关研究已经成为系统生物学研究最基本的部分。但是网络数据的复杂性和实际网络的不确定性都使得刻画网络的产生机制成为重要且极具挑战性的问题。可以预见的是，随着网络数据的积累和发展，人们终将认识其产生机制。运筹学的最优化理论、图论与随机运筹模型和方法等，将会在模型的建立与分析起到无可替代的作用。

（2）网络演化特征的刻画。现实的网络是一个不断更新、变化着的复杂系统。揭示和刻画网络演化的特征对理解网络的功能和结构具有重要的意义。随着生物技术与计算机的高速发展，大规模时序数据的积累将成为可能，如何有效地分析和利用这些数据，运筹学、统计学等应用数学分支将会为彻底地认识、解决这一问题起到无比重要的作用。

此外，网络科学目前尚处于实证研究为主的阶段。它要真正成为一门独立的科学分支，必须建立其基础理论、运算理论，以及从目前的实证地从实际世界中提炼网络模型，发展到应用网络理论去建立自然界的或技术性的系统，使其具有特定的性质。在这一过程中，运筹学可以成为一个主要的工具。在这一方面，运筹学的发展历史可以借鉴。在线性规划的算法背后，是强有力的对偶理论；在非线性规划算法的后面，是收敛性理论和凸分析理论；在图论和组合方面，是计算复杂性理论。由此构成运筹学这门学科。而网络理论势必在以后的30年中完成这一过程。

（三）运筹学与管理科学的交叉

管理科学从其一开始就与运筹学有着密切的关系，其早期的重点是用运筹学的方法来研究有管理背景的实际问题，例如，应用优化理论和概率理论来研究生产、调度及存储管理问题，利用线性规划来研究交通问题，在著名的《管理科学》杂志创刊50周年特刊上所选的最有影响的10篇论文中，有3篇是关于优化，4篇是关于生产库存理论，1篇是关于排队论，1篇是关于建模，这足以说明运筹学在管理科学中的地位。基于两学科之间的关系，在20世纪90年代，美国运筹学会与管理科学学会整合成一个学会，即运筹与管理科学联合会（INFORMS）。管理科学不仅为运筹学的研究和实践提供了一个很好的应用领域而且它也为运筹学的发展提供了很多挑战性的课题，下述就是几个具有代表性的研究方向。

（1）管理科学中的一些实证研究。随着信息技术的飞速发展，企业和一些政府部门对自己的运营状况有很好的记载，即数据积累。由此产生的一个非常重要的问题是，如何根据这些可用的信息或数据对企业或政府部门提出有价值的科学管理策略？要解决好这个问题，既需要统计学来很好地处理数据，也需要运筹学来建立很好的定量模型。

（2）风险管理问题。风险是一个企业或政府部门不可回避的问题。要有效地处理这个问题，就要研究建立什么样的风险度量可以对企业或政府部门所关心的风险问题进行合理的量化。当今人们熟悉的风险度量如均值—方程度量，VaR 度量，CVaR 量，效用函数度量等也能进行一些有效的风险定量研究，但它们都依赖于参数的合理选取。什么样的参数更加科学和客观，人们只能作定性的说明和分析。所以如何回避这个参数选择问题，从而建立新的客观的风险度量是人们所要解决的一个核心问题。

（3）一些经典的随机存储问题。对于复杂的库存存储问题，如具有串联结构的随机存储、具有配送结构的随机存储和具有组装结构的随机存储，如何确定这些随机存储模型的最优策略。

（4）多服务台随机排队系统的人力资源管理。多服务台随机排队模型广泛应用于银行的顾客服务，呼叫中心的人员配置等。其中的核心问题是，如何根据顾客的需求如何动态调整服务台的个数使服务质量与系统经济效益之间达到一个合理的平衡？相关研究领域称为服务型工程管理学。这类问题也出现在医护人员的配置和病人床位在各个科室之间的调配等医院的管理问题中。

（四）服务科学与行为运筹学

国外许多学者将行为科学引入到运筹学中，开展行为运筹学与行为运作管理的研究工作，并迅速成为当今的学术热点。基于策略性消费行为的行为运筹学和行为运营管理已经成为学术界的新兴研究领域，研究策略性消费行为产生的原因及对企业运营管理、定价决策、供应链管理等的影响，进一步探讨其负面影响的控制与消除等问题。

目前，服务科学的研究仍然处在非常初级的阶段，相关的基础理论应聚焦在行为运筹学、行为统计学和行为信息学。投入到行为运筹学与行为运作管理研究的学者们，不能将自己的研究思路仅仅局限于行为经济学的成功带来的启示，将这个研究领域只作为运筹学的一个新的结合点，更要将行为运筹学的研究看作为服务科学奠定理论基础的一种全新的探索。将两者结合，方可形成的一个新的学科：服务科学。另外，具有行为复杂性的管理问题，例如：复杂金融系统的动力学；行为运作与复杂供应链管理的基础问题；复杂交通/物流网络规划与管理；复杂重大工程项目管理研究等，也是未来运筹学在管理科学领域的一个重要应用领域。

除了上述的 4 个交叉领域，由于任何存在决策的问题都是优化问题，任何有参数需要选取的问题都是运筹问题，所以运筹学的应用到处可见。运筹学的广泛应用使得它和其他科学领域的交叉日益加强。这些交叉不仅为运筹学的应用提供了很好的舞台，同时也为运筹学的新兴分支的产生和发展提供了土壤。运筹学与信息领域的交叉是一个很成功的例子。信息领域中的许多问题，如数据挖掘、模式识别、图像处理、分类、信息安全、互联网数据分析、无线传感定位问题、多通道通信干扰最小问题等等都归结于运筹学问题。这些问题的提出和研究极大地推动了运筹学的发展。

当运筹学经过 60 多年的发展，其理论越来越艰深，应用愈来愈广泛，目前已经没有任何一个人可以是运筹学所有方向的专家。因而对未来运筹学的任何一个具有挑战性的课题的研究，尤其是对出现在新的学科交叉领域的重大问题的探索，更需要一组具有运筹学的不同专长的人才组成的类似于运筹学发展初期时的研究团队，其中还应该包含概率论、统计学、经济学、工商管理、计算机科学、行为科学等学科背景的人才，才能做出重要的科学发现和贡献。

二、运筹学发展挑战

从给运筹学的发展做出重要贡献的开拓者的经历中,不仅可以汲取他们成功的经验,也能够感受到他们对运筹学发展的一些担忧。这些远见卓识为运筹学今后更好的发展提供未来方向。

(一)与数学的关系

前面已经论述了运筹学与数学的关系,这里主要强调的是,相当多的运筹学工作者都有很强的数学背景或者就是在数学系任职。因为数学理论和方法是运筹学最主要的方法和工具,所以他们中的很多人对运筹学的发展做出了重要贡献。

很多运筹学前辈在他们学术生涯的早期并不是学习或者从事运筹学方面研究的。例如,排队网络理论的创始人杰克逊(曾被选为美国管理科学学会主席)是在加州大学洛杉矶分校获得纯粹数学的博士学位。是就业市场将其推向了早期运筹学的研究,因为他当时找到的唯一感兴趣的工作是设在洛杉矶的海军后勤研究计划(后更名为管理科学研究计划)。基于他受过的系统的数学训练和追求纯粹的东西的秉性,他先后完成了一些简单的手工和计算机的模拟后,构思出了一个光滑的、非常理想化和简单化的机器加工车间,这就是排队网络的雏形。另外一个著名的例子是诺贝尔经济奖获得者阿罗(曾任美国管理学会主席),他是最优存储策略的创始人之一。他最初是在数学系读研究生,但因导师无法帮他获得奖学金,他转到了经济系。由于二战的原因,学业被迫中止,在军队做了三年的气象预报人员,因而接触到了序列统计分析思想。在任职斯坦福大学后不久,他参加了兰德公司的存储控制的小型讨论会和随后的相关项目。可以说阿罗涉足并开创动态存储策略的研究是有某种偶然性,但是他能在相关方向做出重要贡献又具有必然性,因为他有很强的数学基础和有力的合作者。

(二)与管理科学的关系

运筹学与管理科学关系紧密,但是两者之间一直存在一些差异,尽管它们是有些模糊的。这些差异是由两个学科的重点不同和专业视角不同所造成的。管理科学家更加"贴近于管理",对事情的来龙去脉和深度特别地关注。他们更关心的是,面临的真正的问题是什么?哪些是重大问题?此外,管理专家一般是采用咨询专家的思维方式,更强调问题的关键性,并对可能发生的状况做出预判。运筹学家更加关心和擅长把一些适当的求解技术用于事先提好的问题,并不太关心研判问题的重要性。在运筹学发展的初期,这些差异并不存在。当时,军事运筹学之所以能发挥出巨大的威力,就在于运筹学家非常关注提出问题,并评价这些问题的重要性。随着运筹学的快速发展和学科体系的建立,管理科学与运筹学之间的差异逐渐显现;例如,美国运筹学会(ORSA)和管理科学学会(TIMS)分别于1952年和1953年成立。他们在意识到管理科学与运筹学之间这些差异的同时,也清楚地认识到两者之间的密切联系,更重要的是强化联系比强调差异能更好地促进这两个学科的共同发展,两个学会在各自成立40多年以后,于1995年合并为美国运筹学与管理科学学会(INFORMS)。

目前,在中国的学科体系下,运筹学与控制论是作为一级学科数学下的一个二级学科,管理科学与工程是管理学门类下的一个一级学科(不分设二级学科)。而在国家自然科学基金委员会的学部体制下,运筹学相关的项目主要是由数理学部受理,而管理科学相关的项目主要是由管理科学部受理，它是与数理学部平级的（这与美国自然基金委员会的设置不同）。由此可以看出，在某种程度上管理科学更具有相对独立性，也更受到重视；而运筹学涉及的范围更加广泛，是更具有交叉性的一个二级学科（例如，在一级学科军队指挥学下设二级学科军事运筹学）。如何看待和处理运筹学与管理科学之间的联系与区别，使得运筹学和管理科学都能更好地协调发展，这是中国运筹学界今后面临的一个挑战。

（三）实践与推广

运筹学在二战时期逐渐形成，期间许多运筹学工作者的出色工作，对运筹学的发展产生了巨大的影响。二战结束以后，他们中的许多人转到高校，纷纷设立运筹学或相关的系（例如工业工程系），也有不少到民用领域服务的。这些运筹学前辈在各自的新岗位上继续从事着运筹学方面的教育、研究和实践推广。

最近十几年，中国运筹学实践和推广方面的工作开展得不多，大多数运筹学工作者的重心在理论研究方面。造成这种现象的原因包括：（1）运筹学工作者对运筹学发展的认知问题，没有充分意识到实践和推广工作的重要性；（2）实践和推广工作非常繁复，甚至艰苦，特别是与各行各业具有不同知识层次和结构的人沟通时的困难；（3）国家和单位的学术及科研评价和奖励机制下实践和推广工作未得到应有的认可和承认。如何协调运筹学研究和教学与推广和实践的关系，广泛和深入地开展运筹学实践和推广工作，这是今后面临的一个重大挑战。

参考文献

[1] 胡晓东，袁亚湘，章祥荪. 运筹学发展的回顾与展望 [J]. 中国科学院院刊，2012，27（2）：145-159.

[2] 中国运筹学会. 中国运筹学发展研究报告 [J]. 运筹学学报，2012，16（3）：1-37.

[3] 樊飞，刘启华. 运筹学发展的历史回顾 [J]. 南京工业大学学报（社会科学版），2003，（1）：79-84.

[4] 林友，黄德镛，刘名龙，等. 运筹学及其在国内外的发展概述 [J]. 南京工业大学学报（社会科学版），2005（3）：79-83.

[5] 张最良，黄谦. 进一步推进我军军事运筹学研究与应用的创新 [J]. 军事运筹与系统工程，2014，28（4）：72-76.

[6] 陈峰. 运筹学在整车物流智能调度决策支持系统中的研究与应用 [J]. 运筹学学报，2021，25（3）：37-73.

[7] 张成羿. 运筹学在物流领域的运用 [J]. 物流工程与管理，2015，37（9）：29-30.

[8] 邵虎，卓越，刘鹏杰，等. 城市交通流量估计的运筹学方法 [J]. 运筹学学报，2023，27（2）：27-48.

[9] 计秉玉. 运筹学方法在大庆油田开发中的应用 [J]. 运筹学学报，1998，2（3）：87-94.

[10] 计秉玉，顾基发. 优化方法在油田开发决策中应用综述 [J]. 系统工程理论与实践，2000（3）：120-124.

[11] 方艳君，张继风，乔书江，等. 系统工程在大庆油田开发规划优化及决策中的应用 [J]. 大庆石油地质与开发，2008，27（2）：60-63.

第二章 油田开发规划常用确定性优化方法及应用案例

油田开发规划优化技术在油田开发规划编制与决策过程中起着不可替代的重要作用[1]。大庆油田从20世纪60年代开始就积极地把运筹学理论方法引入到油田开发管理与决策领域，在建模、求解及油田开发规划方案优选中进行了有益的尝试[2-4]。伴随大庆油田60年来持续开发的历程，油田开发管理决策工作经历了由笼统至具体、由浅到深、由简单到复杂的变化过程，运筹学理论方法在油田开发规划方案优选中的应用也经历了由早期的最优控制理论系统预报到大系统、复杂巨系统，由微观单项的定性应用到宏观的多项定量应用的发展过程[1]。近年来发展起来的"软优化"方法，结合实际问题使用了一些"启发式"的算法，充分借用油田开发专家的经验，注重从定性到定量的多种方法的综合集成，进一步为运筹学在大庆油田的开发管理决策中广泛应用奠定了基础。先后开展的非线性规划、最优控制理论、线性规划、动态规划、大系统理论及多目标规划等方面的研究，推进了优化技术在油田规划与决策中的应用，并逐步形成了一套具有油田开发特点的油田开发规划方案优化技术，为实现油田产量、投资、成本与效益的最优配置，油田合理产量规模的确定，提高规划编制水平与决策能力，以及油田今后可持续发展都将起到积极的促进作用。常用的优化方法按内容分有线性规划、动态规划、目标规划、随机规划等，按追求目标分为单目标优化和多目标优化模型，按研究对象分为确定性模型与不确定性模型两类，其中不确定性优化模型都是在确定性优化模型基础上发展起来的，因而本章主要介绍油田开发规划常用确定性优化技术及其应用。

第一节 油田开发规划编制流程及优化技术应用

一、油田开发工程特征分析

自前苏联学者克雷洛夫的名著《油田开发科学原理》一书问世以来，油田开发就成为一个经常使用的名词和术语，经常有人说油田开发是一门综合性的学科。普遍的认识是，按照现在学科分类方法，油田开发不属于科学范畴，也不是单一的技术范畴，而是一门以科学为基础的，多种技术融合的，考虑经济与社会效果的工程学科。科学、技术和工程是有区别的，也是有联系的，甚至是密不可分的，油田开发不属于科学范畴，而属于工程范畴，这是因为油田开发具有非常强的目的性和必要的组织性。

（一）目的性和组织性

油田开发的目的性体现在以下几方面：石油作为一种能源，为航空、交通等提供动力；石油一种非常重要的化工原料，为各种化工产品提供物质基础；石油能为经营者或企业提供巨额利润；油田开发能够产生诸如有利于就业问题、上下游方面的社会效益。

油田开发又具有高度的组织性。在勘探和探明地质储量、油藏评价基础上，编制油田开发方案，包括油藏工程方案、采油与钻井工程方案和地面工程方案，依照这些方案组织实施，进行产能建设和投入生产。在生产过程中通过地质再认识，生产动态分析和动态监测，制定重大调整措施不断提高采收率。同时在日常生产过程中加强管理，降低成本并保证生产稳定运行。上述这些特点表明油田开发是一项大型的系统工程。而不是单一探索未知的科学或解决某一单一问题的具体技术。同时，油田开发又必须以地质学、渗流力学、数学、物理和化学等学科为基础，也离不开钻井技术、采油工程技术等技术的支撑。

（二）长期性

与其他工程相比，油田开发工程具有长期性特点，可以持续几十年甚至上百年的时间。尤其是大油田更是如此，例如大庆油田提出了百年油田的战略设想，这是由地质开发特点决定的。原因有4点：（1）油田采油速度一般低于2%，考虑到递减，相当长的一段开采期要低于1%的水平，因此需要开发较长的时间。（2）地质条件的复杂性，需要边开发边认识，甚至到开发结束后也不能完全认识清楚。为提高采收率，也需要一个很长的过程。（3）在开采过程中不断有新的储量被发现和探明，具有长期开发的物质基础。（4）开发技术水平不断进步，不断降低油田的废弃界限从而使开采期延长。

油田开发的长期性表现为不同开发阶段的划分。每一开发阶段都有不同的开采特征。例如，从产量角度，可以分为产量上升阶段、稳产阶段和产量下降阶段直至废弃阶段。从含水角度，可以分为低含水期、高含水期、高含水后期和特高含水阶段。从开发方式角度，可划分为依靠天然能量的一次采油、注水保持压力的二次采油阶段和依靠化学等方法强化开采的三次采油阶段甚至四次采油阶段。

从油田开发总的方针出发，油田开发的每一阶段都有不同的开发策略。例如，大庆油田开发初期立足于基础井网主力油层，进行早期注水分层开采的开发策略。进入高含水、特高含水阶段的多次加密调整、稳油控水和三次采油的开发策略。

根据油田地质开发特点和国家对原油产量的需求，油田每五年都要做长远规划，提出技术政策和技术界限，预测出开发根据实际情况做3~5年滚动规划，每年要做年度规划和计划。作为指导油田开发生产的纲领性文件。

（三）动态性

油田开发的又一特征是具有动态性。表现出油田开发的状态随时间而变化。例如，油层压力、含油饱和度或剩余油分布，注水油田的水淹状况等等，产油量、含水率、注采比等，这些指标是描述开发效果的依据，是进行开发调整的基础，实质上，油田开发的本质就是采取有效措施对这些状态进行控制，实现以最小的成本获得最大的产油量和采收率。获得油田开发的状态可以由以下方法：（1）油藏动态监测，即选择一定的井点，使用测试仪器（如压力计或流量计等）定期进行压力监测或注入剖面、产出剖面测试以及饱和度测井的方法。（2）计量生产过程中的数据如产量、含水等等，然后运用油藏工程方法进行分析，实现对油田开发状态进行推测。正是油田开发很强的动态特性，使油田动态分析与动态监测成为油田开发工作的重要组成,贯穿于油田开发的始终。

油田开发调整策略的优选是以油田开发动态的预测为基础的。描述油田开发动态的物理量常常称为开发指标。通常是指产油量、含水率、产液量和注水量等,有时也包括地层压力、流压。油田开发指标动态预测是油藏工程研究的重点内容之一,如产量递减曲线、驱替特征曲线以及各油田根据自身特点建立的其他经验公式。近年来,由于开采对象日趋复杂和精细油藏管理的要求,应用数值模拟技术预测开发指标,已经变得越来越重要。

油田开发的动态性还表现在早期的各种技术政策或措施对后期的开采状态产生重大影响。从渗流力学角度可以理解为:油水运动过程可以用一套偏微分方程来描述。只要给定各种油层物理与地质参数,本阶段的措施情况和初始条件,而初始条件恰好是上一阶段末的开采状态。即上一阶段的措施将会对下一阶段状态产生影响,也就是产生后效性。因此,油田开发规划中要兼顾整个过程统筹考虑。

(四)多学科特性

与其他大的工程相比,油田开发工程需要更多种学科来支撑。(1)要开展开发地质学研究,搞清油藏构造情况,储层发育特征以及沉积微相特征,油水分布特征和天然能量特征。涉及到构造地质学、沉积学、石油地质、测井与地震等一系列相关学科。(2)要开展油层物理学研究,搞清油藏流体高压物性与相态关系,搞清储层孔隙结构特征以及润湿性等等,开展相对渗透率及毛细管压力曲线研究,涉及热力学、物理化学以及各种与实验相关学科。(3)要进行开发设计,涉及到渗流力学、油藏数值模拟、技术经济学和数学、计算机等方面学科或技术,(4)要开展相关的钻井工程、采油工程和地面集输工程方面的设计,涉及到相当多的学科。油田开发以后还要建立油藏监测系统,进行开发调整等等,所以说油田开发是一项多学科联合的庞大系统工程。

(五)风险性

油田开发的对象油层一般深埋地下1000~7000m,看得见摸得着的部位只是钻井取出的岩心,即体积微乎其微的一孔之见,其他部位只能依靠取心资料、测井资料等,结合地质理论推测进行认识。

大量的现代沉积观察、野外露头观察以及开发实践表明,河流三角洲相储层发育情况非常复杂,空间变化剧烈,充分体现了上天容易入地难的说法。因此,目前所掌握的技术对储量以及其空间分布特点、储层的地质特点、物理特点等的认识,具有概率性。一些油田的开发实践表明,开发井打完以后,钻井成功率和低效井比例非常高,远远低于开发设计指标。核实地质储量远远低于提交的探明储量,造成了钻井和地面工程设施的巨大浪费。

石油属枯竭性资源,不能重复利用,一旦决策失误,就会造成整个开发过程的失败。因此,在油田开发界,不要犯不可改正的错误,已经成为至理名言。另外,油田开发投资大,常常达到上亿规模,一旦决策失败,将会造成重大经济损失。

所以,油田开发是一项高收益、但高风险的工程项目,为此而破产的公司不胜枚举。

经常使用的确定性方法也有一定的局限性,针对各种不确定性,模糊的、随机统计的方法应积极应用到油田开发规划中。

(六)多目标性

油田开发作为一项工程,目的性强且多样。尤其在我国更是如此。作为社会主义国家的企业，油田公司的目的就是生产大量的原油满足国民经济的日益需要，为国家上缴大量的利税的同时，还要承担起一定的社会责任，满足一定的社会效益。这些目的在经营管理方面都有所体现，在制定油田开发规划时应予以考虑。所涉及到的不仅有定性的指标、亦有定量的指标，而与资本主义国家石油企业的单纯以利润最大化有所区别。

在大多数情况下，为了满足一定的产油量，就会使用更多的额外投资和成本，从而影响经济效益，有时也会影响最终采收率，因此各种目标之间往往存在着矛盾性。如何协调这些矛盾，综合兼顾，应该成为油田开发和决策工作者深入研究的问题。这也给以前相对成熟的单目标决策方法和应用带来了不适用性，积极应用多目标决策方法也势在必行。

油田开发工程的上述特性决定了油田开发规划研究与编制的困难性。油田开发规划是实施油田开发工程的纲领性文件。是编制油田开发生产计划和开发方案的重要基础，也是开展各种科研攻关和现场试验的重要依据。

油田开发规划的编制要体现油田开发方针，要体现开发地质研究和开发新技术与新工艺的最新成果，要明确油田开发矛盾和潜力，要以开发指标变化规律和预测为基础，所以说是一个庞大而复杂的软系统，油田开发规划方案的优化不是一个简单数学规划模型就能解决的。应该探索新的方法论、探索新思路、使用新技术，尤其是要探索近年来发展起来的复杂性科学理论与方法的指导性作用。

大庆油田是我国第一大油田，也是世界级的特大型油田。因此，大庆油田的开发对我国国民经济的发展作出了巨大的贡献。大庆油田的开发始终坚持正确的开发方针，并且十分重视开发规划的编制，既体现了油田开发地质特征，又满足了国家对原油的需求，为油田制定不同阶段的开发决策和部署提供了巨大的理论指导作用。

二、油田开发规划编制主要流程与内容

油田开发规划编制是一项综合性、前瞻性和战略性工作，是油田企业系统总结开发历史、正确评价现状、科学预测未来、制定开发策略、明确发展方向和发展目标、指导生产实践的综合研究成果，是规划时间段内油田开发指导性文件。油田开发规划使油田开发既遵循自身的规律，又能实现高效、可持续发展。

油田开发规划一旦确定，其制定的开发策略、开发思路、开发指标和开发工作量具有严肃性，在油田开发状况没有大的变化情况下，油田开发工作应该在规划指导下组织实施，并努力完成规划目标。油田开发规划分为年度开发规划和中长期开发规划。

年度开发规划是油田近期开发工作部署的年度实施计划。任务是按油田近期开发规划的目标及工作部署，对油田下一年开发工作做出具体的安排或调整，以保证油田中长期开发规划方案的实施和目标的实现。其内容主要包括对油田上一年规划实施情况的检查、对下一年度开发指标的测算、各项增油降水措施的安排、年度配产配注等。

中长期开发规划是油田长远开发宏观目标控制下的油田近期开发工作的具体部署。任务是根据国家对油田原油产量的要求，以及长远开发规划制定的目标，安排部署油田近期开发工作。其内容包括油田开发效果评价、措施潜力分析、油田产量及开发指标变化趋势预测、油田开发政策技术界限及稳产条件分析、油田开发规划方案编制与优化等。

在开发规划编制工作中，以研究编制5年规划为重点，同年度规划的落实和长远规划预计紧密结合，并在开发过程中，针对规划实施中出现的新情况、新问题，在5年规划的

宏观控制下，进行不断的调整，编制出更加符合油田实际的油田开发年度规划方案，为油田年度生产建设计划的制定提供重要依据。

（一）油田中长期开发规划目标确定

原油是国家的重要能源之一，原油生产直接影响到国家的军事、工业、农业以及其他各行各业等国民经济的发展。为此，一个油田中长期开发规划目标的确定是非常重要的，所确定的油田开发规划目标必须是先进的、合理的、可实现的。油田开发规划目标是指油田几项主要的开发指标在规划期内应达到的水平。作为油田开发规划目标的指标较多，如产油量、产水量、产液量、注水量、含水率、含水上升率、采油速度、采液速度、可采储量、投资、生产成本、利润等。一般是根据油田所处的不同开发阶段，选取几项不同的油田主要开发指标作为油田开发规划目标。但在这些指标中，产油量作为油田开发规划目标是不可缺少的。

1. 根据国家对原油产量需求或计划安排确定

根据国务院及相关部委的政治经济指示和相关精神，在中国石油天然气集团有限公司（以下简称集团公司）的指导和建议下，为适应国民经济发展对石油工业的要求确定。

2. 据油田地下资源状况和现行的开采工艺技术以及客观生产规律确定

油田开发阶段不同，地下资源状况不同，开采对象以及针对开采对象所采取的工艺技术和所反映的生产规律和特点也不同。为此，所确定的目标也不同。

3. 据油田开发经济效益和可持续发展目标确定

随着我国原油生产日益市场化和国际化，油田开发越来越重视追求自身的经济效益。油田开发规划也由传统的以产量为中心逐渐转变到以效益为中心上来，因此要围绕"最少投入""最大产出""最好的经济效益"等来开展规划优化决策，确定油田开发规划目标。

（二）油田开发状况调查、分析

在油田开发过程中，油田开发指标是不断变化的。因此，必须以油田规划前一年的开发现状为依据，以此为起点进行老井产量和其他开发指标的预测。同时要对油田开发现状和面临的形势进行分析，以此为基础编制油田开发规划方案。

1. 油田开发状况

大庆油田每一个5年规划编制都会对油田开发状况进行调查，一般主要内容如下。

（1）油田开发概况。主要包括投产时间、面积、储量、开采层位、开采方式、井网密度、主要注水方式、原始地层压力、饱和压力、累计建设产能、井网调整情况等指标。

（2）生产井动态。主要包括油井数、水井数、总井数，以及油井中自喷井数、抽油机井数、电泵井数和各自占油井总数的比例等指标。

（3）油田产油状况。主要包括油井开井数、日产油、日产液、单井日产油、单井日产液、年产油、年产液、累计产油和累计产水等指标。

（4）油田注水状况。主要包括水井开井数、日注水、单井日注水、年注水、累计注水、年注采比、累计注采比、注水压力和吸水指数等指标。

（5）油田主要开发指标。包括地质储量和可采储量的采油速度、采出程度，产量自然递减率和综合递减率，地层压力、流动压力和总压差，含水率、采液指数和采油指数等指标。

2. 油田开发状况分析

编制油田开发规划时，在对油田开发状况调查的基础上，对油田以下主要开发状况进行了分析。

（1）钻调整井提高可采储量情况分析。在新区储量逐渐减少和变差的情况下，以加密调整、层系细分为主的油田老区开发调整是实现稳产或控制产量递减的重要措施，也是大幅度提高油田可采储量的主要途径。

（2）油田剩余可采储量采油速度分析。国内外油田开发实践表明，油田剩余可采储量采油速度是受多种因素影响的综合性指标。其主要影响因素为：①油田开发的经济环境及资源政策；②油藏地质条件；③油田开发方式及开发阶段；④油田开发调整部署及开采工艺技术措施；⑤油田动用可采储量的变化趋势及标定值的可靠程度等。

3. 油田开发面临的形势分析

油田不同开发阶段，油田开发面临的形势不同，分析的内容也不一样。大庆油田编制每个5年开发规划时都对油田开发形势进行了分析，其分析内容和结果有着明显的差别。

（三）油田前一阶段规划执行情况检查

对油田前一阶段开发规划的产量、工作量及开发指标进行油田实际完成情况的检查和对比分析，目的在于检验油田各项工作的实施能力，找出油田开发上存在的问题，总结经验，指导油田下一阶段开发规划的编制。其检查对比分析内容主要有以下几方面。

（1）规划与实施的钻井、基建、投产工作量检查对比分析。通过统计油田开发规划与实施的钻井数、基建井数、建成能力、投产油水井数，并进行对比分析，检查油田主要工作的完成情况，指导油田今后钻井和基建工作的安排。

（2）规划与实施的老井措施工作量检查对比分析。通过统计油田开发规划与实施的老井压裂井数、抽油机井换泵换型井数、补孔井数、堵水井数、修井井数，对比检查老井措施工作量的完成情况，指导油田今后老井措施工作的安排。

（3）规划与实际产量构成分析。统计油田实际的新井投产以来产油量及当年产量、抽油机井换泵换型后增产油量及当年增产油量、油井压裂当年增产油量以及全区产油量，并与规划指标进行对比，分析产量构成中各项措施效果与工作量的匹配关系，以及产量自然递减率、综合递减率如何变化，找出存在的问题，为油田今后产量水平的确定和措施效果的预计提供依据。

（4）规划与实际主要开发指标对比分析。统计油田实际的产液量及增长率、含水及含水上升率、注水量及增长率，以及采油速度和采出程度等指标，并与规划指标进行对比。

（5）规划与实施后新增可采储量对比分析。统计油田实施后新增的可采储量，计算可采储量采油速度、采出程度、剩余可采储量采油速度，并与规划指标进行对比。

（四）油田开发效果评价

油田注水开发效果评价，是油田经过一段时间注水开发后，对油田目前某些主要开发指标，应用油田开发理论、矿场注水开发全过程试验，以及国外同类油田开发资料，建立起相应的评价方法，进行对比分析评价。通过评价分析，提出油田进一步改善开发效果的调整意见和原则。

油田注水开发效果评价内容比较广泛，一般包括水驱控制度、储量动用状况、采液（采油）速度和剩余可采储量采油速度、含水上升速度、注水利用率、含水率与采出程度等。

（五）油田增产措施效果和潜力分析

油田主要增产措施效果及潜力分析，是油田开发规划方案编制中各项开发工作安排的重要依据。油田所处开发阶段不同,油田挖潜对象、内容及效果亦不同。

1. 未开发油田潜力分析

通过对已探明未开发储量的落实程度、不同技术经济条件下的经济效益等方面的评价,为油田开发规划提供新区产能建设潜力,为油田开发决策提供依据。

根据储量的品位,类比相同已开发油田的开发成本和经营成本,考虑到油价的波动性较大,分别评价在不同油价下未动用储量的基本经济效益,然后根据行业基准收益率排队列出不同油价下未动用储量的可动用性;同时还考虑在规划阶段由于新技术、新方法的应用和提高管理水平,使成本下降的可能性,同样也列出不同成本条件下未动用储量的可动用性。

通过对落实未动用储量区块进行技术经济评价,可以初步得出在不同技术经济条件下可动用的储量规模、产能建设潜力。

2. 已开发油田潜力分析

已开发油田潜力分析主要是从精细地质研究、动态监测、密闭取芯以及新井、措施效果变化等方面,深入开展不同开采方式、不同类型油藏方向性、主导性潜力区的描述研究和挖潜,提出提高采收率增加可采储量的主导措施及潜力。已开发油田潜力重点从以下6个方面分析。

(1)整体调整潜力。针对开发单元存在的主要矛盾,如注采不完善、层系划分较粗等进行相应的调整。整体调整主要措施方向是:井网优化、细分开发和井网重组等。

(2)老井措施潜力。对于注水开发油田油井措施,主要包括放大压差提高液量的措施、压裂酸化、补孔改层、防砂等油层改造和堵水关井等降低产水量的措施。

措施潜力分析主要是统计油田历年来各类措施的构成变化、措施总井次、措施有效率及单井次措施年增油的变化,从而了解不同开发阶段油田的主导措施构成,措施工作量幅度变化及其效果变化,为下一阶段措施的主要方向和有效途径提供依据。

(3)三次采油潜力。三次采油潜力分析包括两个方面的内容:一是三次采油资源潜力,二是三次采油增加可采储量潜力。

由于受油藏条件、聚合物产品性能和经济效益等限制,不是所有的油藏都能够采用聚合物驱,根据国内外大量室内试验和现场实施结果,初步探索出了一套聚合物驱油藏初步筛选标准。据筛选标准就可以初步分析三次采油的资源潜力。

三次采油可采储量标定方法:对正在注聚且效果明显单元按吨干粉增油量计算;对完成注聚转入后续注水且效果明显的区块,直接采用方案设计的增加可采储量数值。

三次采油增加可采储量潜力分析方法:一般采取类比法,即剩余资源提高采收率幅度类比已标定增加可采储量的三次采油覆盖储量提高采收率幅度。

(4)转换开采方式潜力。对于普通稠油(地层原油黏度>100mPa·s),统计目前实施注水开发的单元情况以及开发效果,分析由注水开发转为蒸汽吞吐的潜力;低渗透油藏,采取注二氧化碳、注氮气等开发方式高效开发低渗透油藏的潜力;潜山油藏,针对新投入开发的复杂潜力油藏,开展注水先导试验,分析注水开发提高采收率的潜力。

(5)技术改造潜力。技术改造工作涉及油田开发、地面工程、采油工艺和钻井工程等多个专业技术领域。开发上通常所讲的技术改造一般包括油水井更新、侧钻、扶停等工作内容。通过技术改造,可恢复油井产能,恢复水驱控制和可采储量,增强油田开发基础。

（6）新技术潜力。新技术潜力体现在两个方面，一是精细油藏描述、水平井等成熟技术在新领域、新类型的推广应用；二是目前正在开展的攻关技术获得突破后的潜力。

（六）油田开发指标及变化趋势预测

油田开发趋势预测主要通过已投入开发油田开发指标变化规律的分析，考虑储量及工作量等因素对开发指标的影响，预测油田开发指标的变化趋势，为科学编制开发规划方案提供技术和理论依据。

油田开发趋势预测的内容包括油田开发的多项指标，如液量、含水率、产量、开井率、时率、地层压力、年注采比、注水量以及储采平衡变化等。

1.油田液量变化趋势预测方法

预测油田液量变化趋势有两种方法，分别为增液速度法和液量构成法。

增液速度法主要是根据近年增液速度的变化，综合考虑提液的可行性，在油田最大单井液量的控制下对液量进行预测。该方法主要应用于液量处于上升阶段的油田。

液量构成法是新提出的一种液量趋势预测方法。液量有多种构成形式，如新老区液量构成、新老井液量构成、不同含水级别液量构成以及不同产量级别液量构成等。研究不同层次液量变化趋势，采用不同的液量构成方法。

2.油田产量变化趋势预测方法

在油田开发过程中，科学地预计油田开发趋势，准确预测油田开发指标的变化，这是编制油田开发规划的前提和基础。但是。任何开发规划目标都是在原开发基础上，采取新的挖潜措施，弥补老井递减来实现的。所以，任何想包括措施在内笼统预测规划期内油田开发指标的变化，不仅不能满足编制规划方案的要求，还会给规划期内各项措施的具体部署带来困难。因此，要求在规划期前油田开采条件不变化的条件下，预测出各项开发指标的变化。在此基础上，根据油田各项措施潜力，进行开发工作部署达到预期的规划目标。但是，随着开发阶段的推进，油田开采条件将发生变化，为适应于这种变化，需要采用不同的预测方法，不断地发展和完善油田开发技术，提高预测精度，使预测结果更加符合油田实际变化。

油田产量及开发指标预测，可分为已投产开发油田（或井）、待开发油田（或待投调整井），其内容比较广泛。油田产量及开发指标预测内容主要包括油田产油量、油田平均含水率、综合含水率和含水上升率，油井采液（采油）指数、地层压力和流动压力，水井注水压力和吸水指数，油田产量递减率等指标。

大多数油田开发规划中的产量预测，都是指已投产开发的老井不进行措施条件下的产量及开发指标变化。因为规划期间的油田产量及开发指标，必须在老井预测结果的基础上，根据所确定的产量目标进行规划安排。因此，要求必须通过油田开发分析，研究油田主要开发指标的变化规律和特点，并根据油田所处的开发阶段，选择合适的方法进行预测。

油田产量及开发指标预测方法主要有：

（1）概算法（即流管法）。适用于油田开发初期，在确定预测参数的实际资料不足的情况下，常采用的一种从油田开发机理出发建立的一种预测方法。虽然能反映油田各项指标变化趋势，但准确性比较差。

（2）采油指数法。在油田投入开发后特别是通过生产试验区，取得了自喷开采条件下，采油指数随含水上升的变化规律后，就可根据采油指数与含水变化的关系，油层压力保持的水平，预测出各项开发指标。

（3）水驱特征曲线法。在水驱特征曲线出现直线段后，分析油田含水率上升变化，理论和实践都证明了任何一个水驱油藏在开采条件一定的条件下，含水率和采出程度之间都存在一定的相关关系，它们的具体形式可由水驱特征曲线导出，可求出反映水驱开发效果的一项重要指标，即油田含水上升率；在此基础上，考虑采液指数、采油指数、井低流压与含水率的变化关系，得到了产量变化的经验预测方法。

（4）分类测算组合法。对处于多种开采方式、多开发阶段等并存生产的情况，这时仍采用单一的预测方法已不能满足提高预测精度的要求。针对多种开采方式以不同开采的实际，采用了符合各类油井的测算方法分类测算叠加组合的方法，不仅使各类油井测算结果，更加符合客观实际，而且分类测算结果也更加准确地反映了油田变化趋势。

（5）Arps递减法。在应用Arps递减法预测产量时最主要的选取有代表性的递减规律段，在选取规律段时应注意几点：①要有明显的递减规律；②在选取的时间段内生产比较稳定（没有大的措施或新井投入）；③尽量选取含水较高的开发阶段；④尽可能选取时间较长的阶段。应用Arps递减法预测的结果是保持目前的生产状况的情况下的产量。对于今后可能有较大投入的油田应考虑今后的投入对产量的影响。该方法适用于油气产量的递减阶段。国内外大量的统计资料和研究结果证明，油气田的产量递减规律一般都遵守Arps递减，也包括水驱油田稳产期结束后的递减阶段。

（6）增长曲线法。如Logistic模型曲线是一种增长曲线，广泛应用于具有"成长"趋势的预测。Logistic模型曲线既可作为全程预测也可以截选递减阶段数据作递减拟合，既可用于产量预测，也可用于开发后期油田的含水预测。

（7）剩余速度法。可采储量剩余速度是油田开发的重要指标，是规划编制中常用的方法之一。它不仅反映了油田的开发程度，而且还与油田的稳产形势密切相关。在预测时要考虑剩余速度的变化规律及每年增加可采储量的大小。

在油田开发指标趋势预测过程中，应考虑到开采方式、油藏类型、储量及工作量投入等因素对开采规律及开发趋势的影响，分类、分不同构成分别预测油田指标的变化趋势。

（七）油田开发原则和技术界限制定

1. 油田开发方针与原则的制定

油田开发方针与原则，是油田在开发中，为完成确定的产量目标，对油田应挖潜的对象、采取的主要做法和技术措施的综述。由于油田开采阶段不同，挖潜对象及调整挖潜措施不同，因此油田必须根据现有的生产潜力和工艺措施，提出油田开发原则及方针，并按此编制油田开发规划。大庆油田各个开发阶段的开发方针与原则的确定正是如此。

如大庆油田"十·五"规划编制原则：

（1）坚持有利于可持续发展的原则，各项开发调整部署要以增加可采储量为核心，有利于油田长期生存和持续发展。

（2）坚持以提高经济效益为中心的原则，加强经济评价，各项规划部署安排都努力在经济有效的前提下进行。

（3）规划方案总体部署要坚持实事求是的原则，立足于油田开发实际，考虑高含水后期和特高含水期油田开发特点，同时要有抗风险能力。

（4）坚持以科技进步为先导的原则，大力开展科技攻关和现场试验。尽快形成以"三个攻关"为重点的水驱增效开发、三次采油高效开发和外围"三低"油田有效开发三大套主体技术系列。并加大已有科研成果的推广应用力度。

（5）外围油田开发要加快新体制，新机制的推进步伐，努力控制投资和成本增长，加强储量评价和开发前期工程评价力度，实现外围油田"十五"期间增储稳产。

（6）采取积极防护措施，减缓油水井套管损坏速度。控制注水压力在地层破裂压力以下，综合治理高压异常层和区块，加大套损井大修、报废、更新力度，提高大修，报废成功率，减轻套损对油田生产不利影响。

（7）坚持科学合理地搞好结构调整的原则。根据三次采油和水驱共存新的开发特点，围绕近期、中期和长远目标，安排好各大开发区的三次采油规模及水驱产量。

（8）优化措施结构，提高措施经济效益。要在措施方案、措施工艺、措施组合上进行优化，推广应用新技术，达到总量控制，提高措施经济效益。

（9）坚持重大措施以现场试验和科研成果为依据的原则，步伐可以加快，程序不能超越。

2. 技术界限

技术界限，是油田在近期开发中，对油田某些主要开发指标要努力达到、或努力控制在一定范围内的具体要求，是编制油田开发规划的重要依据。

由于油田开采阶段不同，技术界限也不相同，要求必须根据油田实际生产情况具体提出油田含水率、含水上升率、产量递减率、剩余可采储量采油速度、注水压力、地层压力、流动压力、最大产液量、采液速度、注采比及注采井数比等技术界限。

（八）不同产量规模方案设计

油田开发规划部署是在老井产量预测的基础上，在油田规划期间制定的开发原则和技术政策的指导下，为完成规划总目标和原油生产任务而进行产量和措施工作量的具体安排。考虑规划阶段新增探明储量的品位、新增探明储量的可能性、老区开发调整的力度以及油田长期稳定发展的需要，部署过程中必须进行不同产量水平、不同措施种类方案设计、计算与经济评价，通过对比分析优先出推荐方案。

每一规划方案通常由新区方案和老区方案组成。按照开采方式或油藏类型的不同，新区方案、老区方案又可由不同的方案组成。具体内容可分为两个方面：（1）工作量安排；（2）开发指标安排。

1. 新区方案编制内容和方法

新区方案编制的内容主要为新增动用储量、新建产能、新区产量及工作量等指标的安排。首先在新增探明储量和未开发储量等资源潜力分析的基础上安排规划期间新增动用储量，其次根据产能速度的大小安排规划期间新建产能，最后由产能系数变化规律预测规划期间新区产量，最后根据万米进尺建产能及规划期间新建产能，测算总进尺，进而由平均单井进尺测算规划期间新区钻井工作量。

（1）新增动用储量安排方法。储量是油田开发的物质基础，搞清规划阶段油田新增探明地质储量的动用情况和规划前未开发地质储量的动用规律，是编制好油田开发规划的重要保证。常用的方法是参照前几个阶段规划内新增探明储量的动用规律和未开发储量的动用状况，确定本次规划的储量动用率。由于受技术、经济条件及初始认识程度的限制，探明地质储量不可能一次全部动用完毕。某一阶段探明地质储量的动用程度通常用阶段探明储量动用率表示。

阶段探明储量动用率有两种：①某年探明的地质储量在以后几年内的动用状况，用当年动用率、前两年动用率等来表示，它反映了储量的品位和动用难易程度，动用率高，说明品位好。②5年累计探明地质储量动用率，这是编制油田开发规划最常用的表示方法，它主要为规划期内探明地质储量动用程度提供依据，根据历史上每5年时间段内探明与动用的地质储量求得。在编制油田开发规划方案时，规划期内动用的新探明地质储量为所探明的地质储量与累计动用率之积。

未开发储量动用率是指上一阶段末未开发地质储量与上一阶段未开发储量的比值。通过研究未开发地质储量动用状况及历史上每一阶段未开发地质储量动用率，可为编制油田开发规划提供依据。在编制油田开发规划方案时，规划期内动用的未开发地质储量为规划初期未开发地质储量与未开发地质储量动用率之积。

根据探明和未开发地质储量以及探明和未开发地质储量动用率可以计算出规划期内的动用地质储量。

（2）产能安排方法。新区产能是规划新区开发指标的基础。主要通过研究新区建产能速度、产能系数两项指标，为新区规划提供重要依据。新建产能速度是指新建产能区块的产能与动用地质储量的比值，主要用来规划新区的产能。产能速度的高低反映了区块能达到的生产能力，通过研究历年建产能速度的变化状况，为规划新区产能提供依据，规划期内的产能即为建产能速度与动用地质储量的乘积。产能系数是指新建产能区块历年实际产油量与建产能的比值，主要用来规划新区的产油量。产能系数的大小反映了产能区块的上产及稳产状况，通过研究新区历年产能系数的变化，为规划新区产油量提供依据。

（3）工作量安排方法。在产能安排的基础上，根据万米进尺建产能规划新区的钻井工作量。万米进尺建产能是指新建产能区块建产能与钻井进尺的比值，它反映了新井所达到的生产能力，分析历年万米进尺建产能变化状况，为规划钻井工作量提供依据。

除了上面提到的三个重要参数外，与新区规划有关的参数还有新井单井平均井深、注采井数比、注采比、初始含水率、含水上升率等。

2. 老区方案编制内容和方法

老区产量及工作量安排包括老区老井产量、工作量安排及老区新井产量、工作量安排。在进行规划期间产量和工作量设计安排时，有两种途径，一种是进行单个区块的开发工作规划部署；另一种是进行全油区的开发工作规划部署。由于油田规划期间需弥补的产量与所安排的措施种类有关，不同种类的措施，增产幅度不同，并且每种措施还受其工作量和施工能力的限制，因而不论是单个区块还是全油区，在具体措施工作量安排上有以下三种方法可供选择。

（1）以老区新井产量安排为主的规划设计方法。这种方法是老区新井工作量安排在先，老井工作量安排在后。老区新井工作安排时一般有三种情况：①专家决策确定每年的钻井、基建工作量；②根据剩余的可钻井数和可基建井数，平均安排规划期间的工作量；③根据剩余的可钻井数和可基建井数的投入产出效益预计情况，在规划期间优先安排效益好的老区新井工作量。老区新井工作量和产量确定后，依据所剩余需弥补的产量进行老井措施工作量安排。老井压裂、自喷转抽、下电泵、抽油机换电泵、小电泵换大电泵等措施安排，也有两种方法：①专家决策确定各项措施在措施产量计算中先后次序和工作量的多少；②按照各项措施的增产效果及投入产出情况确定安排的先后顺序和工作量。

（2）以先确定老井综合递减情况为主的规划设计方法。这种方法是根据油田产量实际每年发生的综合递减情况，采取专家决策的做法，先确定规划期间老井产量每年的综合递减率，继而确定了老井措施后的每年产量。然后再根据规划期间所确定的每年产量目标与老井措施后产量之差，以及老井措施后每年产量与老井未进行措施条件下预测的产量之差，分别安排老区新井、老井措施工作量和产量。老井措施工作量具体安排方法与前面所述的方法相同，老区新井工作量具体安排方法也与前面所述的方法相同。

（3）以老井措施产量安排为主的规划设计方法。这种方法是老井措施工作量安排在前，老区新井工作量安排在后。老井措施工作量具体安排与前面所述方法相同，不同的是从整体上优先满足老井措施工作量的安排。在老井措施产量确定后，根据剩余需弥补的产量，再根据产量差值的大小及钻井地区可钻井数和可基建井数安排老区新井钻井、基建工作量，并叠加出相应的产量规模。

在完成上述工作量设计安排后，即可进行新老井产量迭加。由于不管选择哪种做法，新老井措施安排不可能一次到位，使整个措施产油量恰好等于需弥补的产量，有可能出现较大的偏差。为解决这一问题，可做出产量构成图，对迭加出的产量通过产量构成图直观地反映区块或全区逐年产油量中新老井产量的变化，及时了解新老井产量迭加值与要求产量之间的符合情况。对由于新老井措施工作量安排不合理、引起产量规模超出规定误差的方案，重新返回到工作量安排部分，进行重新安排调整。调整后再通过迭加计算，直至调整得到满意的结果为止。

（4）其他开发指标安排。在安排了储量、产能和工作量之后，同时应用开发指标预测的一系列方法预测产油量和产液量、含水率、含水上升率、注水量、地质储量采油速度、剩余可采储量采油速度、地质储量采出程度、可采储量采出程度等其他开发指标。

油田在规划方案设计中，可以根据油田规划期间所处的开发阶段、上产补产措施的潜力大小、效果好坏、效益的高低等情况，从产量任务、效益、费用等不同角度考虑，设计不同产量规模或同一产量规模不同种类措施的规划方案，并对其中筛选出一些值得进一步优化的方案、进行优化对比分析，推荐出符合油田实际的最佳规划方案。

（九）油田开发规划方案经济评价

规划经济评价与一般项目的经济评价既有相同的一面，也有很大的不同。一般项目（如产能建设项目）评价方法可以通过方案设计产生评价期现金流进行经济指标的优选，解决的是单个项目的效益最优问题；在油田开发规划编制过程中，作为多项工作量和投资的计划安排，所要解决的则是系统性的稳定及经济平衡问题，侧重于多项技术与经济指标间的匹配性和系统的最优性，力争达到规划指标体系与经济效益的最佳组合，针对的是更宏观意义上的决策。因此，经济分析的任务就是要在技术方案与效益分析之间找到一个合理的平衡点。规划经济分析不在于如何通过规范的现金流建立起"算账模型"，而是通过对经济计算结果的分析，更深层次地认识开发过程中经济效益运行的特点，从而更科学地布局规划方案。

1. 开发规划方案主要经济分析指标

油田开发中长期规划的评价指标有两大类，一类是技术分析指标；另一类是效益分析指标，即方案经济指标。对于油田开发中长期规划方案来说，技术上可行的方案，经济上未必是最好的。要保证方案的经济可行，不仅单项目评价的经济效益指标必须达到或高于行业基准的要求，而且新区、老区投资的效益指标，如投资回收期、内部收益率、财务净现值和投资利润率等主要指标也必须满足行业标准的要求。作为规划方案的综合经济分析，还需要对规划期内资金的投入产出平衡、油气开采成本的变化趋势做出宏观分析，分析影响方案经济效益的经济因素。

（1）财务内部收益率（FIRR）。财务内部收益率是指项目在整个计算期内各年净现金流量现值累计等于零时的折现率，它反映项目所占用资金的盈利率，是考察项目盈利能力的主要动态评价指标。在规划方案经济分析中，该项指标是最重要的经济指标之一。如果通过现金流评价，方案的内部收益率指标达不到行业标准要求，说明现有方案经济上是不可行的。

（2）投资回收期（Pt）。投资回收期是指以项目的净收益抵偿全部投资（包括固定资产投资、投资方向调节税和流动资金）所需要的时间。它是考察项目在财务上投资回收能力的主要静态评价指标。在规划方案评价中，作为投资决策方，更关心的是投资能不能快速收回。由于油田开发的客观规律性，资金的投入风险会因为油田开发过程的不断深化而增大，投资决策方希望快速收回投资。一般来讲，投资回收期短的项目也是技术上好的项目，决定投资回收期长短的因素主要是方案产量水平和油田的成本变化水平。

考虑到资金的时间价值，投资回收期可分为静态投资回收期和动态投资回收期，动态投资回收期大于静态投资回收期，在老油田规划中一般考虑静态投资回收期。

（3）财务净现值（NPV）。财务净现值是项目按行业的基准收益率或设定的折现率（当未制定基准收益率时）Ic，将项目计算期内各年的净现金流量折现到建设期初的现值之和。它是考察项目在计算期内盈利能力的动态评价指标。

净现值指标是方案综合经济效益量化界限指标。净现值大于零的方案内部收益率一定满足行业要求。净现值小于零的方案内部收益率一定低于行业基准收益率。与内部收益率不同的是净现值指标能反映项目的绝对效益大小。这一点在规划方案评价中很重要。比如，如果有3套规划方案，内部收益率都高于行业基准要求，但是并不一定内部收益率的方案经济效益最大，只有NPV高的方案才是效益最大的方案。

（4）投资利润率。投资利润率是达到设计生产能力后的一个正常生产年份利润总额与项目总投资的比率。它是考察项目单位投资盈利能力的静态指标。在规划方案评价中，投资利润率可与行业平均投资利润率对比，以判别项目单位投资盈利能力是否达到本行业的平均水平。

（5）投资利税率。投资利税率是指项目达到生产能力后的一个正常生产年份内的利税总额或项目生产期内的年平均利税总额与项目总投资的比率。在财务评价中，投资利税率可与行业平均投资利税率对比，以判别单位投资对国家积累的贡献水平是否达到本行业的平均水平。

2. 中长期规划方案技术经济评价方法

油田开发中长期规划一般是指5年规划，其方案经济评价的基本原理与油田开发建设项目的经济评价相同。做好规划方案的经济评价，必须依次开展几方面的工作：（1）了解方案的来源、目的，设计原则和要点；（2）收集地质评价、油藏工程评价、地面工程评价及经济评价有关资料；(3)根据油田开发方案设计指标进行经济指标计算；(4)编制经济评价基本报表；(5)对计算结果进行初步分析；(6)对计算方案进行不确定性分析。

(十)油田开发规划方案优化

油田开发是涉及油藏工程、地面建设、采油工艺等多种学科多种技术的庞大系统，其开发效果受诸多因素影响。在市场经济条件下，企业的生存和发展要求以提高经济效益为中心。为此，油田开发规划方案的编制，必须通过对调整措施的优化，辅以系统的经济评价，追求完成产量计划前提下最高的企业效益，这就决定了油田开发最优规划技术研究的必要性和应用优化技术的必然趋势。

油田开发规划方案优化的一般内容如下：

(1)油田优化目标函数确定。在油田开发中，可作为开发规划方案优化追求的目标很多，例如追求产油量稳定或最高、追求产水量最少、追求含水率最低，也可以追求耗电量最少，或投资最少、生产费用最低、利润最高等。总之，所追求的目标是受决策变量控制的函数。对于目标函数的确定应根据油田所处的开发阶段、开采特点，选择能直观反映油田开发效果和经济效益的指标进行确定。

(2)油田开发状态及约束方程建立。状态方程是用来描述油田开发某一方面状态变化的数学表达式，由状态变量和决策变量组成。通常将油田的产油量、产水量、压力等开发指标作为状态变量，而将能引起油田开发状态变化的各项措施工作量作为决策变量，如压裂井数、转抽井数、换泵井数、下电泵井数和调整井数等。由不同的状态方程可构成一个状态方程组，用来描述油田整个开发系统的变化。

一个大型油田的开发规划方案优化，要受到多个决策变量的控制与制约，而这些决策变量同时又受到一定条件的限制，如各项老井挖潜措施可实施的井数及每年的施工能力、可进行加密调整的区块数、钻井数及每年的钻井能力、供电能力、供水能力等，这些对决策变量的条件限制就构成了优化系统的约束方程。决策变量约束条件则要根据油田实际生产情况研究确定。

(3)油田开发优化模型的建立。油田开发优化模型要根据油田所处的开发阶段及状态指标变化特点，选择适当的数学优化方法建立。油田线性规划数学模型，通常就是根据油田开发规划目标函数及约束方程皆呈线性，以及决策变量的可行解都是非负的特点所建立的。而动态规划数学模型则是考虑油田开发的多阶段性及状态变化的特点建立的。大系统优化模型，则是在兼顾线性规划数学模型、动态规划数学模型、最优控制理论等优化方法优点，以及油田开发生产的实际情况的基础上，采用分阶段、分层次、协调统一的原则建立的。总之，油田开发最优规划模型，是应充分考虑油藏工程基本原理，能反映油田不同含水阶段的开发特点，具有能满足优化求解条件要求的规划方案优化模型。

(4)油田开发优化模型的求解方法。油田开发优化模型的求解，既要考虑到方法理论应用的可行性，又要充分考虑到油田开发生产实际的具体情况与特点。线性规划数学模型所用的求解方法是单纯形法，它的可行解域位于由多个约束方程构成的多边凸面体的顶点上。在求解过程中，还可及时对主要的影响因素进行敏感性分析，调整约束条件的顺序及约束的范围，以求得满意的可行解。动态规划数学模型由于受计算工作量及变量维数的限制，采用分解与疏密格子点相结合的算法，通过降低系统维数、分级变化搜索步长，求出一组可行的满意解集合，再从中优选出切合油田生产实际的优化方案。

(十一)方案对比分析及推荐优选与详细部署

1. 同开发规划方案对比分析和推荐方案的选择

(1)油田开发规划推荐方案选择的原则。油田开发规划推荐方案的选择,应当以提高经济效益为中心,实现产量要求为目标,具体原则是:

①必须实现油田产量、可采储量目标的要求,满足国家对原油产量的需求。

②有利于改善油田开发效果,含水率控制较低,产液量增长较慢。

③各项措施工作量的增长,要同施工能力和发展相适应,各项措施安排协调。在保证实现产量目标的前提下,措施工作量相对较少。

④经济效益较高,投资效果好,原油成本低,税利收入多。

⑤开发规划的实施必须有利于油田长期稳定的可持续发展。

(2)不同类型规划方案的指标对比分析。

不同类型规划方案的指标对比分析内容如下:

①对比分析不同规划方案的总产量变化趋势能否实现油田的长远发展目标。

②对比分析不同规划方案的新增动用储量、新区新建产能、新区工作量、新区产量之间的相互关系是否合理。

③对比分析不同规划方案的老区钻加密调整井、老区新建产能、老区工作量与老区新井的产量是否合理。

④老对比分析不同规划方案的老区措施的工作量、单井次措施增油量、措施有效期、措施产量是否合理。

⑤对比分析不同规划方案的本阶段的自然递减、综合递减、总递减以及老区产量年递减率,并与前几个阶段实际发生的递减率进行比较,分析能否符合油田的开发变化趋势;并按相同的方法分析含水率及含水上升率的变化趋势等。

⑥对比分析不同规划方案的投资、生产成本、经济效益能否达到较好的水平。

2. 油田开发规划推荐方案详细部署

在确定了推荐的油田开发规划方案油田新井及各项措施工作量后,要进行油田规划期间配产、配注等开发指标计算,其内容主要包括以下6个方面:

①油田钻井、基建工作安排。详细部署安排每年确定的钻井地区、可钻油水井数、进尺、可建能力,以及基建地区、基建油水井数及生产能力,并进行全区合计。

②油田各项措施逐年工作量、增产油量安排。详细部署安排每年已确定的油井压裂、下有杆泵、下电泵、有杆泵换电泵、小电泵换大电泵等增产措施工作量,计算逐年的增产油量,并进行全区合计。

③油田产油量构成。进行方案的老井预测产油,老井各项措施的增产油量及合计,老井产量、新井产量、全区产量构成计算。

④油田配产、配注指标。计算方案每年的新老井年产油量、年产水量、年注水量及年平均含水,并进行全区合计。

⑤油田各项开发指标。计算油田每年的采油速度、地质储量和可采储量的采油速度、采出程度,剩余可采储量采油速度、储采比、累计产水量、产油量、注水量,年末含水率、含水上升率、存水率、水驱指数、液油比、产液量增长率以及产量递减率等指标。

⑥油田开发规划经济指标。统计方案每年老井压裂、下电泵、下有杆泵、"三换"措

施工作量、新井钻井、基建、投产、下有杆泵工作量，以及措施含水率、增产油量、全区含水率、年产油量，从而得到相应的经济参数。

（十二）确保规划实施的条件要求及下一步科研攻关课题

油田开发规划方案编制后，要根据油田规划期间新增可采储量、新建产能、产液量提高幅度等情况，对油田的稳产条件进行分析，论证方案的可行性。同时，要针对规划方案中存在的问题进行分析，提出确保规划实施的条件、要求及下一步科研攻关课题。

1. 规划方案中油田实施条件分析论证的主要内容

（1）年增可采储量与年产出油量平衡条件分析论证。根据方案规划期间所安排的新井投入、注采系统调整以及老井措施工作量，计算油田每年增加的可采储量，并计算年增可采储量与年产油量的储采平衡系数。通过与油田前一阶段实际的储采平衡系数对比，分析论证方案的可行性。

（2）年新建产能与年综合递减油量平衡条件分析论证。根据方案规划期间每年的新建生产能力和新井逐年产油量，计算油田阶段产量综合递减率，并计算年新建产能与年综合递减油量的工作产能平衡系数。通过与油田前一阶段实际的工作产能平衡系数对比，分析论证方案的可行性。

（3）年产液量与液油比增长率平衡条件分析论证。根据方案规划期间每年的产液量、产油量，计算年产液量增长率与液油比增长率的产液增长平衡系数。通过与油田前一阶段实际的产液增长平衡系数对比，分析论证方案的可行性。

（4）剩余可采储量采油速度分析论证。根据方案规划期间的可采储量及年产油量，计算油田每年的累计产油量和剩余可采储量，并计算每年的剩余可采储量采油速度。通过与油田实际的剩余可采储量采油速度及界限对比，分析论证方案的可行性。

2. 规划方案中存在的主要问题分析

对于要开发好地下几百米甚至是几千米的石油资源来讲，油田开发是一个庞大的系统工程，涉及的工程内容和影响因素十分复杂、繁多，任何一个油田的开发规划都不可能是完美的，总是存在一定的问题。而且由于油田所处开发阶段不同，已开发区块的地下油水分布、挖潜对象、措施以及整个油田接替资源的状况不同，规划方案中反映出存在的问题也有很大差异。在规划方案编制过程中，能够及时地对油田开发规划方案中存在的问题进行认真的分析十分重要。分析的目的是有针对性地提出确保规划实施的条件要求，明确面临的主要风险及相应的保障措施。

3. 规划方案中科研攻关项目部署

为了使规划方案得以顺利实施，对油田规划期间存在的问题和需要解决的技术难题进行科研攻关，其目的是保证规划目标能够圆满实现。同时，为了油田下一步规划及更长期的发展做好超前试验、超前研究和超前准备，也需要针对油田今后的开采特点、需要解决的问题、挖潜措施和方法，有针对性地进行科研攻关项目部署。然而，由于油田类型不同、所处的开发阶段不同，挖潜措施不同，需要攻关研究解决的问题也不同。

三、大庆油田开发规划优化技术应用与发展历程

油田开发规划要求从油田的客观实际情况出发，在掌握油田生产规律和油田总体开发效果、开发潜力的基础上，充分考虑国民经济建设和社会发展对原油的需求，提出实现目

标的方案和措施，使得油田开发既遵循油田开发自身规律，又能实现高效、可持续发展。油田开发规划编制是一个涉及应用资料广、数据信息量大、结构类型复杂的庞大的系统工程。随着油田开发过程的不断深入，石油剩余可采储量逐渐减少，开采对象越来越差，成本控制难度增大，提高采收率的新方法投资大、风险高，油田开发面临着资源接替、技术攻关、经济效益等诸多难题，油田生产经营面临着极为严峻的挑战。随之而来的是在制定油田开发规划时，油田开发潜力、开发效果以及指标变化趋势不确定性的加大，现有的确定性规划优化模型适应性变差。随着油田开采的逐步深入，如何采用有效的稳产措施并对其进行优化实现油田的统一规划，从而降低生产经营成本，提高经济效益，实现产量的最大化是油田企业面临的一个重要问题。因此如何得到一个符合油田开发实际的最优规划方案越来越受到油田公司的重视。

油田开发规划优化是油田开发专业知识同最优化理论结合的产物。对油田开发规划优化问题的研究必然要经历由浅入深、由简单到复杂、由笼统到具体的发展过程，以求尽可能接近油田开发实际，更能反映油田开发加有的规律性。问题研究得越深入、考虑的因素就越多，涉及的变量越多，优化模型也就越复杂。最优化理论也是一个很活跃的学科，处于不断发展之中，油田开发规划优化问题的研究正是在这种环境下逐步发展起来的。伴随着油田开发的不断深入和信息技术的发展，规划优化技术经历了从简单定量到定性与定量融合的多种方法综合集成，并在实际应用中不断发展、完善，逐步形成了具有油田开发规划编制特点的、适应油田规划优化的方法体系。形成以大系统理论与系统工程为基础的规划优化技术方法，发展了油田开发规划优化理论。

（一）"七五"期间的线性规划模型

"七五"期间，喇萨杏油田将要在高含水的条件下实现稳产，预计油田的含水率将要在"七五"期间初期的74%上升到"七五"后期的80%以上，油井的生产能力不断下降，油田老井产量递减幅度越来越大，特别是油田含水率升高，能耗上升，增加了油田规划方案编制的难度，也使地面工程面临着各种生产能力不适应。为了实现稳产，稳产措施工作量将比"六五"期间增加更多，所花投资及生产费用将更大，资金紧缺是"七五"规划中一个突出的问题。虽然在整个"七五"规划期间，油田尚拥有足够的措施工作量弥补产量的递减，保持稳产，但在投资紧缺情况下，对各种增产措施如何安排部署，才能使所花费的前最省，这是属于油田开发规划的最优化决策问题。

1. 工作思路

（1）规划单元的划分方法。

①将喇萨杏油田作为一个规划单元；

②将喇萨杏油田按6个采油厂划分为6个规划单元；

③在上面基础上每个厂再细分为纯油区和过渡带共12个规划单元。

第一种由于对应的变量少，主要用作计算大量对比方案，用作推荐方案一般采用后两种。

（2）在建立优化模型中，还遵循如下的规划原则。

①编制的规划必须保证企业所确定的原油生产任务要求；

②所做的油田开发规划部署必须符合油田开发方针及各项政策界限；

③各种措施工作量的安排，必须符合油田的实际情况，不能超越油田自身的客观条

件，具有实施的现实可能性；

④在满足上述条件下，使油田整体效益达到最佳。

（3）鉴于目标函数和约束方程都呈线性，同时要求可行解都是非负的特点，以及类似资源分配的措施工作量安排问题，考虑到线性规划解法的成熟性，采用线性规划模型编制"七五"期间油田开发规划（5年）。

2. 线性规划模型建立

（1）决策变量。

以上述规划最优化问题来说，任何规划方案的年产油量，含水率、所需投资额和年生产费用的大小，都与规划的各种增产措施工作量采取这样或那样的安排部署有关，所以各种增产措施的工作量，就是决策变量。

在"七五"规划中，每年国家下达或企业所确定下来的年产油的任务与老井预测年产油量的差额，有下面的七种增产措施来弥补：老井下电泵、老井下有杆泵、将小排量的电泵换为较大排量的电泵、有杆泵换为电泵、小型抽油机换为大型抽油机、对油井进行压裂、打老区调整井，其中各个大开发区根据需要打调整井的排块，化为23个调整区，各个调整区的单井产量，设计井数都是不同的。

（2）目标函数。

油田当前主要任务是实现稳产，在这个过程中首先面临的一个矛盾就是日益增长的稳产费用（生产费用和投资）。为寻求规划期间总费用的最小，建立目标函数。

考虑到货币的时间价值，它应为在整个规划期内贴现的总费用最低，即规划期内每年所付费用的现值总和最小，所以用"动态"思想表示总费用。

（3）确定约束条件。

线性规划的约束条件，是指决策所要求条件和限制因素，他们是决策变量和线性方程式或线性不等式，在上述的油田开发规划最优化问题中，油田对承担各种增产措施的基建能力，施工能力，设备供应来源等，往往是决策的约束条件，在线性规划中，约束方程的数量在电子计算机容量允许的范围内，将不受限制，它将使"决策变量"的求解结果。不至于超越油田的客观可能性，为规划方案的事实，提供最大限度的可能性。

对于油田开发规划来说，国家下达的产量任务是必须保证完成的，而在完成国家计划的前提下，又需要从当前的客观和长远的效果利益出发，恰当地对安排好各种措施提出要求和希望。同时还要兼顾各个区块达到最优的前提下的全油田最优，因此约束条件的建立包含了全油田和分区块两个方面。

在模型中，共设立了全油田产油量、各区块产油量、含水率、耗电量、均衡和措施工作量6方面约束。

（1）全油田产油量约束。

在计划经济体制下，完成国家下达的产量是第一位任务。因此，各项增产措施的部署必须保证全油田国家下达产量计划的完成。

（2）各区块产油量约束。

由于各区块存在的差异，仅从选优的角度安排措施，容易造成个别区块任务过重，而个别区块又不需采取措施的不平衡局面，所以对每个区块的年产油量设置一个大于老井产量的基本产油量任务，以保证在全油田范围内有一定的选优余地。

(3)全油田含水率约束。

根据油田含水率变化的特点和要求,与建立产油量约束方程类似的方法,分别建立了喇萨杏油田及各采油厂的含水率约束。

(4)全油田耗电量约束

在"七五"期间,油田内部的自备电厂还没有建成,油田的用电主要靠计划外拨,全油田每年供电能力的提高都有一定的限度,用电比较紧张,耗电增量的控制一直是当时规划编制的一个不可缺少的内容指标。措施的增加必然导致耗电量的增加,因此必须控制措施和每年耗电量的增加幅度。

(5)钻井井数均衡约束。

当时考虑均衡约束主要是为使钻井队伍处于稳定的状态,同时希望实现新钻油井能够"肥瘦搭配",全油田的年钻井数在规划期间不出现大的波动,因此假设第 t 年钻井井数存在波动上限。

(6)措施量约束。

主要是考虑油田的实际施工能力、地质情况、措施设备供应和施工队伍迁移等方面的原因,每年对全油田和各区块的措施量安排给予一定的限制。

3. 应用情况

(1)建立的线性规划模型由于变量多,采用了分解的单纯形法(LP)求解,优化出的方案已在喇萨杏油田"七五"开发规划中采用。

(2)由于当时计算机硬件远落后于软技术,硬件环境差,加上系统庞大,决策变量多,致使求解全系统模型比较困难。仅分区块模型的应用却相对比较成功(比如在六厂),并用到当时的规划编制、经济分析、数据分析等实际工作中。

(3)1989—1990年,为了解决模型求解的硬件问题,由计算站负责,把原线性规划模型整体搬移到CYBER工作站上,提高软件的应用环境。然而这次软件的移植,由于缺少与规划的必要沟通,和系统本身功能等方面的原因没有用起来。

(4)人员的调动及规划编制实际环境的变化,导致软件没有很好地移交下来,这也是制约今后应用的一个不可忽视的原因。

(5)由于线性规划模型的约束条件是"硬"约束,因此约束方程右端的取值将关系到系统有无可行解。通常一个方案要经过反复调参的过程才能满足约束的要求,系统在类似的交互方面还有欠缺。

总体来看,"七五"期间研制的规划优化模型是应用时间相对较长,较广的一次,同时也为"八五"规划优化的研究奠定了基础。

(二)"八五"期间的动态规划模型

随着油田含水率逐步上升,老井产量递减加快,措施效果明显变差,油田实现稳产的难度越来越大。稳产措施工作量大幅度增加,油田开发投资及生产费用增长速度加快。预计"八五"期间油田开发投资将比"七五"期间增加一倍,"八五"期间末原油单位成本将达到230元/t,油田经济效益明显下降,投入产出结构日趋尖锐复杂。如何经济合理地规划部署措施工作量,使油田开发规划方案的制定在满足规划总目标、任务及一系列技术政策的基础上,实现少投入、多产出,是继"七五"规划后,围绕着油田开发显示出明显动态特征,和规划多阶段特征,又一个需要研究的规划优化问题。

1. 工作思路

考虑到油田开发长期规划（5年）是一个多阶段的决策过程和油田的状态特征有明显的动态性质，"八五"规划期间，结合"七五"规划的线性规划建模思想，首先在油田开发技术、经济系统分析的基础上，选用动态规划优化模型编制油田"八五"开发规划。动态规划是一种处理多阶段决策优化问题的数学方法，其特点是将一个复杂的问题分解成相互联系的若干阶段每个阶段构成一个次优化问题。实际中可以保留每个阶段的可行方案，也可对当前阶段方案进行修改、调整后作为下一个阶段的输入。

优化对象为喇萨杏油田及6个采油厂。

（1）优化模型。

建立以产油量、含水率、耗电量和投资额为约束条件，追求规划期内总生产费用最小为目标的喇萨杏油田及采油厂两级开发动态规划优化模型。

（2）规划原则。

①完成下达的原油生产任务要求。

②符合油田开发方针及各项政策界限。

③各种措施工作量的安排，必须符合油田的实际情况，不能超越油田自身的客观条件，具有实施的现实可能性。

④在满足上述条件下，使油田整体效益达到最佳。

2. 模型建立

（1）规划的阶段数本模型以制定五年规划为主，以年作为时间单位。

（2）决策变量与状态变量。

油田开发规划就是在规划前一年底老井产量、含水率预测，规划期内老井增产措施井数、效果预测及开发调整方案的基础上，如何合理安排措施工作量，使得规划目标和任务的实现。油田开发规划属于广泛意义下的资源分配问题。因此，确保提供给喇萨杏油田第一年至第 t 年老井增产措施井数与钻新井井数为第 t 阶段的状态。

决策就是将过程由一个状态到另一个状态的决定或选择。描述决策的变量叫作决策变量。喇萨杏油田开发规划包括萨中、萨南、萨北、杏北、杏南和喇嘛甸6个地区。"八五"期间主要采取以下7种增产措施：自喷井转电泵；自喷井转抽油机；小电泵大电泵；抽油机换电泵；抽油机换抽油机；油井压裂；打新井。其中前6项为老井措施，打新井可划分为若干不同地区、不同类型的新井。以采油厂为单元给出决策变量，把每年各采油厂采取的老井措施和钻新井的井数定义为决策变量。

3. 决策变量应满足的约束条件

（1）产油量约束。

一般地说，不同老井增产措施单井增产油量不同，不同类型新井的单井产油量也不一样。该项措施投产后，不仅在投产当年而且在规划期内均有增产效果。

（2）含水率约束。

根据油田开发规划的特点和要求，与建立产油量约束方程类似的方法，分别建立了喇萨杏油田及各采油厂的含水率约束。

其中含水率可由下面4个模型求出。

①井预测产水和产液量。

②老井措施增产水和产液量。

③以钻新井产水和产液量。

④新井产水和产液量。

（3）电力约束。

不同措施单井耗电量不同，诸项措施投产后，不仅在投产当年而且在规划期内均有耗电量。措施单井年耗电量分为固定耗电量与变动耗电量。固定耗电量指的是与措施有关的耗电，变动耗电量指的是与措施产油量和产水量有关的耗电（包括集输、脱水和注水耗电）。这里的耗电量均指措施投产后增加的电量。喇萨杏油田第 t 年的耗电量由三部分构成，分别由老井措施第 t 年耗电量、已钻新井第 t 年耗电量、第 1 至 $t-1$ 年投产的新井在第 t 年耗电量（即油田第 k 年比规划前一年允许增加耗电量上限值）3 部分组成。

（4）投资约束。

规划期内第 t 年投资低于相应年的投资上限。

4. 状态转移方程

由状态变量和决策变量的定义，可根据油田第 1 至 t 年老井措施与钻新井的井数构建阵，从而建立状态转移方程。

5. 应用情况

（1）系统从方法的选择到整个思想的确立在当时都是比较先进、合乎油田生产实际的。但由于己方对油田这种动态变化形式以及变化的工作量上考虑不够周全，忽略了油田增产措施所呈现出的明显后效性、系统状态变量过多等关键性因素，使建立的动态规划优选模型在常规求解上（逆序法）产生了困难，后虽然改变了求解的方法（顺序法），但却在计算上产生了所谓的"维数灾难"问题，难于用正常的方法进行计算。虽然采用了分解、疏密格子点等降低计算量的算法，但分解选点和格子点的疏密程度决定了求解的方案一定不是最优解，在解的最优性上却付出了很大的代价，实际应用效果不理想，加之软件环境的限制，软件没有完全保留下来。

（2）过分地信赖大型机的计算能力，没有对模型求解的工作量进行初步估计，也是导致建立的动态规划优化模型不够完善的主要原因之一。

（3）与线性规划模型不同的是，模型可以为决策者提供一组最优解和次优解（多方案选择）的同时引进偏爱度指标，弥补模型难以描述的主观和客观因素，通过应用层次分析方法，对规划方案进行综合评价和优选。只做理论上的研究，没有形成便于操作的软件。

（4）模型提供的一组可行方案，是通过各个阶段的可行方案组合而成，由于措施后效性的存在，前阶段的最优方案并不一定就是最终的最优方案。因此，这样由阶段可行方案组合最终方案的方法本身就存在着丢失解的可能，也就是说，所组合成的方案不一定是规划全过程的最优方案。

（三）"九五"期间的结构优化模型

"八五"以后，油田进入高含水后期开采阶段，油田面临着油水分布复杂，液油比急剧增长，产液量大幅度上升，维持油田稳产的措施工作量和费用明显加大的不利局面。为了实现油田长期高产稳产，满足国家对原油产量的要求，油田采取了优化不同类型油层，不同含水井的产液结构以实现稳油控水的方针，要求对各项增产措施进行优化部署，更加合理地安排油田开发工作。油田"七五"和"八五"规划期间的规划优化研究对促进油田规划编制工作的进步与发展起到了积极的作用,为今后研究积累了较丰富的经验,但还应看到,面对油田的发展和复杂程度,模型在某些方面还存在一定的局限性,这主要表现在以下几个方面。

(1)"九五"期间油田全面开展产液结构调整,从老井指标预测、措施潜力和效果分析、到补产措施工作量的部署,都是针对分类井进行的,开发规划所涉及的变量多达800多个,求解困难,在现有的条件下,即使不考虑原有方法的局限性,也无法解决产液结构调整条件下的优化问题。

(2)面对油田"状态特征有明显的动态性质"和规划的多阶段性,用线性规划描述不够理想,动态规划虽然能解决多阶段决策过程状态的演变问题,但几百个变量的系统足让它举步维艰。

(3)从油田开始编制规划开始起,一直没有一个实用、可行的指标分配方法来解决全局指标的合理分配问题,指标的分配(如线性规划、动态规划中约束右端项的确定)往往都是人为给定的,而且也缺少科学性。

在这种新的形势下,有必要对油田开发规划的优化问题进一步研究。

1. 工作思路

(1)在油田调整稳油控水开发前提下,利用各类井的含水与采出程度的差异,通过调整控制分类井的结构产液量,在满足上级要求的产量前提下,实现对油田(区块)含水率控制。

(2)借鉴大系统理论的分解与协调思想和相似结构系统的有关理论,以专家知识与最优规划理论手段解决各子系统的产能分配问题。

(3)将线性规划与动态规划有机地结合起来,采用整体动态约束下的局部线性寻优的优化技术,落实各子系统增产措施在满足规划产量要求的前提下,求得经济上最优的开发规划部署安排方案,较好地控制了油田含水率的上升速度,满足了油田稳油控水需要。

(4)建立全油田产油指标分配模型,实现产能的自动分配,克服手工给定的不足。

2. 结构优化模型建立

(1)产能分配规划子模型。

"九五"规划中,油田产油构成主要由老井产油、新井产油和聚合物驱产油3个部分组成,合理地分配5年内不同构成的产油量,追求总费用最低的目标函数。

其中产量约束、含水率约束、投资约束、注水约束条件等下限、上限,可分别根据油田实际生产规模和水平情况,以及根据任务量和油田地质参数,由专家经验给出。

(2)开发规划模型。

开发规划模型按产量的构成可分为老井开发规划模型、新井开发规划模型和聚合物驱开发规划模型3类。由于模型设置复杂,这里不再具体讲述。

这一模型最大的特点就是它的某些约束条件是相互关联的,由于增产措施具有的后效性,使得约束条件成为一组动态约束方程,因此,针对增油量来说,它在规划期间内每年的表达式是不同的,既要计算当年增加的产量,又要考虑以前各年增产措施在当年的后效产量。

(3)模型的求解方法。

由于提出的模型族所描述的系统是一大系统,涉及的变量有八百多个。如此多变量的规划问题用常规方法求解,在普通计算机上进行是困难的,甚至是不可能的。从模型的数学表达式看出,由于措施的后效性以及各阶段决策变量与约束方程在规划期呈现出动态变化特征,使状态方程与决策变量之间存在着动态的关联性,再加上动态约束方程之间的相互关系，只有上一年的决策变量给定后，后续一年的动态约束方程才能参与计算。这就决定了模型的求解方法可以按时间的序列逐年求解。也就是说，模型中目标函数、约束方程的结构存在着某种可分解性，这使得寻求一种可行的新途径成为可能。

3. 应用情况

（1）以喇萨杏油田"八五"前两年实际产油量、产水量为基础，对"八五"后3年产油量、产水量目标的补产措施进行了优化配置，通过与"八五"后3年手排规划方案指标对比，优于油田生产运行方案，基本满足了实际的要求。

（2）由于系统在软件实现方面设计不够完善，结构设置不够合理等多方面因素，造成软件在操作、计算速度和求解的可行性方面还存在缺陷。

（四）"十五"期间的多目标规划优化模型

国家经济体制由计划经济向市场经济转化和企业改革的不断深化，决定了"十五"期间的油田开发规划编制将与"九五"以前有很大的不同。尤其是股份公司重组上市，油田将面临着开发潜力与产量需求的矛盾性，后备资源接替不足，开发对象效果变差，对特高含水率、特低渗透油田以及二类油层聚合物驱技术储备不足，以及产量由上升稳产到递减的变化等不利条件，带来了规划编制的复杂性、多目标性、多解性、风险性和不确定性。油田规划编制系统是一项涉及多学科的复杂的系统工程。从油田开发所从事的一系列技术活动，对油层复杂性的认识，油田开发过程中具有的动态特征，以及油田开发各个方面学科的相互影响、相互制约，决定了油田开发规划编制过程中的一系列活动不是一个简单的过程。在可持续发展战略指导下，一个油田或地区中长期发展规划追求的自然、社会、经济和人的协调发展，即多目标协调发展。这些目标既有轻重缓急之别，又存在互相排斥、互相矛盾。单纯追求某一个目标最大（最小）而不顾及其他目标，将导致油田畸形发展，在一定程度上破坏了油田资源的合理利用，阻碍了油田良性的可持续发展的目标。油田开发规划编制是否科学合理、先进可行，直接影响着油田开发效果和开发经济效益。因此，科学性、合理性、先进性和可行性，是油田开发规划编制努力的方向和追求的目标。

油田在"十五"规划前建立的都是在追求总体费用最小目标下的单目标优化模型，在处理多个目标方面，尚存在着一定的局限性。另一方面，油田开发规划编制是一项阶段性很强的综合性工作，原有建立的规划优选数学模型难于描述油田开发现阶段日益出现的新情况、新问题。在解决油田开发规划这类多目标复杂大系统决策问题方面，还存在一些局限性，主要表现在：

（1）不能严格地用不等式约束来描述客观限制，这样可能会丢失更好的解，单凭扩大不等式的范围不能很好地解决这种局限性。

（2）油田的开发规划是多目标的。为了处理方便把有些目标加以限制，变成了约束条件，单纯在数学上追求费用最低或利润最高，与实际不符。

（3）上述模型不能完全利用已有的决策经验，不能较好地反映出对目标的丰富信息。

为克服以上的局限性，有必要对油田开发规划的优化技术进行进一步研究。

1. 工作思路

（1）最优化方法是一种数学方法，而不是一种工程方法，就油田开发规划编制这样复杂的大系统来说，所建立的数学模型很难详尽考虑到油田开发规划编制中的所有细节问题，对油田越来越多出现的新情况、新问题也不能完全用数学模型表述出来，一个模型完全能解决油田实际问题是不现实的。像油田开发这样的复杂大系统，它的短中长期发展规划数学模型的建立和应用，如果没有用户或决策者的经验或有关定性分析结论的介入将无法得出正确实用的决策选择。因此，油田开发最优规划模型所提出的最优结果对于决策来说只能说是一个参考意义很大的规划设想，但它并不能完全取代油田规划研究工作。也就是说，规划决策者依据油田开发规划编制中的具体实际情况、具体问题以及模型提供的相关信息对优化结果做某些必要的调整，最后提出一个在最优理论模型指导下的、切合油田实际的开发规划。

（2）单目标决策一般有最优解，而且往往是唯一的。但这里的"最优"往往带有片面性，不能全面、准确地反映决策者的偏好信息。多目标决策问题不存在所谓的"最优"解，只存在满意解，这比较符合实际。

（3）油田开发系统是一个人工自然系统，在油田开发的后期，需要控制的目标很多，如油、水、费用、电、环境等，就油田开发规划编制而言，主要考虑的是产油量、产水量、投资额及措施运行费用3个目标。

因此，就油田开发规划最优化问题的性质而言，这是一个典型的多目标最优决策问题。油田开发规划主要研究的任务就是如何组织协调好油田各个规划之间的关系而获得最佳的执行方案，达到更利于油田今后管理和发展的良好开发效果。因此采用目标规划法建立油田最优规划模型。

2. 模型的建立

（1）决策变量。

决策变量就是决策的内容和对象。对于油田开发优化模型来说，任何规划部署方案的产油量、含水率等及所需的投资、生产费用的大小，都与规划的各种增产措施工作量多少有关。增产措施工作量这一因素既较其他因素全面，又能贯彻始终。因此选取"措施工作量"为系统的决策变量。

目标函数形式按分区块和全局两种方式分别给出，区块和全局的目标函数均分别考虑建立相应的产油目标函数、产水目标函数和费用目标函数。

（2）约束条件。

约束条件主要包括5个方面的内容：

①决策变量约束。

该约束是对措施总量的一种限制，规划期间累计措施量不超过其总量。另外，根据油田规划编制的需要及油田自身生产能力的限制，要求规划期间每年实施的措施工作量要保持一定的均衡性。因此还可添加增产措施的均衡约束。

②产油约束。

产油约束表示为规划期间每年的措施增油量的大小，一般取尽量不低于期望目标值。可分别考虑区块和油田全局的老井预测产量和规划产量，给出相应的期望目标值。

③产水约束。

通过抑制产水量来达到控制油田含水率上升的目的，通常取尽量不高于产水期望目标值。可分别考虑区块和油田全局的老井预测产水量和规划产水量，给出相应的产水期望目标值。

④费用约束。

追求所编制方案的总体费用最小、效益最好，是每个决策者期望的。但是费用的期望目标值相对是比较模糊的,不易给出确定的数值。因此应根据费用目标采用的型态来决定费用约束右端项的值。与产水约束条件类似,可分别考虑区块和油田全局的老井预测产水量和规划产水量,给出相应的产水期望目标值。

⑤偏差变量约束。

对示目标或约束"不足"的负偏差变量,以及表示目标或约束"超过"的正偏差变量分别设立限制条件。

(3)达成函数。

一般方案要求目标的优先级有4个级别。

第一优先级:各种措施工作量不得超过上限。

第二优先级:各种措施的增产油量不低于下限。

第三优先级:各种措施的增产水量不高于上限。

第四优先级:各种措施增加的费用不高于上限或尽量小。

(4)数学模型。

由上述分析,可以建立油田开发最优规划模型,即油田开发大系统目标规划模型,模型具有普遍的一般性。模型中,规划年限、分区块数目和措施种类都是应用此模型时由实际情况具体取定。理论上规划年限的选取可以是任意的,一般条件下取5年,可完成中长期的规划部署工作。

从所建模型可以看出,所研究的规划问题满足以下3个条件:

①全局和各子系统中同一目标函数的优先等级一致。

②全局和各子系统中同一目标函数的权重一致。

③各子系统之间彼此独立。

就是说油田的规划问题是多目标多阶段多独立子系统的大系统规划问题,为模型的求解创造了条件。

3. 应用情况及存在的不足

(1)应用目标规划方法编制了"十五"规划方案,其效果是令人满意的。

(2)虽然考虑了多目标优化问题,但建立的目标还不足以满足规划编制的全部需要,如没有考虑效益指标。

(3)在油田指标分配方面精度不高,还无法满足油田实际需求。

(五)"十一五"以来的不确定规划优化模型

采用不确定理论的新成果,创新建立油田开发规划分区不确定性优化模型和产量风险评估模型,量化方案产量完成存在风险,实现风险分析由定性到定量的转变;研究设计基于遗传算法和蒙特卡洛模拟思想构建了多目标不确定性优化模型的求解算法,解决了多目标、多阶段、多参数模型模拟量大等关键技术,提高了运算速度;给出了不确定因素灵敏度分析方法。形成了完善的不确定性指标量化、优化模型构建、多目标模型求解和方案风险评估等配套技术,发挥了科学决策作用,标志着油田规划优化不确定性技术新的发展。关于不确定性规划优化的详细内容后续章节进行具体介绍。

(1)确定了"目标确定、分级控制、风险评价"的不确定性优化模式总体框架。

(2)依据规划产量结构,结合统计方法与专家经验,确定影响产量的关键指标,并形成一套油田开发规划关键指标的量化表征方法。

（3）建立了分区、多目标、多阶段不确定优化及方案风险评估模型，量化了方案实现的概率风险。

（4）基于不确定性理论，采用先进优化技术，形成一套不确定性优化建模新方法，实现对多目标方案的优选评价和因素的敏感分析。

总之，伴随着油田开发的不断深入和信息技术的迅猛发展，人们对油田开发规划优化问题的研究与认识，经历了"由浅入深"、由"简单到复杂"、由"笼统到具体"的循环往复与螺旋上升的过程（图2-1-1），形成了配套的油田开发规划优化技术系列，标志着大庆油田规划优化技术的发展与应用已迈向了新的台阶，走在了世界大型油田开发管理与决策的前列。

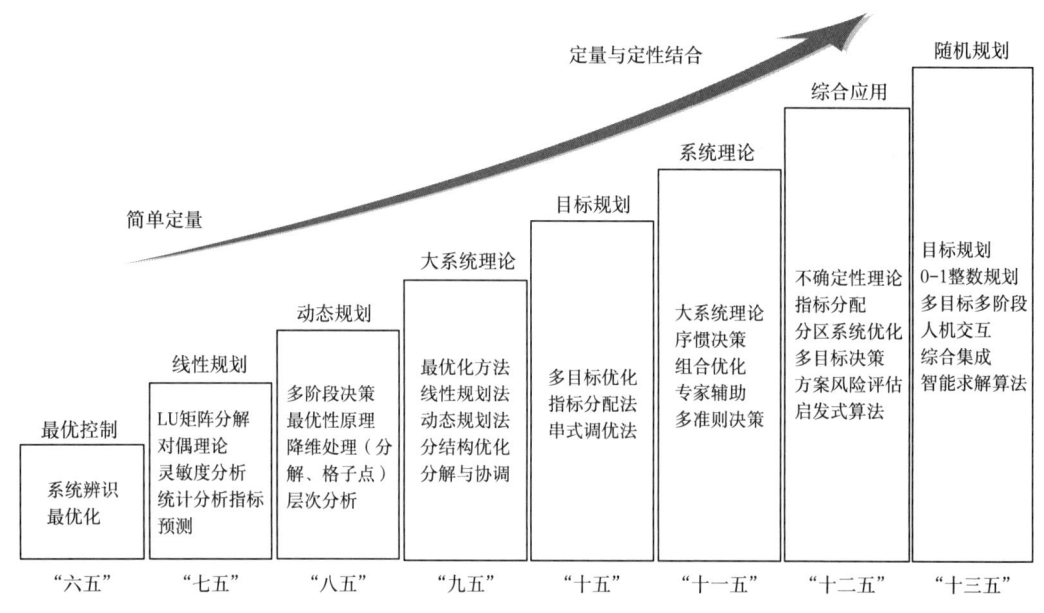

图 2-1-1 大庆油田不同规划阶段优化技术发展历程

第二节 多目标优化在油田"九五"开发规划中的应用

大庆油田自"七五"规划以来，曾先后对油田开发规划优化进行了不同深度的探索与研究，建立了油田开发不同阶段的规划优化模型，对促进油田开发规划编制技术水平的提高和发展，起到了积极的作用。"七五"期间采用线性规划方法进行油田开发规划方案优选，由于当时油田划分的规划单元数目多，系统相当庞大，模型求解困难，而且模型对油田开发所具有的动态特性模拟得还不够理想。"八五"期间，考虑到油田开发的动态变化特点，以及多阶段决策过程中动态演变问题，建立了描述和反映油田开发动态过程的动态规划优选模型。但由于油田增产措施所呈现出的明显后效性，以及系统状态变量过多，使动态规划优选模型在求解上产生了所谓的"维数灾难"问题，难于用正常的方法进行计算。虽然通过利用分解、疏密格子点等算法降低计算量，但在解的最优性上却付出了很大的代价。为克服以上的局限性，有必要对油田开发规划的优化技术进行进一步研究。尤其是针对油田"九五"期间将面临着开发潜力与产量需求的矛盾性而带来了的规划编制的复杂性、多目标性、多解性、风险性和不确定性。

下面对油田"九五"期间面临的开发形势进行初步分析。

一、应用背景

从1986—1990年的产量变化来看，大庆长垣油田虽然保持了$5000 \times 10^4 t$以上稳产，但产量已出现递减趋势，1986—1990年年产油量由$5521 \times 10^4 t$下降到$5416 \times 10^4 t$，预计到1995年，在不进行各种增产措施条件下，大庆长垣油田产量将逐步递减到$3507 \times 10^4 t$，累计递减35.25%，平均每年递减8.32%；通过老井增产措施及新井补产将下降到$5050 \times 10^4 t$，平均每年递减1.39%。通过外围新油田投产，整个大庆油田年产油量将由1990年的$5562 \times 10^4 t$再稳产2~3年后下降到1995年的$5300 \times 10^4 t$。

（1）年增加动用可采储量小于年产油量，剩余可采储量逐年减少。大庆油田的开发调整实践表明，保持剩余可采储量的基本稳定，是油田保持稳产的重要物质条件。即必须每年增加的动用可采储量与采出的油量基本保持平衡，使剩余可采储量基本稳定，油田稳产才能实现。否则油田产量发生递减，稳产将很困难。据统计，1981—1985年，大庆油田平均每年增加可采储量$5962 \times 10^4 t$；1986—1990年为$5530 \times 10^4 t$，预计剩余可采储量由1985年的$78975 \times 10^4 t$减少到1995年的$66383 \times 10^4 t$。

（2）产液量提高越来越难，提高增液幅度开始减缓。要使油田稳产，必须通过老井增产措施和新井投产不断提高油田产液量才能实现，特别是进入高含水期，稳产需要的提液幅度应随着含水率的不断上升而大幅度增加。油田实际生产过程中，1981—1985年通过自喷转抽、油井压裂、老区调整井和新区开发井投产等措施，使产液量平均每年增长$1638 \times 10^4 t$，平均增液幅度为11.0%，但1986—1990年，由于自喷井转抽井数逐年减少，提高液量越来越难，每年产液增长下降到$1267 \times 10^4 t$，平均年增液幅度减缓到5.62%。因此，提高增液幅度更加困难，必须通过其他强化调整措施，才有可能进一步提高年产液量。

（3）老井增产措施效果随着油田含水率的上升越来越差。油田"七·五"期间油井转抽和"三换一调"，当年年增产油量为$196\sim213 \times 10^4 t$。"八五"期间要下降到$43\sim119 \times 10^4 t$。油井压裂计产井数由1980年的412口增加到1990年的790口，使年产油保持在$112.4\sim117.7 \times 10^4 t$。预计老井年压裂井数要增加到1130~1280口，但年增产油量下降到$83\sim110 \times 10^4 t$。

（4）新建生产能力减少，新井难以全部弥补老井综合递减。通过调查和分析，长垣北部的喇萨杏主力油田剩余一次加密调整井和二次开发调整的地区目前能落实的钻井数只有6368口，预计可建产能$1200 \times 10^4 t$左右。与稳产期建成能力$1657 \times 10^4 t$相比，产能建设要下降$460 \times 10^4 t$左右。长垣南部及外围新油田比较落实的钻井数只有2500口，预计可建产能$250 \times 10^4 t$左右。

（5）油田部分地区产量出现较大幅度递减，产量上升地区难以接替弥补。从长垣北部喇萨杏油田各大区1986—1990年的产量变化来看，产量基本保持稳定的有萨南和杏南地区，这类地区通过一次井网加密调整，使年产油量分别保持在$1030 \times 10^4 t$、$300 \times 10^4 t$左右稳产到1990年。由于杏南地区的一次加密调整和萨南地区的南二、南三区调整都进行得较晚，因此，"八·五"期间这两个地区还可继续进行调整，年产油量可分别稳定在$1050 \times 10^4 t$、

350×10^4t 左右到 1995 年；产量上升的有萨中和杏北地区，这类地区因一次井网加密调整工作正在进行，而且增产潜力较大，措施增产油量不仅足以弥补老井产量下降，还可使全区产量进一步提高，两个地区的年产油量分别由 1986 年的 1251.87×10^4t、728.82×10^4t 上升到 1990 年的 1480.18×10^4t、834.59×10^4t，两个地区 5 年共上升了 334.08×10^4t。"八·五"期间，萨中地区除剩余的一次加密调整井外，还可进行二次加密调整，年产油量 1500×10^4t 可稳产到 1993 年，但到 1995 年将下降到 1400×10^4t 左右。杏北地区由于剩余的一次加密调整井和可进行的二次加密调整井较少，产量将由 1991 年的 840×10^4t 下降到 1995 年的 700×10^4t 左右；产量下降的有喇嘛甸和萨北地区，这一类地区层系调整措施已基本搞完，大部分自喷井已转抽，油田综合含水率比其他地区都高。可采取的稳产措施较少，措施增产油量不足以弥补老井产量递减，使年产油量出现逐年下降的趋势，两个地区的年产油量分别由 1986 年的 1125.3×10^4t、796.72×10^4t 下降到 1990 年的 857.82×10^4t、610.67×10^4t，两个地区预计老井含水率到 1995 年将达到 92% 以上，使继续提液增产的难度进一步加大。这两个地区虽可进行二次加密调整，但因二次加密调整井油层差、单井产能低、初含水率高，投产后含水率上升快、产量递减快，难以使全区产量保持稳定。到 1995 年，喇嘛甸油田年产油量将下降到 700×10^4t 左右，萨北地区将下降到 570×10^4t 左右。

以上分析说明，"七五"期间，年产量上升地区所增加的产量难以弥补产量下降地区的递减油量，因此使全区产量出现总递减趋势。预计"八五"期间，通过各项增产措施后，产量递减的地区还将进一步增加，产量上升的地区将进一步减少，到 1995 年喇萨杏油田的产量将下降到 4800×10^4t 左右。

二、多目标规划优化模型建立基础

（一）构造最优规划模型的基础

通常所说的最优是一种相对的概念，它是指在满足一定的约束条件下，寻求一组最优解，而使目标函数达到最优，得到的是所研究系统的一组满意解。由于最优化方法是一种数学方法，而不是一种工程方法，就油田开发规划编制这样复杂的大系统来说，所建立的数学模型很难详尽考虑到油田开发规划编制中的所有细节问题，对油田越来越多出现的新情况、新问题也不能完全用数学模型表述出来，一个模型完全能解决油田实际问题是不现实的。像油田开发这样的复杂大系统，它的短中长期发展规划数学模型的建立和应用，如果没有用户或决策者的经验或有关定性分析结论的介入将无法得出正确实用的决策选择。因此，油田开发最优规划模型所提出的最优结果对于决策来说只能说是一个参考意义很大的规划设想，但它并不能完全取代油田规划研究工作，也就是说，规划决策者依据油田开发规划编制中的具体实际情况、具体问题以及模型提供的相关信息对优化结果做些必要的调整，最后提出一个在最优理论模型指导下的、切合油田实际的开发规划。

最优化结果是由最优规划模型给出的。就油田开发规划最优化问题的性质而言，这是一个典型的多目标最优决策问题。油田开发规划的首要问题是产量的规划。要完成规定的产量目标，就必须进行大量的措施。措施的增加，所花投资及生产费用必将增多。油田开发规划主要研究的任务就是如何组织协调好油田各个规划之间的关系而获得最佳的执行方案，达到更利于油田今后管理和发展的良好开发效果。因此采用目标规划法建立油田最优规划模型。这类多目标最优模型通常由决策变量、目标函数、约束条件和达成函数四部分组成。因此构造油田开发最优规划模型就必须研究确定油田的规划目标、约束条件、决策变量以及各个目标的达成关系。众所周知,油田开发系统是一个人工自然系统,在油田开发的后期,需要控制的目标很多,如油、水、费、电、环境等,就油田开发规划编制而言,主要考虑的是产油量、产水量、投资及措施运行费用3个目标。

(二)模型参数的选择

合理地、准确地确定模型所需要的各项参数,是模型赖以进行优化计算的依据。一个具有几百个决策变量和几十个约束规模的模型,所需的参数要有几万个,对这些数据需要做大量的工作和必要的数学处理。这些参数根据油田实际规划部署的特点,有的反映了目标函数的系数阵,有的反映了油田自然条件和资源限制等因素,有些反映了油田开发生产的发展目标或油田客观条件限制或决策者的意图。这部分参数主要介绍目标函数参系数的选择。

1. 产油目标函数参数

设油田第 i 区块第 j 类措施在第 l 年的单井日增油量为 $\bar{a}_{ijl}$,递减率为 d_{ijl},措施含水率为 f_{ijl},则第 i 区块在第 k 年投产的第 j 类措施在第 l 年的单井年增油量 a_{ijkl} 为:

$l=1$ 时(措施当年):

$$a_{ijk1} = M_1 \bar{a}_{ij1} \quad (2-2-1)$$

$l=2$ 时(措施第二年):

$$a_{ijk2} = M_2 \bar{a}_{ij2}(1-d_{ij2}) \quad (2-2-2)$$

$l>2$ 时:

$$a_{ijkl} = a_{ijk(l-1)}(1-d_{ijl}) \quad (k=1,\cdots,K; l=1,\cdots,K-k+1) \quad (2-2-3)$$

式中 M_1——措施当年投产生产天数;

M_2——措施投产每年的生产天数。

2. 产水目标函数参数

油田第 i 区块在第 k 年投产的第 j 类措施在第 l 年的单井年产水量 b_{ijkl} 为

$$b_{ijkl} = a_{ijkl} \frac{1}{1-f_{ijl}} \quad (2-2-4)$$

油田第 i 区块在第 k 年投产的第 j 类措施在第 l 年的单井年注水量 z_{ijkl} 为

$$z_{ijkl} = \mu\left[(\zeta-1)a_{ijkl} + b_{ijkl}\right] \quad (2-2-5)$$

式中 μ——注采比;

ζ——地下体积换算系数。

3. 费用目标函数参数

规划期内,所指的费用包括措施运行费用和措施投资费用两种。

措施运行费用主要包括与年产油量有关的费用、与年产液量有关的费用、与年注水量有关的费用和与井数有关的费用4个方面。则措施单井的运行费用 F_{CS} 可用式(2-2-6)给出:

$$F_{CS} = Q_o F_o + Q_L F_L + Q_w F_w + F_{well} \quad (2\text{-}2\text{-}6)$$

式中 Q_o——单井年增油量，$10^4 t/(井 \cdot a)$；

Q_L——单井年增液量，$10^4 t/(井 \cdot a)$；

Q_w——单井年注水量，$10^4 m^3/(井 \cdot a)$；

F_o——与年产油量有关的费用，元/t；

F_L——与年产液量有关的费用，元/t；

F_w——与年注水量有关的费用，元/m^3；

F_{well}——与井数有关的费用，万元/井。

措施投资和措施年运行费用的效用期是有区别的。作为措施的运行费用，其效用期为一年，而作为投资，其效用期一般是多年的。若把某年发生的投资，一次加入到该年的费用中去，就掩盖了投资多年效用期的性质。因此，在考虑一定的投资报酬率前提下，在其经济寿命期（投资有效期）内，将初始投资每年等额地回收。每年所回收的金额计为按年回收的资金成本。每年等额的期末投资回收金 F_{TZ} 用式（2-2-7）表示：

$$F_{TZ} = TZ(j) crf = TZ(j) \frac{r(1+r)^h}{(1+r)^h - 1} \quad (j = 1, \cdots, J) \quad (2\text{-}2\text{-}7)$$

式中 $TZ(j)$——第 j 类措施的投资，万元/（井·a）；

crf——资金回收因子；

r——年利息率；

h——资金回收期。

由式（2-2-6）和式（2-2-7）可得到油田第 i 区块在第 k 年投产的第 j 类措施在第 l 年的单井费用 C_{ijkl}，计算公式见式（2-2-8）：

$$C_{ijkl} = F_{CS} + F_{TZ} \quad (2\text{-}2\text{-}8)$$

若考虑资金的时间价值，可在式（2-2-8）中乘以系数 ϕ，且 $\phi = 1/(1+r)^{k-1}$，用"动态"的思想表示规划期内每年所付总费用，其中 r 为贴现系数。因此式（2-2-8）可变为

$$C_{ijkl} = \phi(F_{CS} + F_{TZ}) \quad (2\text{-}2\text{-}9)$$

（三）目标规划数学模型相关术语

目标规划就是在给定的决策环境中，合理安排有限资源，使决策结果与预定目标的总偏差达到最小的数学模型。在给定目标规划模型一般形式之前，对几个涉及的术语和概念，分别给予简要说明。

1. 偏差变量

各目标函数的期望值往往不能完全达到，为了从数量上描述目标值没有达到的程度对每个目标函数分别引入正、负偏差变量 ρ_i，η_i（$\rho_i \geq 0$，$\eta_i \geq 0$）。其中 ρ_i 表示第 i 个目标超出目标期望值的数值；η_i 表示第 i 个目标未达到目标期望值的数值。对同一个目标函数，它的数值不可能在超出的同时，又没有达到，所以 ρ_i，η_i 至少一个为0，即满足 $\rho_i \eta_i = 0$。

2. 达成函数

通过使各偏差变量值达到最小，建立能反映和衡量各个目标达成程度的关系函数称为

达到函数。它是关于目标和约束的偏差变量的函数。在将多目标规划模型转化目标规划模型的过程中,对于现实目标或约束,引入正($\rho_i \geq 0$)、负($\eta_i \geq 0$)偏差变量,建立相应的转换规则。

将目标或约束按其重要程度划分优先级后,建立其达成函数(目标偏差函数),按其优先级先后顺序,写成达成向量形式如下:

$$\boldsymbol{a} = (a_1, a_2, \cdots, a_p)$$

式中　p——优先级别数;

　　　$\boldsymbol{a}$——寻求字典序极小化达成向量;

　　　a_p——按优先级别数 p 极小化的现实目标或约束偏差变量的线性函数。

这样,就可借助对达成向量 $\boldsymbol{a}$ 进行字典序极小化来衡量达到目标的程度。

3. 字典序极小化

所谓字典序极小化含义就是给出有序非负元素 a_p 数组 $\bar{\boldsymbol{a}}$,若 $a_p^{(1)} < a_p^{(2)}$,且 $a_r^{(1)} = a_r^{(2)}$($r=1, 2, \cdots, p-1$),则由 $\bar{\boldsymbol{a}}^{(1)}$ 确定的解优于 $\bar{\boldsymbol{a}}^{(2)}$ 所确定的解,若没有其他比 $\bar{\boldsymbol{a}}$ 更好的解时,$\bar{\boldsymbol{a}}$ 就字典序极小化向量,也即处于第 p 优先级的目标,总是优先于任何低级 $p+1$ 的目标,不管低级乘上多大的有限数 M,其级别依然低于高级目标,即:$P_p \gg MP_{p+1}$ 目标规划的一般模型为

$$lex \min \bar{\boldsymbol{a}} = [\omega_1 g_1(\eta,\rho), \omega_2 g_2(\eta,\rho), \cdots, \omega_p g_p(\eta,\rho)] \qquad (2-2-10)$$

$$s.t. \begin{cases} f_i(x) + \eta_i - \rho_i = b_i & (i = 1, 2, \cdots, m) \\ g_j(x) \leq c_j & (j = m+1, m+2, \cdots, n) \\ x, \rho, \eta \geq 0, \quad \rho\eta = 0 \end{cases}$$

上述标准形式反映了在多目标决策问题中,各目标 b_i 的重要程度及相互之间的关系。在同一优先级别下的各目标偏差可以互相抵消和补偿。而在不同的优先级别里,各目标的偏差不能互相抵消,只有在尽可能满足较高优先级别的目标要求,并在不使它退化的前提下,依次考虑较低级别目标要求。

目标约束:

$$f_i(x) + \eta_i - \rho_i = b_i \qquad (2-2-11)$$

反映了各目标函数 $f_i(x)$ 与目标值 b_i、正负偏差之间的关系;

约束条件:

$$g_j(x) \leq c_j \qquad (2-2-12)$$

反映了各项资源的限制。通常约束条件也通过偏差变量放在达成函数中,即

$$g_j(x) + \eta_j - \rho_j = c_j \qquad (2-2-13)$$

(四)目标值可达域的确定

设第 i 个区块的目标规划模型(P^i)为

求 $x = (x_{ijk})$,使

$$(P^i) \text{lex} \min a = (\sum_{j=1}^{J}\sum_{k=1}^{K}\rho_{jk}^i, \sum_{k=1}^{K}\eta_{1k}^i, \sum_{k=1}^{K}\rho_{2k}^i, \sum_{k=1}^{K}\rho_{3k}^i) \quad (2\text{-}2\text{-}14)$$

$$\text{s.t.}\begin{cases} f_{1k}^i(x) + \eta_{1k}^i - \rho_{1k}^i = a_{1k}^i \\ f_{2k}^i(x) + \eta i_{2k}^i - \rho_{2k}^i = b_{2k}^i \\ f_{3k}^i(x) + \eta_{3k}^i - \rho_{3k}^i = c_{3k}^i \\ x_{ijk} + \eta_{jk}^i - \rho_{jk}^i = X_{ij} \\ k = 1, \cdots, K; j = 1, \cdots, J \end{cases}$$

式中 f_{1k}^i——第 i 个区块第 k 年的产油指标函数；

f_{2k}^i——第 i 个区块第 k 年的产水指标函数；

f_{3k}^i——第 i 个区块第 k 年的费用指标函数。

1. 确定上界

设 $a_{1k}^i = M_{1k}^i, b_{2k}^i = M_{2k}^i, c_{3k}^i = M_{3k}^i$ 为充分大的正数，则对应 (P^i) 的达成函数变为

$$\text{lex} \min a = \left(\sum_{j=1}^{J}\sum_{k=1}^{K}\rho_{jk}^i, \sum_{k=1}^{K}\eta_{1k}^i, \sum_{k=1}^{K}\eta_{2k}^i, \sum_{k=1}^{K}\eta_{3k}^i\right) \quad (2\text{-}2\text{-}15)$$

对 (P^i) 求解，令最优解为 $\bar{x}$，则目标上界为

产油上界：$\bar{a}_{1k}^i = M_{1k}^i - \eta_{1k}^i$

产水上界：$\bar{b}_{2k}^i = M_{2k}^i - \eta_{2k}^i$

费用上界：$\bar{c}_{3k}^i = M_{3k}^i - \eta_{3k}^i$

2. 确定下界

设 $a_{1k}^i = m_{1k}^i, b_{2k}^i = m_{2k}^i, c_{3k}^i = m_{3k}^i$ 为充分小的正数，则对应 (P^i) 的达成函数变为

$$\text{lex} \min a = \left(\sum_{j=1}^{J}\sum_{k=1}^{K}\rho_{jk}^i, \sum_{k=1}^{K}\rho_{1k}^i, \sum_{k=1}^{K}\rho_{2k}^i, \sum_{k=1}^{K}\rho_{3k}^i\right) \quad (2\text{-}2\text{-}16)$$

对 (P^i) 求解，令最优解为 $\underline{x}$，则目标下界为

产油下界：$\underline{a}_{1k}^i = m_{1k}^i + \rho_{1k}^i$

产水下界：$\underline{b}_{1k}^i = m_{2k}^i + \rho_{2k}^i$

费用下界：$\underline{c}_{3k}^i = m_{3k}^i + \rho_{3k}^i$

则可得到指标函数 $f_{1k}^i, f_{2k}^i, f_{3k}^i$ 的可达域分别为

产油：$\left[\underline{a}_{1k}^i, \bar{a}_{1k}^i\right]$

产水：$\left[\underline{b}_{2k}^i,\ \overline{b}_{2k}^i\right]$

费用：$\left[\underline{c}_{1k}^i,\ \overline{c}_k^i\right]$

对于全局系统的目标规划模型（P^0）为

求 $x=(x_{ijk})$，使

$$(P^0)\,lex\min a=\left(\sum_{i=1}^{I}\sum_{j=1}^{J}\sum_{k=1}^{K}\rho_{jk}^i,\sum_{k=1}^{K}\eta_{1k}^0,\sum_{k=1}^{K}\rho_{2k}^0,\sum_{k=1}^{K}\rho_{3k}^0\right) \quad (2-2-17)$$

$$s.t.\begin{cases}\sum_{i=1}^{I}f_{1k}^i(x)+\eta_{1k}^0-\rho_{1k}^0=\sum_{i=1}^{I}a_{1k}^i\\ \sum_{i=1}^{I}f_{2k}^i(x)+\eta_{2k}^0-\rho_{2k}^0=\sum_{i=1}^{I}b_{2k}^i\\ \sum_{i=1}^{I}f_{3k}^i(x)+\eta_{3k}^0-\rho_{3k}^0=\sum_{i=1}^{I}c_{3k}^i\\ x_{ijk}+\eta_{jk}^i-\rho_{jk}^i=X_{ij}\\ k=1,\cdots,K;i=1,\cdots,I;j=1,\cdots,J\end{cases}$$

则全局系统问题（P^0）的各个指标函数的可达域分别为

产油：$\left[\underline{a}_{1k},\ \overline{a}_{1k}\right]=\left[\sum_{i=1}^{I}\underline{a}_{1k}^i,\ \sum_{i=1}^{I}\overline{a}_{1k}^i\right]$

产水：$\left[\underline{b}_{2k},\ \overline{b}_{2k}\right]=\left[\sum_{i=1}^{I}\underline{b}_{2k}^i,\ \sum_{i=1}^{I}\overline{b}_{2k}^i\right]$

费用：$\left[\underline{c}_{3k},\ \overline{c}_{3k}\right]=\left[\sum_{i=1}^{I}\underline{c}_{3k}^i,\ \sum_{i=1}^{I}\overline{c}_{3k}^i\right]$

三、油田结构优化模型的建立

前述表明，所研究的油田开发规划最优问题是确定性的一个多目标优化问题。目标规划模型一般形式为

$$lex\min \overline{a}=\left[\omega_1 g_1(\eta,\rho),\omega_2 g_2(\eta,\rho),\cdots,\omega_p g_p(\eta,\rho)\right] \quad (2-2-18)$$

$$s.t.\begin{cases}f_i(x)+\eta_i-\rho_i=b_i & (i=1,2,\cdots,m)\\ x,\rho,\eta\geqslant 0,\quad \rho\eta=0\end{cases}$$

式中 $f_i(x)$——目标函数；

b_i——期望值；

η_i,ρ_i——负正偏差变量；

lex min——字典序极小化；

$\bar{a}$——达成向量。

根据油田规划决策的实际情况，选择产油量、产水量、费用为目标函数，目的是使规划方案能够实现达到产油目标、产水最少、费用最低、效益最佳的境地。喇萨杏油田在开发生产现阶段，主要采取的增油降水措施有三换、压裂、堵水、关井、新井 5 种。因此关心的问题是在现有的措施潜力限制下，如何安排各种措施才能满足：

（1）保证产量任务的完成。

（2）含水率不超过规定的界限。

（3）投资和生产费用不超过规定的限值，或尽可量的小。

（一）决策变量

决策变量就是决策的内容和对象。对于油田开发优化模型来说，任何规划部署方案的产油量、含水率等及所需的投资和生产费用的大小，都与规划的各种增产措施工作量多少有关。增产措施工作量这一因素既较其他因素全面，又能贯彻始终。因此选取"措施工作量"为系统的决策变量。

通常对一个油田可划分为若干个区块来考虑规划。设油田分为 I 个区块（不分时取 $I=1$ 即可），考虑的规划年限为 K 年，油田或区块的分类井数为 M，每一个区块中所实施的增产措施种类数为 J，则总的决策变量个数为 $I \times K \times J$。因此在系统建模时主要考虑分区块和不分区块两种规划方式。

在数学模型中，用 x_{ijk} 三维下标，表示决策变量，含义是油田第 i 个区块在第 k 年实施第 j 种增产措施的工作量。其中下标 i 表示区块序号，下标 j 表示实施的增产措施序号，下标 k 表示措施投产的年次（$k=1,\cdots,K$）。

那么由上述讨论确定的目标函数形式表述如下：

第 i 区块的目标函数：

$$\text{产油目标函数} \sum_{k=1}^{l}\sum_{j=1}^{J} a_{ijkl} x_{ijk} \quad (l=1,\cdots,K)$$

$$\text{产水目标函数} \sum_{k=1}^{l}\sum_{j=1}^{J} b_{ijkl} x_{ijk} \quad (l=1,\cdots,K)$$

$$\text{费用目标函数} \sum_{k=1}^{l}\sum_{j=1}^{J} c_{ijkl} x_{ijk} \quad (l=1,\cdots,K)$$

全局的目标函数：

$$\text{产油目标函数} \sum_{i=1}^{I}\sum_{k=1}^{l}\sum_{j=1}^{J} a_{ijkl} x_{ijk} \quad (l=1,\cdots,K)$$

$$\text{产水目标函数} \sum_{i=1}^{I}\sum_{k=1}^{l}\sum_{j=1}^{J} b_{ijkl} x_{ijk} \quad (l=1,\cdots,K)$$

费用目标函数 $\sum_{i=1}^{I}\sum_{k=1}^{I}\sum_{j=1}^{J} c_{ijkl} x_{ijk}$ $(l=1,\cdots,K)$

（二）约束条件

约束条件主要包括5方面的内容。

（1）决策变量约束。该约束是对措施总量的一种限制。若设规划期间累计措施量不超过其总量 X_{ij}，则约束可表示为

$$\sum_{k=1}^{K} x_{ijk} + \eta'_{ij} - \rho'_{ij} = X_{ij} \qquad (2\text{-}2\text{-}19)$$

另外，根据油田规划编制的需要及油田自身生产能力的限制，要求规划期间每年实施的措施工作量要保持一定的均衡性。因此还可添加增产措施的均衡约束。均衡约束可用式（2-2-20）给出：

$$\left| x_{ijk+1} - x_{ijk} \right| + \eta''_{ijk} - \rho''_{ijk} = \Delta X_{ijk} \qquad (2\text{-}2\text{-}20)$$

$$k=1,\cdots,K$$

其中 ΔX_{ijk} 为 i 区块 j 种措施第 $k+1$ 年与第 k 年绝对工作量差值。

（2）产油约束。表示为规划期间每年的措施增油量的大小，一般取尽量不低于期望目标值。设油田第 i 个区块第 l 年的老井预测产量为 a'_{il}，规划产量为 a_{il}，则有期望目标值 $\Delta a_{il} = a_{il} - a'_{il}$。

第 i 个区块：$\sum_{k=1}^{I}\sum_{j=1}^{J} a_{ijkl} x_{ijk} + \eta^i_{1l} - \rho^i_{1l} = a_{il} - a'_{il}$

全局系统：$\sum_{i=1}^{I}\sum_{k=1}^{I}\sum_{j=1}^{J} a_{ijkl} x_{ijk} + \eta^0_{1l} - \rho^0_{1l} = \sum_{i=1}^{I}(a_{il} - a'_{il})$

（3）产水约束。通过抑制措施增产水量来达到控制油田含水率的上升的目的，通常取尽量不高于产水期望目标值。设油田第 i 个区块第 l 年的老井预测产水量为 b'_{il}，规划产量为 b_{il}，则有

第 i 个区块：$\sum_{k=1}^{I}\sum_{j=1}^{J} b_{ijkl} x_{ijk} + \eta^i_{2l} - \rho^i_{2l} = b_{il} - b'_{il}$

全局系统：$\sum_{i=1}^{I}\sum_{k=1}^{I}\sum_{j=1}^{J} b_{ijkl} x_{ijk} + \eta^0_{2l} - \rho^0_{2l} = \sum_{i=1}^{I}(b_{il} - b'_{il})$

另外，如措施增产水量取小于期望值目标时，会出现产水约束失去作用的"假象"，造成降水措施加大，安排不合理。为了克服这种情况，一般采用增添产水下限约束的方

法,也即给出产水的变化范围。给出指标变化范围的这种做法,在实际油田开发规划方案编制中具有一定的现实意义。产水下限目标的确定应参照几个条件:一是当要求产水目标"尽量接近(=)"时,不用下限目标;二是要求当产水目标"最好不高于(≤)"时,可以用下限,但此时下限指标的作用相对要小;三是当要求措施产水"越小越好"时,应该采用产水的下限目标。

(4)费用约束。追求所编制方案的总体费用最小、效益最好,是每个决策者期望的。但是费用的期望目标值相对是比较模糊的,不易给出确定的数值。因此应根据费用目标采用的形态来决定费用约束右端项的值。设油田第 i 个区块第 l 年的老井费用为 c'_{il},规划期间费用为 c_{il},则有

第i个区块:$$\sum_{k=1}^{l}\sum_{j=1}^{J} c_{ijkl} x_{ijk} + \eta_{3l}^{i} - \rho_{3l}^{i} = c_{il} - c_{il}$$

全局系统:$$\sum_{i=1}^{I}\sum_{k=1}^{l}\sum_{j=1}^{J} c_{ijkl} x_{ijk} + \eta_{3l}^{0} - \rho_{3l}^{0} = \sum_{i=1}^{I}(c_{il} - c'_{il})$$

对于 Δc_{il} 可分为三种情况进行讨论:

第一种情况:Δc_{il}=constant,也就是说费用目标期望值是一个可达到的值,因此可以采取"尽量接近(=)""最好不高于(≤)"两种形式;

第二种情况:Δc_{il}= 达不到的小数,即要求费用越小越好,可以采用"最好不高于(≤)"的形式;

第三种情况:Δc_{il}= 达不到的大数,即对费用要求不高,费用约束在整个模型系统中起的作用是比较小的或不起作用,此时可以采用"最好不高于(≤)"的形式。

(5)偏差变量约束。

$$\eta\rho=0, \eta \geq 0, \rho \geq 0 \qquad (2-2-21)$$

式中 η——表示目标或约束"不足"的负偏差变量;

ρ——表示目标或约束"超过"的正偏差变量。

(三)达成向量

达成函数是能反映和衡量各个目标达成程度的关系函数。它是关于目标和约束的偏差变量的函数。由上面约束分析来看,系统达成函数主要包括工作量、产油量、产水量、费用4个方面。这4个部分在优先级中所处的地位可能是同级的,也可以是不同级的,加之追求的每个规划目标又具有尽量接近、不大于、不小于3种优化形式(见第二节),那么所取不同的优先级和不同的规划形式就构成了上百种的组合,每种组合就是一种规划方式。因此,在油田实际规划方案编制中,可通过改变系统优先级的顺序和优化方式,就可实现不同的规划要求。

若方案要求目标的优先级和优化形式为:

第一优先级:各种措施工作量不超过上限;

第二优先级:各种措施的增产油量不低于下限;

第三优先级:各种措施的增产水量不高于上限;

第四优先级：各种措施增加的费用不高于上限或尽量小。

则达成函数可表示为：

$$a = \left\{ \sum_{i=1}^{I}\sum_{j=1}^{J}\omega'_{ij}\rho'_{ij}, \sum_{l=1}^{K}\sum_{i=0}^{I}\omega^{i}_{1l}\eta^{i}_{1l}, \sum_{l=1}^{K}\sum_{i=0}^{I}\omega^{i}_{2l}\rho^{i}_{2l}, \sum_{l=1}^{K}\sum_{i=0}^{I}\omega^{i}_{3l}\rho^{i}_{3l} \right\} \qquad (2-2-22)$$

（四）数学模型

由上面分析可以得到油田开发结构优化模型为：

求一个措施安排 $x=(x_{ijk}, i=1, \cdots, I; j=1, \cdots, J; l=1, \cdots, K)$，使

$$(GP)\,lex\min a = \left\{ \sum_{i=1}^{I}\sum_{j=1}^{J}\omega'_{ij}\rho'_{ij}, \sum_{l=1}^{K}\sum_{i=0}^{I}\omega^{i}_{1l}\eta^{i}_{1l}, \sum_{l=1}^{K}\sum_{i=0}^{I}\omega^{i}_{2l}\rho^{i}_{2l}, \sum_{l=1}^{K}\sum_{i=0}^{I}\omega^{i}_{3l}\rho^{i}_{3l} \right\} \qquad (2-2-23)$$

$$\text{s.t.} \begin{cases} \sum_{i=1}^{I}\sum_{k=1}^{I}\sum_{j=1}^{J}a_{ijkl}x_{ijk} + \eta^{0}_{1l} - \rho^{0}_{1l} = \sum_{i=1}^{I}(a_{il} - a'_{il}) \\ \sum_{i=1}^{I}\sum_{k=1}^{I}\sum_{j=1}^{J}b_{ijkl}x_{ijk} + \eta^{0}_{2l} - \rho^{0}_{2l} = \sum_{i=1}^{I}(b_{il} - b'_{il}) \\ \sum_{i=1}^{I}\sum_{k=1}^{I}\sum_{j=1}^{J}c_{ijkl}x_{ijk} + \eta^{0}_{3l} - \rho^{0}_{3l} = \sum_{i=1}^{I}(c_{il} - c'_{il}) \\ \sum_{k=1}^{I}\sum_{j=1}^{J}a_{ijkl}x_{ijk} + \eta^{i}_{1l} - \rho^{i}_{1l} = a_{il} - a'_{il} \\ \sum_{k=1}^{I}\sum_{j=1}^{J}b_{ijkl}x_{ijk} + \eta^{i}_{2l} - \rho^{i}_{2l} = b_{il} - b'_{il} \\ \sum_{k=1}^{I}\sum_{j=1}^{J}c_{ijkl}x_{ijk} + \eta^{i}_{3l} - \rho^{i}_{3l} = c_{il} - c'_{il} \\ \sum_{k=1}^{K}x_{ijk} + \eta'_{ij} - \rho'_{ij} = X_{ij} \\ \eta \geq 0, \rho \geq 0, \omega \geq 0, \eta^{T}\rho = 0 \end{cases}$$

模型（GP）就是油田开发目标规划模型，模型具有普遍的一般性。模型中，规划年限 K、分区块数目 I、措施种类 J 都是应用此模型时由实际情况具体取定。理论上规划年限的选取可以是任意的，一般条件下取 $K \in \{1, \cdots, 10\}$，可完成短、中、长期的规划部署工作。

从所建模型可以看出，所研究的规划问题满足以下3个条件：

（1）全局和各子系统中同一目标函数的优先等级一致。

（2）全局和各子系统中同一目标函数的权重一致。

（3）各子系统之间彼此独立。

就是说油田的规划问题是多目标多阶段多独立子系统的大系统规划问题。为模型的求解创造了条件。

通过前面的分析，可以看出下述事实（仅以线性规划为例）：

（1）目标规划是线性规划的进步与发展，二者有密切的关系。

（2）线性规划是目标规划的子集，目标规划能实现线性规划的所有功能。

就是说，凡是线性规划能解决的问题，目标规划也能解决；而许多线性规划无法解决的问题，目标规划同样能解决。目标规划不但可以解决多目标问题，而且由于引进了偏差变量和目标期望值等概念，对系统优化时，除了可以实现类似于单目标模型目标的极大化、极小化两种型态外，还可以采用"尽量接近""最好不低于""最好不超过"三种型态，这就增大了决策的灵活性。同时，由于每个目标或约束都提供了过盈量和不足量信息，达成向量又提供了各优先级的达成信息，因此就十分便于对整个系统进行目标分析。这些都是线性规划等单目标规划模型无可比拟的。

建立的油田开发结构优化模型较油田以往建立的规划优化模型有如下优点：

（1）多目标决策，比单目标决策更适合油田开发实际规划决策的需要。

（2）通过引入正、负偏差变量，多目标规划中的约束变为"弹性约束"，从而不需要原等式约束必须满足，避免了单目标模型由于约束不合理导致系统无解的不足，而且模型参数调整方便，具有很大的灵活性和合理性。

（3）由于优先级、目标型态的不同组合，可使模型具有多种优化方式，模型多用，实现不同的规划要求，是单目标模型的发展和进步，也为决策提供了更多的灵活性。

（4）较之单目标模型，它更适合于人机交互过程的实现，可操作性强。

（5）模型有单区块或多区块两种操作，可进行油田短中长期规划安排。

四、结构优化模型的求解方法及流程

在大系统理论的分解与协调方法启发下，提出了"分层分解统一协调的优化方法"，步骤（图2-2-1）如下。

（一）分层分解

共分为两层模型。

第一层模型：产能分配模型。

第二层模型：（1）老井开发规划模型。

（2）新井开发规划模型。

（3）聚合物驱开发规划模型。

从3个方面进行分解。

一是总产能分解：由于互相关联的约束方程按时间逐年应用，并且每年的目标产量是按此目标必须达到不容更改。因此，将各年产量目标构成分解为老井产量、新井产量和注聚合物驱油产量。

二是产能按厂分解：把产能分配到各采油厂。对各厂而言，结构调整的范围与幅度，又受其自身条件和目前开发状况制约，其产量分配不允许超过由剩余可采储量采油速度限定的搜索区域。

三是按厂进行措施量初始优化。

（二）统一协调优化

1. 第一次大系统循环

（1）第一年。

在年总产能已给定条件下，根据专家经验，采用人机对话方式，给出老井、新井、聚合物驱油可行的产能初始分配。

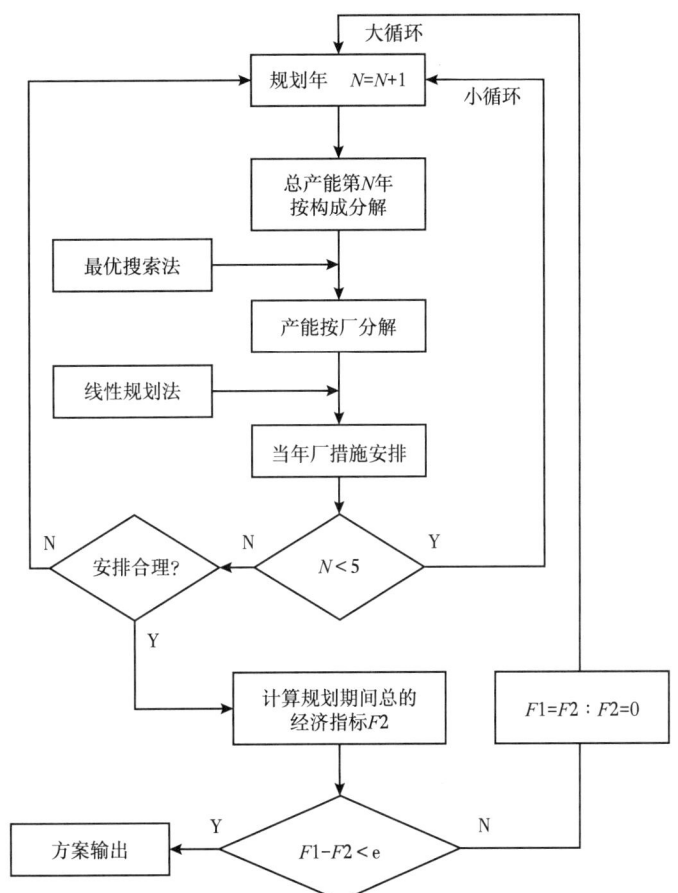

图 2-2-1 分层分解统一协调的算法流程

利用上述总产能分配结果,对每个子系统进行最优规划。

其中关于老井(小系统循环)。

第一年产能分配及措施安排:利用最优化直接搜索方法和线性规划方法,经一系列小循环,把老井产能分配到每个采油厂并确定出该种分配前提下该厂在每类井中各种措施的最优化安排。

对于新井和注聚合物驱油也采用类似的方法。

(2)第二年至第五年。

做法同第一年。(但要考虑到措施量约束逐年之间的关联性)。

完成五年的规划算法后,计算出总的经济指标后第一次大系统循环即结束。

2. 第二次大系统循环

利用最优化的直接搜索方法,对总产能进行再次分配,重复第一次循环的做法,因为搜索原则是使得目标函数值不增(下降),所以,如果这一循环完成,那么得出总的经济指标应该满足相应的约束条件。

如此继续循环下去,当达到某个时刻,使得满足约束条件后循环即终止。最后一次大循环的结果就是所寻求的近似最优规划。

五、喇萨杏油田"九五"中长期开发规划方案优化对比

按照大庆油田"九五"规划目标要求,喇萨杏油田在"九五"期间水驱原油产量必须保持在(4946~4181)×10⁴t,5年产油22528.8×10⁴t,到2000年使油田产量稳在4181×10⁴t以上,油田含水率控制在86.77%以内。为了使优化方案与原规划方案有可比性,在具有相同基础条件和完成同样规划目标的前提下,采取不同的优化方式,对喇萨杏油田"九五"规划方案进行优选。

(一)长垣水驱优化模型

在编制长垣水驱的开发规划方案时,要尽量结合水驱实际规划编制,考虑加密井、压裂、补孔、三换以及其他措施,在地质潜力和工作能力约束下,安排各项措施的工作量,完成本区块的任务。

1. 产量构成

长垣水驱的产量由3部分构成:未措施产量、新井产量以及措施增油量。

(1)未措施产量。

可根据规划期各年自然产量数据进行预测,递减率采用双曲递减模式下的递减率:

$$P_t = (1+0.5P_0 t)^{-2} \tag{2-2-24}$$

式中　P_t——产量递减率,%;

　　　P_0——初始递减,%;

　　　t——时间,a。

未措施产量递减率的表现如图2-1-2所示。

(2)措施增油量。

措施增油量为措施工作量(措施井数)与年单井增油量的乘积,主要考虑压裂、补孔、三换以及其他措施,并且考虑措施效果的后效性。水驱老井的措施产量递减率如图2-2-3所示。

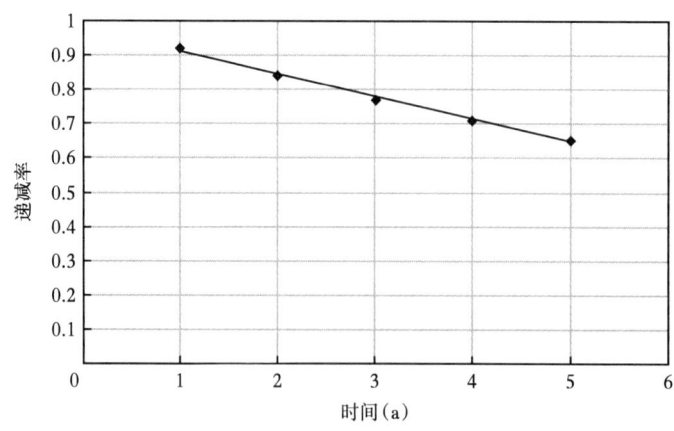

图2-2-2　未措施递减率随时间变化曲线

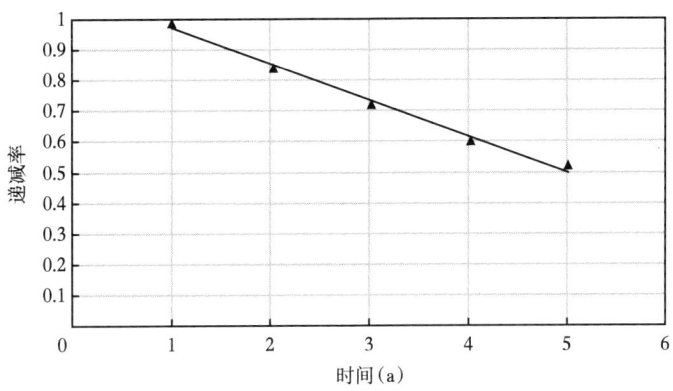

图 2-2-3 水驱老井的措施产量递减率

(3)新井产量。

新井产油量为新井数与单井增产量的乘积,考虑新井产量的后效性,即贡献率、到位率及递减率等。产油量可由式(2-2-25)来计算:

$$Q_1(t) = \sum_{j=1}^{N} r_{j,i} a_{j,t-i+1} \qquad (2-2-25)$$

式中 Q_1——产油量,10^4t;

j——种类;

t——预测时间;

$r_{j,i}$——工作量项;

$a_{j,t-i+1}$——措施效果。

图 2-2-4 表示了新井产量预测过程中主要指标变化及影响。

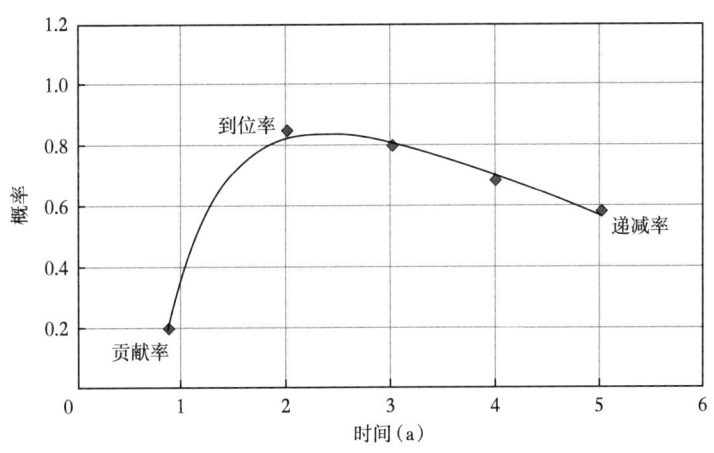

图 2-2-4 新井产量计算模型

2. 优化模型

在制定开发规划方案时,要考虑长垣水驱的地质潜力约束(规划期内地质上能够提供的工作量，譬如长垣可钻加密井 2000 口，各措施规划期内总约束），同时也要考虑工作能力均衡约束（各种措施、新井每一年可用工作量上下限），采用目标规划建立模型，即规划期内每一年措施增产量与老井预测量之和尽量接近长垣水驱的任务量。在潜力足够时，给出完成任务的措施工作量安排，在潜力不足时，给出距离任务产量差距最小的措施工作量安排。

长垣水驱需要对增产措施量进行合理安排，即以各增产措施年度工作量（井）为决策变量。在模型中，约束条件表示长垣水驱的产量构成，该单元的年任务产量为年末措施自然产量、新井产量、老井措施产量与年偏差产量之和。为实现规划期稳产这一战略目标，上述模型通过以最小化规划期内各年偏差产量之和为函数。

长垣水驱优化模型为

$$\min \sum_{t=1}^{T} \left(d_t^{1-} + d_t^{1+} \right) \quad (2-2-26)$$

s.t.：

$$Q_{mk}^1 + Q_{wt}^1 + d_t^{1-} - d_t^{1+} = \omega_t^1 Q - Q_t^1 \quad (k = t = 1, 2, \cdots, T)$$

$$\sum_{t=1}^{T} x_{ti^1}^1 \leqslant S_{i^1}^1 \quad (i^1 = 1)$$

$$\underline{s_{ti^1}} \leqslant x_{ti^1}^1 \leqslant \overline{s_{ti^1}} \quad (i^1 = 1, 2, \cdots, I^1 - 1; \ t = 1, 2, \cdots, T)$$

$$x_{ti^1}^1 \geqslant 0, x_{ti^1}^1 \in Z$$

$$Q_{w1}^1 = \sum_{i^1=1}^{1} L_w a_{i^1 1} x_{1i^1}$$

$$Q_{w2}^1 = \sum_{i^1=1}^{1} L_w \left(a_{i^1 2} x_{1i^1} + a_{i^1 2} x_{2i^1} \right)$$

……

$$Q_{wT}^1 = \sum_{i^1=1}^{I} L_w \left(a_{i^1 T} x_{1i^1} + a_{i^1 (T-1)} x_{2i^1} + \ldots + a_{i^1 2} x_{(T-1)i^1} + a_{i^1 1} x_{Ti^1} \right)$$

$$Q_{mk}^1 = Q_{ok}^1 + \sum_{t=1}^{k} \sum_{i^1=2}^{I^1} b_{ti^1 k} x_{t^i 1} \quad (k = 1, 2, \cdots, T)$$

相应的符号说明见表 2-2-1。

表 2-2-1 长垣水驱规划模型参数表

参数	意义
i^1	长垣油区增产措施，$i^1 = 1, 2, 3, \cdots, I^1$，即加密井、压裂井、三换井
t	措施开始实施的年份，$t = 1, 2, \cdots, T$
k	产油量规划考核的年份，$k = 1, 2, \cdots, T$
I^1	长垣油区增产措施总数
T	规划年数，a
L_w	油水井数比
Q_{wt}^1	第 t 年中长垣水驱新井措施产油量，10^4t

续表

参数	意义
Q^1_{mk}	第 k 年中长垣水驱老井措施产油量，10^4t
Q^1_t	第 t 年中长垣水驱未措施产油量，10^4t
Q^1_{ok}	第 k 年中长垣水驱其他措施的产油量，10^4t
Q	油田年度产油量目标，10^4t
ω^1_t	长垣水驱第 t 年的产油量分配系数
$a^1_{i^1 t}$	实施第 i^1 种措施后的第 t 年单井产油量，10^4t（$i^1=1$，即加密井）
$b^1_{t i^1 k}$	第 t 年实施第 i^1 种措施在第 k 年的单井产油量，10^4t（$i^1=2$，$\cdots I^1-1$，即压裂、三换）
$S^1_{i^1}$	长垣水驱规划期内第 i^1 种措施可用工作量总数（$i^1=1$，即加密井）
$\overline{S^1_{ti^1}}$	第 t 年长垣水驱第 i^1 种措施的工作量上限（$i^1=1, \cdots I^1-1$，即加密井、压裂、三换）
$\underline{S^1_{ti^1}}$	第 t 年长垣水驱第 i^1 种措施的工作量下限（$i^1=1, \cdots I^1-1$，即加密井、压裂、三换）
d^{1+}_t	长垣水驱实际产油量与其分配产量的正偏差
d^{1-}_t	长垣水驱实际产油量与其分配产量的负偏差
X^1_{ti}	长垣水驱第 t 年采用第 i^1 种措施的工作量（其中新井为钻井总数）

（二）长垣外围优化模型

尽量结合外围油区实际规划编制，考虑加密井、未动用、待探明、老井压裂和三换等措施，在地质潜力和工作能力约束下，安排各项措施的工作量，完成本区的任务。

1. 产量构成

（1）未措施产油量：根据规划期各年自然产量数据进行预测（图 2-2-5）。

（2）新井产油量为新井数与单井产量的乘积，规划期内考虑新井产量的贡献率、到位率和递减率（图 2-2-6）。

（3）措施增油量为措施工作量与单井产量的乘积，考虑加密井、未动用、待探明、老井压裂和三换等措施，考虑措施效果的后效性。

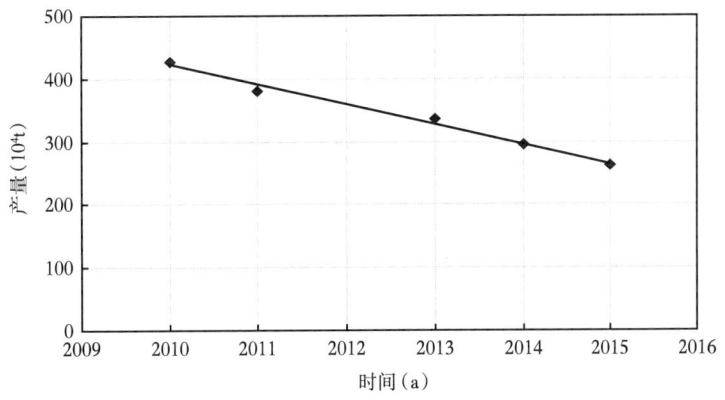

图 2-2-5　老井未措施产油量

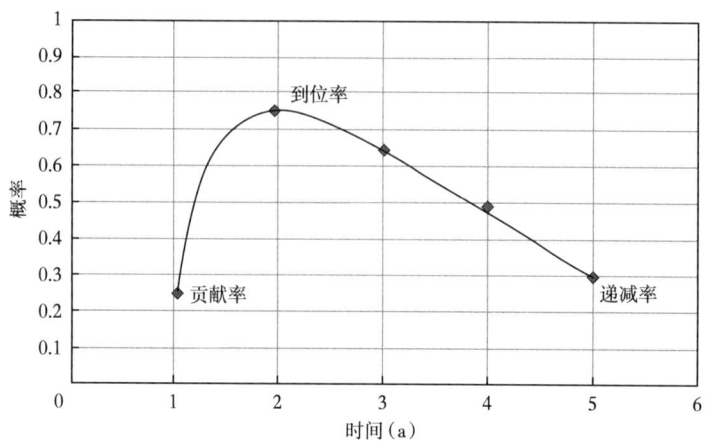

图 2-2-6　新井产量计算模型

2. 长垣外围目标规划模型

在制定开发规划方案时，要考虑老井压裂、三换措施地质潜力（各措施规划期内总约束）、老井压裂和三换措施工作能力均衡约束（每一年可用工作量上下限，均值上下浮动），新井措施可用总工作量约束（包括加密井、未动用、待探明，规划期总和约束），未动用储量产油均衡约束以及待探明储量产油均衡约束。采用目标规划建立模型，即规划期内每一年措施增产量与老井预测量之和尽量接近分配任务，在潜力足够时，给出完成任务的措施工作量安排，潜力不足时，给出距离任务产量差距最小的措施工作量安排。

同长垣水驱建模思路类似，长垣外围单元需要对增产措施用量进行合理安排，即以各增产措施年度工作量（井）为决策变量。在模型中，约束条件表示外围单元的产量构成，该单元的年任务产量为年未措施自然产量、新井产量、老井措施产量与年偏差产量之和。为实现规划期稳产这一战略目标，上述模型通过目标规划形式，以最小化规划期内各年偏差产量之和为目标函数。模型中的约束条件分别有新井加密、老井压裂、三换年度井数约束（工作能力均衡约束），以及未动用与待探明年度开发储量约束等。与水驱模型不同的是，本模型不考虑老井措施的后效性，且无新井规划期总约束，新增年储量约束。

建立的长垣外围优化模型见表 2-2-2，模型中用到的符号说明见表 2-2-3。

表 2-2-2　模型构建公式汇总表

$$Q_{w1}^2 = \sum_{i^2=1}^{6} L_w L_s a_{i^21} x_{1i^2}$$

...

$$Q_{wT}^2 = \sum_{i^2=1}^{6} L_w L_s \left(a_{i^2T} x_{1i^2} + a_{i^2(T-1)} x_{2i^2} + \ldots + a_{i^22} x_{(T-1)i^2} + a_{i^21} x_{Ti^2} \right)$$

$$Q_{mk}^2 = \sum_{t=1}^{k} \sum_{i^2=l^2-1}^{l^2} b_{ti^2k} x_{ti^2k} \quad (k=1,2,\cdots,T)$$

$$\min \ \sum_{t=1}^{T} d_t^{2-} + d_t^{2+}$$

s.t.：

续表

$$Q_{mk}^2 + Q_{wt}^2 + d_t^{2-} - d_t^{2+} = \omega_t^2 Q - Q_t^2 \quad (k = t = 1, 2, \cdots, T)$$
$$\underline{s_{ti^2}} \leq x_{ti^2} \leq \overline{s_{ti^2}} \quad (i^2 = 1, 4, 5; \ t = 1, 2, \cdots, T)$$
$$\underline{R_{ti^2}} \leq r_{ti^2} x_{ti^2} \leq \overline{R_{ti^2}'} \quad (i^2 = 2; \ t = 1, 2, \cdots, T)$$
$$\underline{R_{ti^2}'} \leq r_{ti^2}' x_{ti^2} \leq \overline{R_{ti^2}'} \quad (i^2 = 3; \ t = 1, 2, \cdots, T)$$
$$x_{ti^2}^2 \geq 0, x_{ti^2}^2 \in Z$$

表 2-2-3 长垣外围规划模型参数表

参数	意义
i^2	长垣油区增产措施，$i^2=1, 2, 3, \cdots, I^2$，即加密井、未动用、带探明
t	措施开始实施的年份，$t = 1, 2, \cdots, T$
k	产油量规划考核的年份，$k=1, 2, \cdots, T$
I^2	外围大区增产措施总数
T	规划年数，a
L_w	油水井数比
L_s	钻井成功率
Q_{wt}^2	第 t 年中外围大区新井措施产油量，10^4t
Q_{mk}^2	第 k 年中外围大区老井措施产油量，10^4t
Q_t^2	第 t 年中外围大区未措施产油量，10^4t
Q	油田年度产油量目标，10^4t
ω_t^2	外围大区第 t 年的产油量分配系数；
$a_{i^2 t}$	实施第 i^2 种措施后的第 t 年单井产油量，10^4t（$i^1=1$，即加密井、未动用、待探明）
$b_{ti^2 k}$	第 t 年实施第 i^2 种措施在第 k 年的单井产油量，10^4t（$i^1=4, 5$，即压裂、三换）
$\overline{S_{ti^2}}$	第 t 年长垣水驱第 i^2 种措施的工作量上限（$i^2=4, 5$，即压裂、三换）
$\underline{S_{ti^2}}$	第 t 年长垣水驱第 i^2 种措施的工作量下限（$i^2=4, 5$ 即压裂、三换）
R_i^2	外围大区规划期内新井（未动用、未动用）措施可用总储量
$R_i^{2\prime}$	外围大区规划期内新井（待探明、待探明）措施可用总储量
$\overline{R_{ti^2}}$	第 t 年外围大区第 i^2 种措施的未动用储量上限（$i^2=2$，即未动用）
$\underline{R_{ti^2}}$	第 t 年外围大区第 i^2 种措施的未动用储量下限（$i^2=2$，即未动用）
$\overline{R_{ti^2}'}$	第 t 年外围大区第 i^2 种措施的待探明储量上限（$i^2=3$，即待探明）

续表

参数	意义
$\underline{R'_{ti2}}$	第 t 年外围大区第 i^2 种措施的待探明储量下限（$i^2=3$，即待探明）
r_{ti}^2	第 t 年第 i^2 种措施的单井控制未动用储量（$i^2=2$，即未动用）
r'^{2}_{ti}	第 t 年第 i^2 种措施的单井控制待探明储量（$i^2=3$，即待探明）
d_t^{2+}	外围大区实际产油量与其分配产量的正偏差
d_t^{2-}	外围大区实际产油量与其分配产量的负偏差
X_{ti}^2	外围大区第 t 年采用第 i^2 种措施的工作量（其中加密井、未动用、待探明井为钻总井数）

（三）三次采油优化模型

尽量结合三次采油实际规划编制，考虑聚合物驱和复合驱两种开发方式，考虑成本和产量目标，安排采用何种方式进行注入。每年产量包括年已注聚合物产量、新井产量和待注聚合物措施产量，目标是最小化规划期内各年偏差产量之和，并考虑操作成本最小。优化指标为聚合物驱和复合驱的储量比例。

待注聚合物措施产量为注聚合物速度与储量的乘积，注入方式考虑聚合物驱和三元复合驱，两种注入方式的采油速度如图 2-2-7 所示。

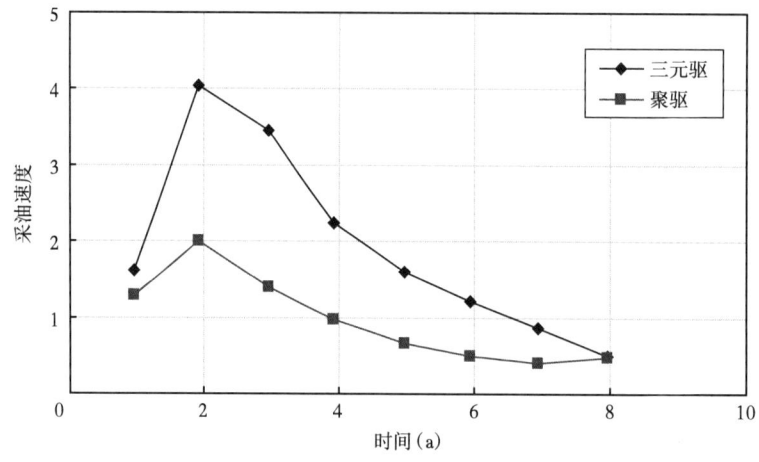

图 2-2-7 三次采油单元采油速度

在制定三次采油开发规划方案时，要考虑年度新增区块动用储量约束，使得规划期内每一年的总产量尽量接近分配任务，同时考虑成本最小。由于考虑了 2 类目标，可根据专家对成本和产量的重视程度给出权重，进行多目标优化，当潜力足够时，给出完成任务的方案。潜力不足时，给出距离任务产量差距最小的方案。

在模型中，约束条件表示不同单元的产量构成，该单元的年任务产量为年已注聚产量、新井产量、待注聚措施产量与年偏差产量之和。为实现规划期稳产这一战略目标，上述模型通过目标规划形式，以最小化规划期内各年偏差产量之和为目标函数。年度动用储量约束中，三采油区需要对动用处理进行合理安排，即以聚合物和三元注入方式下，各年动用储量（10^4t）为决策变量。另外，规划目标新增了最小化操作成本这一目标函数，使之成为多目标规划问题，此处通过对不同目标进行归一化，消去各目标量纲影响，进而赋予相应权重予以处理。

建立的三次采油优化模型见表 2-2-4，模型中用到的符号说明见表 2-2-5。

表 2-2-4　模型构建公式汇总表

$$Q^3_{ki^3} = \sum_{t=1}^{k} x_{ti^3k} \quad (k=1,2,\cdots,T)$$

$$\min \quad \sum_{t=1}^{T} d_t^{3-} + d_t^{3+} \quad (4\text{-}16)$$

$$\min \quad \sum_{t=1}^{T} \sum_{i^3=1}^{I^3} Q^3_{ti^3} c_{i^3} \quad (4\text{-}17)$$

s.t.:

$$\sum_{i^3=1}^{I^3} Q^3_{ti^3} + d_t^{3-} - d_t^{3+} = \omega_t^3 Q - Q_{nt}^3 - Q_{ot}^3 \quad (k=t=1,2,\cdots,T) \quad (4\text{-}18)$$

$$\underline{R_t} \leq \sum_{i^3=1}^{I^3} x_{ti^3} \leq \overline{R_t} \quad (t=1,2,\cdots,T) \quad (4\text{-}19)$$

表 2-2-5　三次采油规划模型参数表

参数	意义
i^3	三采方式，$i^3=1, 2, \cdots, I^3$，即三元复合驱、聚合物驱
t	措施开始实施的年份，$t=1, 2, \cdots, T$
k	产油量规划考核的年份，$k=1, 2, \cdots, T$
I^3	三采方式数，2
T	规划年数，a，5
O_{ti^3k}	第 t 年以第 i^3 种方式注聚合物在第 k 年的采油速度
$\overline{R_t}$	第 t 年的动用地质储量上限
$\underline{R_t}$	第 t 年的动用地质储量下限
Q^3_{ot}	第 t 年中三采大区的已注聚合物产油量
Q^3_{nt}	第 t 年中三采大区的新井产油量
$Q^3_{ki^3}$	第 k 年以第 i^3 种方式新注聚合物的产油量
Q	油田年度产油量目标，10^4t
ω_t^3	三采大区第 t 年的产油量分配系数
c_{i^3}	第 i^3 种三采方式的吨油成本
d_t^{3+}	三采大区实际产油量与其分配产量的正偏差
d_t^{3-}	三采大区实际产油量与其分配产量的负偏差
x_{ti^3}	第 i^3 种方式在第 t 年的动用地质储量

（四）计算结果及对比分析

1. 模型的参数选取

在实际规划编制中，由于规划要求不同，以及油田开发的不同阶段出现的不同问题，常常要求规划编制要遵循油田客观发展的规律和特点，采取不同的规划目标、决策和原则。在编制喇萨杏油田"九五"规划优化方案时，分别采取了3种不同的优化方式，输出了可对比的喇萨杏油田"九五"规划3个优化方案（表2-2-6）。3个对比方案的优化参数设置见表2-2-6。

表2-2-6　不同方案优化参数设置

目标优先级	方案一			方案二			方案三		
	优先顺序	权系数	优化方式	优先顺序	权系数	优化方式	优先顺序	权系数	优化方式
工作量	1	1	≤	1	1	≤	1	2	=
产油	2	1	≥	1	5	=	1	7	=
产水	3	1	≤	2	1	≤	1	4	≤
费用	4	1	≤	4	1	≤	2	1	≤

2. 喇萨杏油田"九五"规划方案优选与对比

按照大庆油田"九五"规划目标要求，喇萨杏油田在"九五"期间水驱原油产量必须保持在$(4186\sim4944)\times10^4$t，五年产油22570×10^4t，到2000年使油田产量稳在4186×10^4t以上，油田含水率控制在87.00%以内。为了使优化方案与原规划方案有可比性，在具有相同基础条件和完成同样规划目标的前提下，采用上述讨论的3种规划方式，采用串式调优法对喇萨杏油田"九五"规划方案进行优选（表2-2-7）。

表2-2-7　油田不同优化方式优化目标对比表

年份	方案一		方案二		方案三		规划目标	
	产油量（10^4t）	含水率（%）	产油量（10^4t）	含水率（%）	产油量（10^4t）	含水率（%）	产油量（10^4t）	含水率（%）
1996	4958.48	83.11	4945.67	81.83	4946.42	82.27	4946.00	82.25
1997	4684.60	84.06	4682.90	83.45	4682.90	83.67	4682.80	83.73
1998	4457.00	85.65	4424.30	85.16	4424.30	84.93	4424.00	85.10
1999	4321.19	86.72	4295.19	86.18	4295.19	85.78	4295.00	86.05
2000	4184.82	88.12	4182.12	87.01	4182.12	86.40	4181.00	86.77
合计	22606.09		22530.18		22530.93		22528.80	

方案优化对比表明，方案一中5年累计产油22597.09×10^4t，比规划目标多产27.09×10^4t，2000年含水率88.31%，没有达到规划的要求。原因是方案一中产油目标的优先级要高于产水目标的优先级，产水、费用指标则对优化结果的影响相对要低，因此规划是以完成产油指标为主导，且由于产油目标采取了"不低于下限（≥）"的优化方式，使产油量高于规划的产油目标；方案二中产水目标的优先级较方案一要高，规划主要是以"稳油控水"为主。费用目标优先级低，对优选结果贡献小的缘故，使增油措施主要以含水率较低、增油效果好的措施为主。由于产油目标采取的是"尽量接近（=）"的优化方式，使个别年的

产油略低于规划值,但 5 年累计产油量仍达到了 22570.8×10⁴t,比规划目标多产 0.8×10⁴t,2000 年含水率控制在 87.01% 范围内,产油、产水目标均达到了规划的要求;方案三由于产油、产水目标都处在比较高优先级下,使优化方案产油、产水指标都同时满足了规划的要求。5 年累计产油 22571.44×10⁴t,比规划目标多产 1.44×10⁴t,2000 年含水率 86.98%,比规划含水率低 0.05%。另外由于费用的优先级上升到第 2 位,对优化结果的影响相对要大,使各项增产的安排不单是以含水率较低、增油效果好的措施为主,而是权衡各增产措施在规划安排中所发生的费用大小。从优选方案工作量安排结果看,各年度措施安排及衔接具有相对的均衡性,安排结果比较合理,为油田实际能力所接受。因此规划是在完成产油指标的前提下,控制油田含水率的增长,得到经济效益较好的开发规划方案。

由上面三个方案的优化结果可知,合理调整优先级顺序、目标的优化方式及权系数,可以实现不同的规划目的。就分析讨论的 3 个对比方案来看,方案三设置的优化参数比较适合油田规划编制的要求和油田开发生产实际,在完成同一产油、产水等目标的前提下,方案三比原方案少钻油水井 157 口,少基建油水井 128 口。以 1998 年采油厂成本为对比参考,"九五"期间方案三比原方案新井产能少投资 2.89×10⁸ 元,按油价 1050 元/t 计算,五年多创利润 7.02×10⁸ 元,可降低吨油成本 4.56 元/t。因此,采用方案三的优化参数优化喇萨杏油田"九五"规划方案。分析上述结果,主要有以下原因:

(1)在规划期间各增油措施每年实施的工作量保持相对均衡的条件下,从老井增油措施工作量安排看,前几年安排的措施工作量模型要多于原方案,说明在措施效果逐年变差的情况下,加重考虑了措施后效的影响,从经济效益出发,在措施约束范围内,优先选择措施整体效益好的安排方案,体现了优化的实质。所以在措施潜力相同的情况下,模型老井累计产油要多于原方案。

(2)老井措施的增多,势必使规划开始产液量增加,直接影响全区含水率。从表 2-2-7 中可以看出,模型 1996 年全区含水率 82.27%,比原方案高 0.02%。由于三换自身的递减,产液量会逐年减少,在规划后几年低于原方案三换产液指标;压裂含水率低于全区含水率,虽然其产液较多,但不会使全区含水率上升;堵水措施的后效性会使降水效果逐年变好,基于上面原因,使模型从 1997 年开始全区含水率低于原方案含水率指标。

方案与优化方案的对比情况表明,利用所建立的目标规划模型和给出的处理此类问题的算法,能较好地反映规划编制的本质,优化结果合理,符合油田生产实际,具有实际的可行性和操作性。每年安排的各措施工作量相对比较均衡,产油量、产水量等目标达到了规定的要求,提高了规划编制的效率。优选结果还表明,手排方案由于在规划编制过程中融进了决策者的经验和优化的思想,方案整体效果是比较好的。优化结果为规划方案的修改、调整提供了有价值的参考。

3. 结论与认识

"九五"期间,结合线性规划与动态规划模型的优点,建立了油田规划结构优化模型,采用"分层分解统一协调"的思想,解决各子系统的产能分配及方案部署问题。由于当时方法还不成熟,极大地影响了计算速度和求解的可行性,在处理多个目标方面,尚存在着一定的局限性。另一方面,油田开发规划编制是一项阶段性很强的综合性工作,原有建立的规划优选数学模型难于描述油田开发现阶段日益出现的新情况、新问题。在解决油田开发规划这类多目标复杂大系统决策问题方面,还存在一些局限性,主要表现在:

（1）不能严格地用不等式约束来描述客观限制，这样可能会丢失更好的解，单凭扩大不等式的范围不能很好地解决这种局限性。

（2）油田的开发规划是多目标的。为了处理方便把有些目标加以限制，变成了约束条件，单纯在数学上追求费用最低或利润最高，与实际不符。

（3）上述模型不能完全利用已有的决策经验，不能较好地反映出目标的丰富信息。

第三节 基于大系统理论的规划优化方法及应用

油田开发工程具有的长期性、动态性、风险性和多目标性等特性，决定油田开发规划研究与编制的困难性，也决定油田开发规划优化不是一个简单数学模型就能解决和描述的过程。

"十一五"期间，大庆油田面临着后备资源不足，开发效益变差等各种严峻困难，尤其是在以经济效益为中心、有限的可利用资源、原油生产由计划转到指导性生产的条件下，油田在"十一五"期间如何保持良性生产和可持续发展，已成为迫切需要研究解决的突出矛盾和重大问题。

一、应用背景

"十一五"期间，油田开发形势发生明显的变化，这些变化对"十一五"油田开发规划部署产生较大的影响，主要表现在以下几个方面：

（1）主体喇萨杏油田全面进入特高含水期开发，水油比急剧增大，操作成本急剧上升，需要进一步研究特高含水期油田开发指标变化规律，解决好控制递减、控制含水率与控制成本之间的矛盾。

2005年底，喇萨杏油田水驱综合含水率已达91.11%，全面进入特高含水期开发。其中，喇嘛甸开发区水驱综合含水为94.11%，萨北开发区为93.39%，萨中开发区为90.12%，萨南开发区为89.92%，杏北开发区为90.76%，杏南开发区为89.57%。预计"十一五"期末，目前阶段各类井网含水将全部超过90%，其中无效的高含水井数将达1500口以上。与中高含水期开发相比，特高含水期油田开发主要存在如下特点：①水油比上升逐渐加快，产水量呈指数级增长；②油田开发主要矛盾由层间矛盾变为层内矛盾，剩余油与低效无效循环并存。研究表明，喇萨杏油田68.3%的剩余储量分布在厚油层内部，同时厚油层内部有近10%为强水洗段，强水洗段平均驱油效率为64.2%，含水率在99%以上。通过数值模拟计算，强水洗段的吸水量占全井的26.31%，产水量占全井的28.89%，低效无效循环非常严重。由于特高含水期水油比急剧增大，操作成本将急剧上升，其中仅吨油产液处理费和吨油注水费由"十五"的112元/t上升到"十一五"的147元/t，上升了35元/t，油田开发效益将大幅度下降。因此必须深入研究特高含水期的开发指标变化规律和控水挖潜对策，才能解决好控制递减、控制含水与控制成本之间的矛盾，实现特高含水期的有效开发。

（2）"十一五"期间油田开发将进入多种驱替方式并存阶段，弥补产量递减的主导技术不十分成熟，技术发展与产量需求之间存在矛盾，需要进一步研究各种驱替方式产量优化部署问题。

第二章 油田开发规划常用确定性优化方法及应用案例

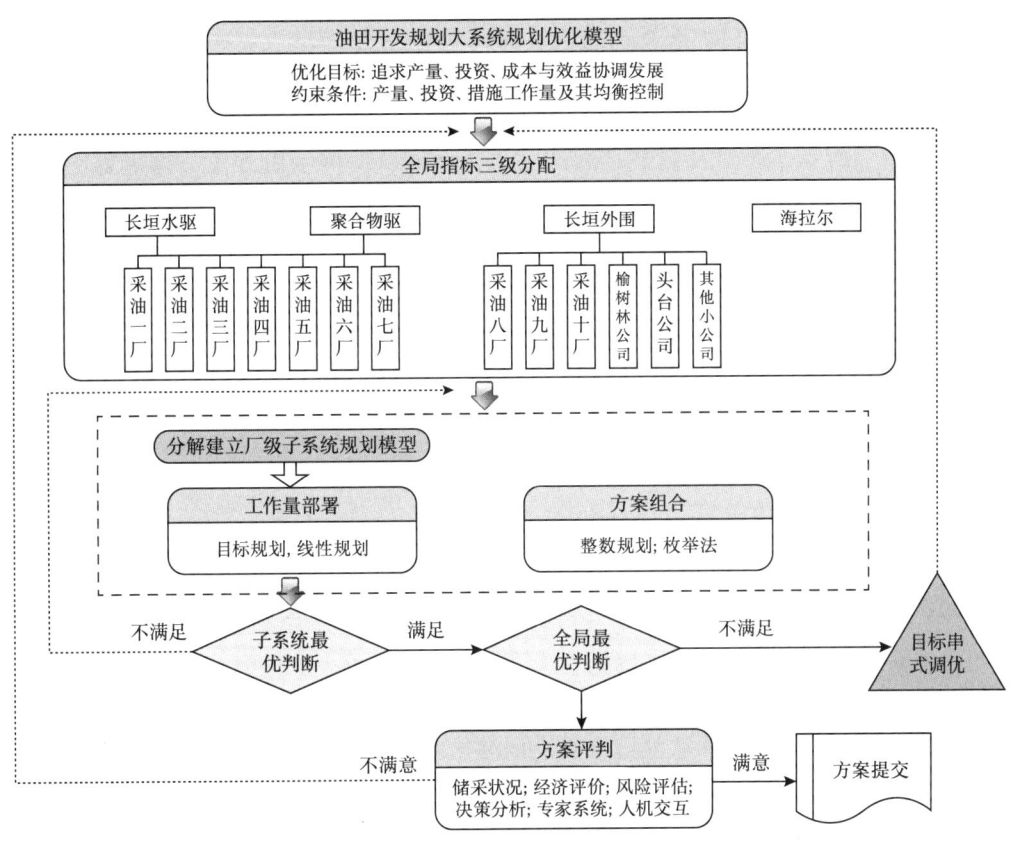

图 2-3-1 基于大系统理论的规划优化技术路线

大庆油田每个五年规划期间都针对油田开发中存在的矛盾和问题,创新发展了油田开发技术,在油田稳产过程中发挥了重要作用,如一次加密调整技术确保了"六五""七五"期间的稳产,二次加密调整技术确保了"八五"期间的稳产,聚合物驱技术在储采平衡系数小于1的情况下,确保了"八五"期间的稳产直至2002年。按照中国石油的发展战略,大庆油田"十一五"期间产量水平不允许大幅度下降,只有加快油田开发步伐,产量才能保持较高的水平。这种开发形势致使新的开发技术研究时间相对变短,现场试验与工业化推广的衔接时间变短,难于形成成熟的弥补产量递减的主导技术。目前特高含水期控水挖潜配套技术、三元复合驱配套技术、聚合物驱后提高采收率技术、外围特低渗透特低丰度及复杂断块油藏有效开发技术都是制约"十一五"油田开发的瓶颈技术。如三元复合驱技术正在进行矿场试验,三个工业性三元复合驱矿场试验效果要在两年后才能见到。一、二类油层三元复合驱的表活剂供给问题、采收率提高值如何考虑以及采油工艺配套技术等问题都需要在推广的过程中研究解决。因此在油田开发进入多种驱替方式并存阶段的情况,各种驱替方式自身产量如何优化部署需要进一步研究。

(3)"十一五"期间油田开发更趋多元化,多目标性更为明显,需要进一步研究不同类型油田投资、成本、产量及效益之间的关系,才能解决好油田开发整体规划优化部署问题。

"九五"以前的五年规划,规划目标以产量为主,由于规划目标相对比较单一,编制方法是以追求稳产为主要目标的确定性规划编制方法。与"九五"以前相比,"十一五"期间油田开发更趋多元化,具有油、气并存,水驱、聚合物驱、三元复合驱并存,海内外油田并存及多种类型油藏并存的特点,油田开发的多目标性更为明显,需要进一步研究不同类型油田投资、成本、产量及效益之间的关系,才能解决好油田开发整体规划优化部署问题。

针对上述情况,面对开发规划数据纷繁复杂、开发对象逐年变差、开发单元不断增加的现状,为了保证预测指标的一致性,提高预测精度,在发展完善开发规划编制技术流程基础上,优化控制指标分配,加强规划的可操作性,从而提高开发规划编制的水平及效率。因此,基于大系统理论下的多目标规划思想,探索研究适合于大庆油田规划特点的、定性与定量相结合、专家辅助的大系统理论规划优化方法。图2-3-1说明了大庆油田规划优化的模型建立与求解过程。

二、大系统规划优化模型及算法

油田开发的目的就是以尽量少的投资成本得到尽量多的阶段原油采收率和最终采收率。因此,编制各种开发规划或开发方案都应该从整个油田开发系统出发,应该把油田开发视为一项系统工程,应用系统工程的思想研究油田开发重大决策问题。

(一)大系统规划优化模型建立

大庆油田开发包括中高渗透油田水驱、低渗透水驱、化学驱等开发类型,因此,根据地质特点、开发方式等因素,大庆油区(产量构成)可以考虑分为3个部分。通过分解的办法能够一定程度地简化问题的复杂性。

1. 不同单元规划优化模型建立

以完成不同单元产量任务为目标,在地质潜力和工作能力约束下,优化安排各项措施工作量。油田整体分为长垣水驱、外围油田、三次采油3个规划单元,规划单元产量任务由全油田产量分配系数确定。按驱动方式,分别建立水驱和化学剂驱两类单元规划优化模型。

(1)基于专家知识的产量分配系数确定方法。

运用数理统计与专家经验相结合的方式,采用"两步法",确定规划单元产量分配系数,实现全油田产量的合理分配。如图2-3-2所示。

第1步:确定各规划单元在规划期内每年产量范围。根据规划单元历年产量数据,通常采用数理统计、灰色预测以及人工神经网络方法进行预测,或多种方法相互补充的方式,建立统计预测模型。由于历史拟合的非唯一性和预测方法的多样性,也就是产量预测存在的不确定性,预测值是一个估计值。因此,根据模型预测值的置信区间确定给出第i规划单元规划期各年产量的变化范围。即:

$$\left[Q_0^{(i)} - \varepsilon^{(i)}, Q_0^{(i)} + \varepsilon^{(i)} \right] \quad (2-3-1)$$

第2步:确定分配系数。结合专家知识库及专家实际经验确定给出第i规划单元产量分配方案,即给出不同组产量分配系数。

$$\bar{Q}_o^{(i)} = Q_o^{(i)} - \varepsilon^{(i)} + \Delta\bar{Q}_k^{(i)}$$
$$\beta^{(i)} = \bar{Q}_o^{(i)} / Q_o \qquad (2\text{-}3\text{-}2)$$

式中 $\varepsilon^{(i)}$——第 i 规划单元置信区间幅度（$i=1, 2, \cdots, m$）；

$Q_o^{(i)}$，Q_o——第 i 规划单元预测产量、油田目标产量，10^4t；

$\Delta\bar{Q}_k^{(i)}$——为 k 名专家确定的基于下限上浮的规划单元产量均值，10^4t；

$\bar{Q}_o^{(i)}$——第 i 规划单元分配的产量，10^4t；

$\beta^{(i)}$——第 i 规划单元产量分配系数。

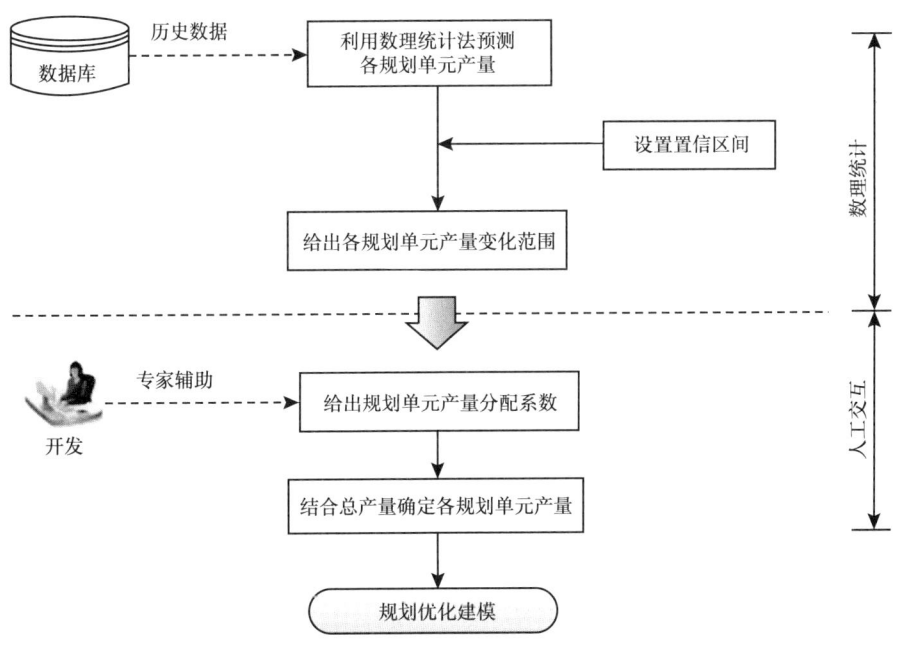

图 2-3-2 规划产量分配流程

（2）水驱规划单元优化模型。

水驱规划单元增产措施主要包括加密井、未动用、待探明、老井压裂和三换 5 类。以最小化单元规划期内各年偏差产量之和、规划期间总成本费用最小为目标函数，建立满足各措施规划期内总约束、措施工作能力均衡约束、未动用与待探明储量均衡约束下的目标规划优化模型。在潜力足够时，给出完成任务的措施工作量安排，在潜力不足时，给出距离任务产量差距最小的措施工作量安排。

①决策变量。

水驱规划单元需要对增产措施工作量进行合理安排，即以各增产措施年度工作量为决策变量 x_{ijt}，含义是第 i（$i=1, 2, 3$）规划单元第 t 年投入的第 j 种增产措施的工作量。

②目标约束与绝对约束。

产量目标约束：第 i 规划单元的年任务产量为年末措施自然产量、新井产量、老井措施产量与年偏差产量之和。设油田第 i 个规划单元第 t 年的老井预测产量为 $Q_{lj}^{(i)}(t)$，规划

分配产量为 $\bar{Q}_{\mathrm{o}}^{(i)}(t)$,则产量增量目标值 $\Delta Q_{\mathrm{o}}^{(i)}(t) = \hat{Q}_{\mathrm{o}}^{(i)}(t) - \hat{Q}_{\mathrm{LJ}}^{(i)}(t)$。

$$Q_{\mathrm{CS}}^{(i)}(t) + Q_{\mathrm{XJ}}^{(i)}(t) \geqslant \Delta Q_{\mathrm{o}}^{(i)}(t) \tag{2-3-3}$$

成本目标约束:规划期间各类增产措施发生的成本运行费用不超过决策者期望值。

$$\sum_{i=1}^{T} \left\{ CB_{\mathrm{dy}}^{(i)} \left[Q_{\mathrm{CS}}^{(i)}(t) + Q_{\mathrm{XJ}}^{(i)}(t) + Q_{\mathrm{LJ}}^{(i)}(t) \right] \right\} \leqslant CB_{\mathrm{ZE}}^{(i)} \tag{2-3-4}$$

措施工作总量约束:规划期间新井、老井压裂、三换井数不超过工作总量。

$$\sum_{t=1}^{T} x_{ijt} \leqslant X_j^{(i)}(t) \quad (j=1,4,5) \tag{2-3-5}$$

措施工作均衡约束:新井加密、老井压裂、三换年度井数不超过当年的浮动界限。

$$\underline{X}_j^{(i)}(t) \leqslant x_{ijt} \leqslant \bar{X}_j^{(i)}(t) \quad (j=1,4,5) \tag{2-3-6}$$

储量约束:未动用与待探明年增储量控制在界限范围内。

$$\underline{R}_j^{(i)}(t) \leqslant r_{ij}^{(i)} x_{ijt} \leqslant \bar{R}_j^{(i)}(t) \quad (j=2,3) \tag{2-3-7}$$

③优化模型。

追求水驱规划单元规划期内各年产量偏差和以及总成本费用最小化,目标规划模型 ($P^{(i)}$, $i=1,2,3$) 为

$$P^{(i)} \text{lex} \min \vec{a} = \left\{ \sum_{t=1}^{T} \left[\eta_{1t}^{(i)-} + \rho_{1t}^{(i)+} \right], \rho_2^{(i)+} \right\}$$

$$\text{s.t.} \begin{cases} Q_{\mathrm{CS}}^{(i)}(t) + Q_{\mathrm{XJ}}^{(i)}(t) + \eta_{1t}^{(i)-} - \rho_{1t}^{(i)+} = \Delta Q_{\mathrm{o}}^{(i)}(t) \\ \sum_{t=1}^{T} \left\{ CB_{\mathrm{dy}}^{(i)} \left[Q_{\mathrm{CS}}^{(i)}(t) + Q_{\mathrm{XJ}}^{(i)}(t) + Q_{\mathrm{LJ}}^{(i)}(t) \right] \right\} + \eta_2^{(i)-} - \rho_2^{(i)+} = CB_{\mathrm{ZE}}^{(i)} \\ \sum_{t=1}^{T} x_{ijt} \leqslant X_j^{(i)}(t) \quad (j=1,4,5) \\ \underline{X}_j^{(i)}(t) \leqslant x_{ijt} \leqslant \bar{X}_j^{(i)}(t) \quad (j=1,4,5) \\ \underline{R}_j^{(i)}(t) \leqslant r_{ij}^{(i)} x_{ijt} \leqslant \bar{R}_j^{(i)}(t) \quad (j=2,3) \\ x_{ijt} \geqslant 0, x_{ijt} \in Z, \eta\rho = 0, \eta \geqslant 0, \rho \geqslant 0 \end{cases} \tag{2-3-8}$$

式中 $Q_{\mathrm{CS}}^{(i)}(t), Q_{\mathrm{XJ}}^{(i)}(t)$——第 i 规划单元第 t 年措施与新井产油量(为 x_{ijt} 隐函数),10^4t;

$Q_{\mathrm{LJ}}^{(i)}(t), \hat{Q}_{\mathrm{o}}^{(i)}(t)$——第 i 规划单元第 t 年老井产量和分配产油量,10^4t;

$\underline{X}_j^{(i)}(t), \bar{X}_j^{(i)}(t)$——第 i 规划单元第 t 年投入的第 j 种增产措施的工作量下限和上限;

$X_j^{(i)}(t)$——第 i 规划单元第 j 种增产措施总工作量;

$\underline{R}_j^{(i)}(t), \bar{R}_j^{(i)}(t)$——第 i 规划单元第 t 年未动用与待探明储量下限和上限,10^4t;

$r_{ij}^{(i)}$——第 i 规划单元未动用与待探明的单井控制储量,10^4t/井;

$CB_{\mathrm{dy}}^{(i)}$——第 i 规划单元单位成本费用定额,元/吨油;

$CB_{ZE}^{(i)}$——第 i 规划单元规划期间总成本运行费用期望值，万元。

（3）三次采油优化模型。

三次采油规划单元主要有聚合物和三元两种注剂方式，追求以最小化单元规划期内各年偏差产量之和、规划期间发生的成本费用最小为目标函数，满足年度新增区块动用储量部署要求的绝对约束的部署安排。

①决策变量。

三次采油规划单元需要对动用储量进行合理安排，即以聚合物和三元注入方式下，各年动用储量为决策变量 x_{pjt}，含义是该规划单元第 p 注入方式第 j 区块在第 t 年动用地质储量。

②目标约束与绝对约束。

产量目标约束：每年产量包括年已注聚合物产量、新井产量、待注聚合物措施产量，规划单元的年任务产量已注聚合物产量、新井产量、待注聚合物措施产量与年偏差产量之和。设油田三次采油规划单元第 t 年的规划分配产量为 $\hat{Q}_o^{(4)}(t)$，第 t 年新井产量为 $Q_{ow}^{(4)}(t)$、第 t 年已注聚和物产量为 $Q_{oz}^{(4)}(t)$，则待注区块完成的产量目标值 $\Delta Q_o^{(4)}(t) = \hat{Q}_o^{(4)}(t) - Q_{ow}^{(4)}(t) - Q_{oz}^{(4)}(t)$。

$$\sum_{p=1}^{2}\sum_{j=1}^{M(p)} Q_{opj}^{(4)}(t) \geq \Delta Q_o^{(4)}(t) \quad (2\text{-}3\text{-}9)$$

成本目标约束：规划期间三次采油规划单元发生的成本运行费用不超过决策者期望值。

$$\sum_{t=1}^{2} c^{(4)} \left[\sum_{p=1}^{2}\sum_{j=1}^{M(p)} Q_{opj}^{(4)}(t) + Q_{ow}^{(4)}(t) + Q_{oz}^{(4)}(t) \right] = CB_{SE}^{(4)} \quad (2\text{-}3\text{-}10)$$

年动用储量约束：规划期间每年动用储量不超过给定的界限。

$$\underline{R_t} \leq \sum_{p=1}^{2}\sum_{j=1}^{M(p)} x_{pjt} \leq \overline{R_t} \quad (2\text{-}3\text{-}11)$$

③优化模型。

最小化单元规划期内各年偏差产量之和、成本最小的目标规划模型为 $P^{(4)}$：

$$P^{(4)} lex\min \bar{a} = \left\{ \sum_{t=1}^{T}\left[\eta_t^{(4)-} + \rho_t^{(4)+} \right], \rho_2^{(4)+} \right\}$$

$$\text{s.t.} \begin{cases} \sum_{p=1}^{2}\sum_{j=1}^{M(p)} Q_{opj}^{(4)}(t) + \eta_{1t}^{4-} - \rho_{1t}^{4+} = \hat{Q}_o^{(4)}(t) - Q_{ow}^{(4)}(t) - Q_{oz}^{(4)}(t) \\ \sum_{i=1}^{T} c^{(4)}\left[\sum_{p=1}^{2}\sum_{j=1}^{M(p)} Q_{opj}^{(4)}(t) + Q_{ow}^{(4)}(t) + Q_{oz}^{(4)}(t) \right] + \eta_2^{(4)-} - \rho_2^{(4)+} = CB_{SE}^{(4)} \\ \underline{R_z} \leq \sum_{p=1}^{2}\sum_{j=1}^{M(p)} x_{pjt} \leq \overline{R_t} \\ x_{pjt} \geq 0, x_{pjt} \in R, \eta\rho = 0, \eta \geq 0, \rho \geq 0 \end{cases} \quad (2\text{-}3\text{-}12)$$

式中　$Q_{opj}^{(4)}(t)$——第 p 种注入方式第 j 待注区块第 t 年产油量，10^4t；

　　　$\underline{R}^{(4)}(t), \overline{R}^{(4)}(t)$——规划单元第 t 年动用储量下限和上限，10^4t；

　　　$M(p)$——规划单元第 p 种注入方式三采区块个数；

　　　$c^{(4)}$——三采规划单元单位成本费用，元/吨油；

　　　$CB_{SE}^{(4)}$——规划期间规划单元成本运行费用期望值，万元。

2. 油田整体规划优化模型建立

油田整体规划优化问题实际是一个大系统优化问题，每个规划单元可看作一个子系统，且每个子系统又是一个多目标、多阶段的优化问题。这些子系统之间既是相对独立的，又通过全油田的生产部署相联系，因此，油田整体规划优化问题可以抽象为具有原方块角形结构的大系统多目标模型。利用这种模型能充分刻画油田整体规划的特性，通过基于大系统理论的油田指标合理分解与协调，实现油田工作量规划部署及产量目标。

（1）决策变量。

对于油田开发优化模型来说，任何规划部署方案的产油量、含水率等及所需的开发投资、生产费用的大小，都与规划的各种增产措施工作量多少有关。增产措施工作量这一因素既较其他因素全面，又能贯彻始终。因此选取"措施工作量"为系统的决策变量。

在数学模型中，决策变量用 x_{ijk} 三维下标表示，含义是油田第 i 个规划单元在第 k 年实施第 j 种增产措施的工作量。

（2）优化目标。

产量、投资、成本和效益是油田中长期规划评价的主要技术指标和经济指标。油田产量、投资、成本和效益优化配置就是寻找产量、投资和效益之间的合理匹配点，综合考虑油田开发状况与资源的均衡分配，这是一个多目标决策问题。主要有以下 4 个目标：

①通过油田稳产技术改造与新技术创新，实现规划期内产量达到稳产指标。

②规划期间新井开发总投资不超过投资总额限制。

③规划期间发生的生产费用越小越好。

④以经济效益为中心，追求规划期间经济效益最大化。

优化目标在优先级中所处的地位可能是同级的，也可以是不同级的，那么所取不同的优先级、不同的形态以及优先级权重系数就可构成上百种组合，每种组合就是一种优化方式。因此，在油田实际规划方案编制中，可通过改变系统优先级的顺序、或同级优先级权重值和目标形态，实现不同情景下规划要求。

（3）目标约束与绝对约束。

油田开发规划的目标不是孤立的，涉及的产量、投资、成本和效益等指标是相互关联的，其中这些指标也受到客观条件的限制。油田规划编制过程中的约束主要分为产油约束、投资约束、成本约束、效益约束、工作量约束等方面。

①产油约束。从满足油田可持续发展战略、实际生产能力及效益为中心等方面考虑，全油田产油量应达到稳产指标要求，各规划单元满足分配的产量任务要求。若水驱规划单元与三次采油规划单元第 t 年产量为 $Q_o^{sq}(t)$、$Q_o^{sc}(t)$，即

$$Q_o^{sq}(t) = \sum_{i=1}^{3}\left[Q_{CS}^{(i)}(t) + Q_{XJ}^{(i)}(t) + Q_{LJ}^{(i)}(t)\right]$$

$$Q_o^{sc}(t) = \sum_{p=1}^{2}\sum_{j=1}^{M(p)}Q_{opj}^{(4)}(t) + Q_{ow}^{(4)}(t) + Q_{oz}^{(4)}(t)$$

则油田第 t 年产量目标可表示为

$$Q_o^{sq}(t) + Q_o^{sc}(t) \geqslant Q_o(t) \tag{2-3-13}$$

其中 $Q_o^{sq}(t)$、$Q_o^{sc}(t)$ 为决策变量 x_{ijk} 的隐函数。

②投资约束。指规划期间各个规划单元的新区新井与老区新井开发投资不能超过油田当期投资总额 I_z 限制。

$$\sum_{i=1}^{4}\sum_{t=1}^{T}I_{it} \leqslant I_z \tag{2-3-14}$$

③成本约束。追求规划期间总成本费用最小、效益最好，是每个决策者期望的。但是费用的期望目标值相对是比较模糊的，不易给出确定的数值。一般取不可能达到的值，通过追求正偏差变量最小而达到预期目标。

$$\sum_{i=1}^{3}\sum_{t=1}^{T}\left[CB_{dy}^{(i)}Q_o^{sq}(t)\right] + \sum_{t=1}^{T}\left[c^{(4)}Q_o^{sc}(t)\right] \leqslant CB_E \tag{2-3-15}$$

④效益约束。最大化规划期间油田整体利润最大。

$$PRFT = \sum_{t=1}^{T}(SP - CB_{dw})\left[Q_o^{sq}(t) + Q_o^{sc}(t)\right] \tag{2-3-16}$$

⑤工作量约束。该约束是对措施总量的一种限制。若设规划期间新井、压裂与三换累计工作量不超过其总量 X_j，则约束可表示为

$$\sum_{i=1}^{3}\sum_{k=1}^{T}x_{ijk} \leqslant X_j, \quad j = 1,4,5 \tag{2-3-17}$$

另外，根据油田规划编制的需要及油田自身生产能力的限制，要求规划期间每年实施的措施工作量要保持一定的均衡性。因此还可添加增产措施的均衡约束。

（4）优化模型。

设方案要求目标的优先级和形态为：

第一优先级：完成油田产油量目标。

第二优先级：各种措施增加的费用不高于上限或尽量小。

第三优先级：油田投资不高于投资上限。

第四优先级：最大化油田整体效益。

目标优先级可以根据油田开发实际情况调整各个约束条件配上正、负偏差变量，结合分规划单元子系统模型$[P^{(i)}]$，油田大系统目标规划模型可表示为

$$(GP)\ lex\ \min \vec{a} = \left\{ \sum_{t=1}^{T}\sum_{i=0}^{4}\omega_{1t}^{(i)}\left[\eta_{1z}^{(i)-}+\rho_{1z}^{(i)+}\right], \sum_{i=0}^{4}\omega_{2}^{(i)}\rho_{2}^{(i)+}, \omega_{3}\rho_{3}^{(0)}, \omega_{4}\rho_{4}^{(0)} \right\}$$

$$\text{s.t.}\begin{cases} Q_{o}^{sq}(t)+Q_{o}^{sc}(t)+\eta_{1t}^{(0)}-\rho_{1z}^{(0)}=Q_{o}(t) \\ \sum_{i=1}^{3}\sum_{t=1}^{T}\left[CB_{dy}^{(i)}Q_{o}^{sq}(t)\right]+\sum_{t=1}^{T}\left[c^{(4)}Q_{o}^{sc}(t)\right]+\eta_{2}^{(0)}-\rho_{2}^{(0)}=CB_{E} \\ \sum_{i=1}^{4}\sum_{t=1}^{T}I_{it}+\eta_{3}^{(0)}-\rho_{3}^{(0)}=I_{z} \\ \sum_{t=1}^{T}(SP-CB_{dw})\left[Q_{o}^{sq}(t)+Q_{o}^{sc}(t)\right]+\eta_{4}^{(0)}-\rho_{4}^{(0)}=PRFT \\ \sum_{i=1}^{3}\sum_{k=1}^{T}x_{ijk}\leqslant X_{j} \\ P^{(i)}\quad (i=1,2,3,4) \end{cases} \quad (2\text{-}3\text{-}18)$$

式中 $Q_o(t)$——油田第 t 年的产量目标，10^4t；

I_{it}——第 i 规划单元第 t 年的新井投资，10^4t；

CB_E——油田操作成本费用期望值，元/吨油；

S——原油商品率；

P——原油价格，元/t；

CB_{dw}——油田吨油成本定额，元/吨油；

$PRFT$——油田整体利润期望值，万元；

X_j——油田第 j 种措施总量控制，口；

ω——为目标优先级权系数；

$P^{(i)}$——为第 i 规划单元子系统目标规划模型，i=1，2，3，4。

模型（GP）具有原方块角形结构的大系统多目标模型。和单目标优化问题不同，目标规划是多目标决策，因此没有绝对意义的最优解，只有相对意义的满意解。问题在于如何从众多的有效解中找到一个满意解，这就要充分依靠决策者的经验参与分析过程。在求解中，对于现行有效解的态度的信息，调整、修改目标值、优先级和权因子，尽快求出满意解，这个过程是其他数学模型所不能代替的，体现了目标规划的灵活性和有效性。

由此可见，油田的规划优化是多目标多阶段多独立子系统的大系统规划问题，求解此类大系统问题的两个关键步骤是分解和协调。因此针对模型所具有的原方块角形结构特点，提出了求解此类大系统规划优化问题的新算法——基于指标分配的串式调优法。

（二）大系统规划优化求解算法

1. 指标分配模型

目标协调就是在全局目标不变的前提下，按一定原则方法重新分配各个子系统目标值，使得全局系统优化部署更为合理。为消除在"规划单元规划优化"模型建立时人为因素的干扰，从目标规划模型出发，给出基于比例的全局指标分配新方法，实现整个油田规

划期间的生产任务合理地分配到各个大区。通常要得到相对比较合理的分配结果，需要进行多次分配与调整。

（1）比例分配模型。

比例分配模型思路是：全油田的各项规划指标一定在全局模型的可达域中，按照全局目标在可达域中的比例关系，等比例确定各个子系统的规划目标值。这样分配的优点是充分考虑了各个系统生产能力的上限和下限，使得指标分配相对均衡，较好地解决了规划目标合理分配与协调的难题。下面以产油指标为例说明指标分配的原理。

设油田第 $k(k=1,\cdots,T)$ 年的产油指标为 a_{1k}，则 $a_{1k} \in [\underline{a}_{1k}, \overline{a}_{1k}]$，对应的产油指标分配比例因子 θ_{1k} 为

$$\theta_{1k} = \frac{\overline{a}_{1k} - a_{1k}}{a_{1k} - \underline{a}_{1k}} \qquad (2\text{-}3\text{-}19)$$

且设 $[\underline{a}_{1k}^{(i)}, \overline{a}_{1k}^{(i)}]$ 为第 i 个子系统产油目标值的可达域，则按等比例第 k 年分配给第 i 个子系统的产油量 $a_{1k}^{(i)}$ 为

$$a_{1k}^{(i)} = \frac{1}{1+\theta_{1k}} \overline{a}_{1k}^{(i)} + \frac{\theta_{1k}}{1+\theta_{1k}} \underline{a}_{1k}^{(i)} \qquad (2\text{-}3\text{-}20)$$

指标分配模型为决策者提供了一种新的指标分配方法。由式（8-3-23）可得

$$\sum_{i=1}^{j} a_{1k}^{(i)} = a_{1k}$$

即各子系统所分配的产油指标之和等于全局的产油规划指标。

（2）成本—产能（C-C）分配模型。

C-C 模型基本思路是：在完成全局规划指标的前提下使费用最低且保证油田的可持续发展，指标的分配与 3 方面因素有关。

①油田整体规划指标。各子系统产油指标之和不得低于油田的产油指标，且费用指标之和不得大于油田的总费用上限。

②各子系统采油成本。不同子系统采油成本不同。决策者则希望成本低的子系统指标高些，成本高的子系统指标低些。

③各子系统最大采油能力。综合考虑各子系统最大生产能力，使油田生产实现可持续发展。

若设 c_i 为第 i 子系统的产油成本，$\overline{a}_i$ 为该系统的产油上限，a_i 为用串式调优法求得的产量指标值，则子系统的相对于 a_i 的 C-C 系数表示为

$$\rho_i = \frac{\overline{a}_i - a_i}{c_i} \qquad (2\text{-}3\text{-}21)$$

显然 C-C 系数 ρ_i 是反映该子系统的生产潜力及产油成本的综合参数。ρ_i 的值大，则说明子系统的产油指标还可增加；ρ_i 的值小，则说明该系统的产油指标应该减少。

C-C 模型求解指标分配步骤如下。

步骤一。用串式调优法求解大系统规划模型（GP）。

步骤二。用 C-C 模型求每个子系统指标分配值 a_i（$i=1,\cdots,m$），并对 m 个子系统（$P^{(i)}$）（$i=1,\cdots,m$）进行求解。

步骤三。设 $\bar{\rho}=\max\limits_{1\leqslant i\leqslant m}\{\rho_i\}$，$\underline{\rho}=\min\limits_{1\leqslant i\leqslant m}\{\rho_i\}$，$\varepsilon>0$ 为一给定的误差值，则当 $\bar{\rho}-\underline{\rho}\leqslant\varepsilon$ 时，停止迭代，否则转到步骤二。

大系统目标规划模型求解方法优点就是把大系统问题化为若干个子问题进行求解，避免了求解主导规划问题，赋予目标规划更加灵活，更能表达决策者的经验与意愿，同时简化了求解过程，提高计算速度；模型具有多种优化方式，处理问题灵活，可实现不同规划情景下的优化部署，为决策提供丰富的优化信息，保证了油田规划方案的科学性、先进性、合理性和可行性，为油田规划编制方案优选与决策提供了技术支持。

2. 串式调优算法

串式调优法的基本思想是：首先将大系统规划优化模型（GP）分解为（$m+1$）个子系统，同时建立各子系统相应的目标规划模型，并对这些子系统进行求解，然后检验其最优解是否为全局系统的最优解。如果是，则此解即为原大系统问题的最优解；如不是，则根据各子系统正、负偏差值所提供的信息在全局系统和子系统之间进行协调。利用调整后的指标值重新计算，然后再进行检验、协调，经过若干次协调后，就可得到各个子系统的满意规划方案。串式调优法框图如图 2-3-3 所示。

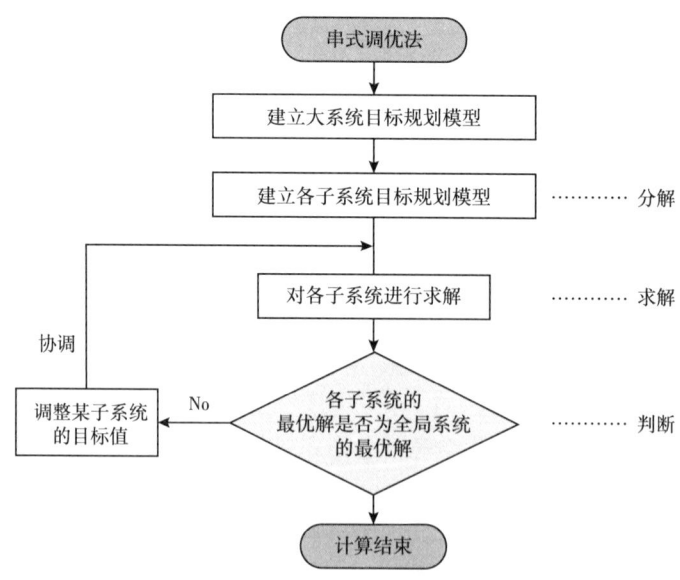

图 2-3-3　串式调优法流程

则串式调优法步骤：

步骤一。利用模型 $P^{(i)}$（$i=1,\cdots,m$）计算第 i 个子系统，设系统 $P^{(i)}$ 的最优解为 $\bar{x}^{(i)}$，并设 $\bar{x}^{(i)}=\left[\bar{x}^{(1)},\cdots,\bar{x}^{(m)}\right]$，并对第一优先级（为了叙述上的方便，认为在达成函数中是极

小化正偏差）进行如下调整：

（1）如果 $\sum\limits_{i}^{m} f^{(i)}[\bar{x}^{(i)}] \leqslant b_1^{(0)}$，则转入步骤三。

（2）如果 $\sum\limits_{i}^{m} f^{(i)}\bar{x}^{(i)} > b_1^{(0)}$，且 $\rho_1^{(i)} > 0 (i=1,\cdots,m)$，则转入步骤三。

（3）如果 $\sum\limits_{i}^{m} f^{(i)}\bar{x}^{(i)} > b_1^{(0)}$，且存在 $i_0, i_0' \in \{1,\cdots,m\}$，使得 $\eta_1^{(i_0)} > 0, \rho_1^{(i_0')} > 0$，设 $M = \{i \backslash \eta_1^{(i)} > 0, i=1,\cdots,m\}$，$M' = \{i \backslash \rho_1^{(i)} > 0, i=1,\cdots,m\}$，转入步骤二。

步骤二。调整第 $i(i \in M \cup M')$ 个子问题的目标值 $b_1^{(i)}$，设调整后的值为 $\bar{b}_1^{(i)}$，则：
当 $i \in M$ 时，说明现时的目标值 $b_1^{(i)}$ 偏高，应给予一个 $\eta_1^{(i)}$ 的减量，即

$$\bar{b}_1^{(i)} = b_1^{(i)} - \eta_1^{(i)} \tag{2-3-22}$$

当 $i \in M'$ 时，说明目标值 $b_1^{(i)}$ 偏低，应给予一个 $\rho_1^{(i)} \sum\limits_{m \in M} \eta_1^{(m)} / \sum\limits_{m \in M'} \rho_1^{(m)}$ 的增量，即

$$\bar{b}_1^{(i)} = b_1^{(i)} + \frac{\sum\limits_{m \in M} \eta_1^{(m)}}{\sum\limits_{m \in M'} \rho_1^{(m)}} \times \rho_1^{(i)} \tag{2-3-23}$$

然后转步骤一。

步骤三。在满足当前优先级的前提下，计算并调整下一优先级。其方法与第一优先级的调整相同（调整过程中主要受目标或约束的优化方式影响）。

继续下去，就可得到大系统规划问题（GP）的满意解。

对于极小化负偏差的情况其算法与极小化正偏差的算法类似，只需将步骤一中的 (1)、(2)、(3) 中的比较 $\sum\limits_{i=1}^{m} f_1^{(i)}\bar{x}^{(i)}$ 与 $b_1^{(0)}$ 大小关系的符号反向即可。对于需要尽量接近的目标值，由于此时达成函数中同时含有正、负偏差变量，则不能直接比较 $\sum\limits_{i=1}^{m} f_1^{(i)}\bar{x}^{(i)}$ 与 $b_1^{(0)}$ 是否相等，因为计算上的误差问题，需要引入控制精度误差 ε_0，其值根据需要来确定。令

$$\varepsilon = \left| \sum_{i=1}^{m} f_1^{(i)}\bar{x}^{(i)} - b_1^{(0)} \right| \tag{2-3-24}$$

这样问题就转化为 ε 是否满足精度要求来控制串式调优。若误差 ε 高于精度要求 ε_0 则进行串式调优；否则退出串式调优。至于串调时对目标值的修正方法均相同。

另外在第二步中对偏高的目标值 $b_1^{(i)}$（即 $i \in M$ 时）给予了一个 $\eta_1^{(i)}$ 的减量，而对于偏低的目标值 $b_1^{(i)}$（即 $i \in M'$ 时）给予了一个 $\rho_1^{(i)} \sum\limits_{m \in M} \eta_1^{(m)} / \sum\limits_{m \in M'} \rho_1^{(m)}$ 的增量，目的则是保证子系统目标串调后使总目标值不变，这是油田开发规划中的一个基本要求。

三、油田 A 油区优化结果及认识与建议

（一）油田 A 油区规划优化结果

大庆油田 A 油区规划期间的规划指标见表 2-3-1。A 油区下分 6 个规划单元，7 种增油措施，每个规划单元有决策变量 35 个，整个油区共有 35×6=210 个决策变量。规划目的是在保证各子系统优化的前提下，追求油区整体规划部署最优，这显然是大系统目标规划优化问题。

表 2-3-1 A 油区规划指标

指标	第1年	第2年	第3年	第4年	第5年	合计
产油量（10^4t）	1100	1095	1090	1085	1080	5450
产水量（10^4t）	3736	3943	4552	4833	5120	22184
含水率（%）	77.25	78.27	80.68	81.67	82.58	80.28

建立的大系统规划优化模型，采用串式调优法求解模型。首先分别对 6 个规划单元的子系统模型进行计算，其结果为每个子系统的规划方案，然后将计算结果代入到表示 A 油区的全局系统模型中，检验这些解是否为全局系统的最优解，也就是检验 A 油区各年的各个规划指标是否满足。如果满足，则得到的规划方案即为 A 油区的规划方案；否则，找出 A 油区中没有满足规划指标的目标函数，然后根据正、负偏差变量所提供的信息以及各个子系统规划指标的满足情况，对 A 油区没有得到满足的规划指标重新进行分配协调。这时一些规划单元的规划指标就要发生变化，其中达到了规划指标，并且还有潜力的规划单元要增加，与此同时没有达到规划指标的规划单元要减少。利用调整后的指标值重新计算，然后再进行检验，经过若干次协调后，就可得到 A 油区的规划方案。协调次数的多少与初始指标分配情况有关指标分配得比较合理，需要协调的次数就少；反之，则需要协调的次数就相对多些，但是只要初始指标分配值在目标函数的可达域中，就很快能够求出优化方案。

在模型求解工程中，主要采取比例分配模型和 C-C 分配模型将表 2-3-1 中产量指标合理分配到 6 个规划单元中，其分配结果见表 2-3-2，可以看出，比例分配模型由于没有考虑各规划单元采油成本，而是把成本高与成本低的同等看待，导致个别规划单元分配产量偏高。

表 2-3-2 A 油区不同规划单元产量指标分配结果

分配模型	规划单元	第1年	第2年	第3年	第4年	第5年	合计
比例分配模型	1	226.92	211.41	191.48	172.76	156.07	958.65
	2	165.11	142.80	132.36	120.06	100.46	648.79
	3	308.98	291.68	283.48	282.93	277.04	1449.12
	4	400.31	391.23	353.21	298.63	250.56	1693.93
	5	10.77	43.65	86.03	124.87	160.59	425.92
	6	0.06	14.57	43.43	88.07	135.72	281.87

续表

分配模型	规划单元	第1年	第2年	第3年	第4年	第5年	合计
C-C分配模型	1	187.91	152.08	137.51	126.76	116.39	720.65
	2	115.99	88.35	87.98	88.26	81.96	462.54
	3	332.81	345.01	334.25	335.81	327.02	1675.67
	4	454.71	463.01	426.74	362.39	294.69	2001.54
	5	8.66	33.96	64.68	92.99	122.50	322.80
	6	0.05	12.08	39.30	83.79	136.47	271.87

表2-3-3为A油区采用C-C指标分配模型的优化部署结果。从全局系统模型求解得到的每类措施工作量部署安排看，在满足油田生产能力的前提下具有一定的平稳性，符合规划编制部署原则要求。

表2-3-3 A油区规划优化部署

年份	七类增油措施（口）							产油量（10^4t）
	1	2	3	4	5	6	7	
第1年	191	205	25	22	24	0	1061	1100.13
第2年	181	193	11	20	26	0	975	1094.50
第3年	168	189	15	18	28	0	886	1090.46
第4年	169	190	24	19	33	0	796	1090.18
第5年	167	191	33	23	38	0	696	1079.80

（二）结论与建议

1. 结论与认识

针对油田在这一开发不同阶段日益出现的新情况、新问题，规划优化的主要着眼点由以往的单目标优化转移到多目标协调发展上。考虑油田规划、决策的多目标性质，在分析现有油田开发规划优化模型的基础上，结合油田开发的系统特征和已有方法在处理多目标多阶段多子系统问题上的局限性，采用目标规划法建立了能反映油田开发规划本质和要求的目标规划最优模型。模型主要考虑产油量、产水量、投资额及措施运行费用3个目标，注重目标间的协调发展，克服单目标规划的局限，增加方案编制的灵活性；给出了指标的合理分配的新思路，即全油田的各项规划指标一定在全局模型的可达域内，按照全局目标在可达域中的比例关系，等比例确定各个子系统的规划目标值。这样分配的优点是充分考虑了各个子系统生产能力的上限和下限，使得指标分配相对均衡，较好地解决了规划目标合理分配与协调的难题；针对模型所具有的结构特点，提出了求解此类大系统规划优化问题的新算法——串式调优法，优点是把大系统问题化为若干子问题进行求解，赋予目标规划更加灵活，更能表达决策者的经验与意愿，同时简化了求解过程，提高计算速度；模型具有多种优化方式，处理问题灵活，可实现不同的规划目的，为决策提供丰富的优化信息，保证了油田规划方案的科学性、先进性、合理性和可行性，在很大程度上克服了以往单目标规划模型的局限，为油田今后的规划安排及多目标的决策提供了技术支持。

（1）规划优化的本质就是应用运筹学思想与理论，将每一个开发指标由大系统分解到各级子系统，采用多次调整的方法进行优化组合。既把复杂问题简单化，又实现整体优化。

（2）基于系统工程思路的多目标规划优化方法较好地提供了一种解决油田开发中面临的资源、产量、技术和效益等方面追求目标与相互约束的技术手段。

（3）提出的产量分配系数建立方法及多目标规划优化建模思路与解法对油田开发相关技术人员具有一定的参考价值。

2. 下步工作建议

（1）建立模型方面。

油田开发决策优化问题不单单是技术问题，优化模型也不是一成不变的。不同的经营管理模式将决定具有不同类型的目标函数，因此不能简单地生搬硬套国外的模型，也不能照抄国内已有的工作，随着我国经济体制的两个根本性转变，油田开发经营方针也必须做出相应的调整，此种形势下如何建立决策模型中的目标函数，确立决策准则是值得进一步研究的重点方向。

（2）预测模型方面。

预测是决策管理的前提，优化必须在科学预测的基础上进行，因此在发展油田开发决策模型过程中应该加强预测技术的研究。一般情况下，油田挖潜对象越来越差，常规措施效果逐步变差，油层是一个典型的变结构系统，因此完全从生产历史数据建模外推可能会出现较大偏差。同时也有一些新措施尚未经历过矿场试验和生产实践，仅仅有一些数值模拟或室内实验数据，所有这些都给传统的基于数据的预测方法（如常用的回归分析）带来困难，因此有必要建立一套以油层渗流力学机理研究为基础，以实际生产或矿场试验数据为依据，同时结合数值模拟计算和油田开发专家经验的综合集成预测技术。

（3）优化算法方面。

油田开发方面现已使用的优化方法在系统工程中称之为"硬优化"方法，其总体特征是追求数学上的严格化，结构化和求解过程的自动化，往往忽视行业专家的经验，这样的方法对于油田开发这样既有工程问题，又有经济问题，对油层的认识又具有模糊性的复杂人工—天然系统可能存在一些困难，对于这类系统，应该注意采用近年来发展起来的"软优化"方法，将追求最优解改为满意解，结合实际问题使用一些"启发式"算法，充分借用油田开发专家的经验，在决策过程中注意人机结合的半自动化方式，注重从定性到定量的多种方法的综合集成。

由于确定性优化模型中的许多参数取值或多或少带有误差，基于这些误差数据的优化决策，必然带来决策效果的下降。不确定优化问题来源于生产实践，最终又应用到实践中，去指导生产。不确定优化理论的发展与其他相关学科的发展和成果是紧密相关的，如决策理论、非线性规划理论、数值计算理论、各种智能计算理论和技术。所以，研究不确定条件下的油田开发规划优化决策问题，综合运用各学科的优势来解决油田开发规划优化问题，对编制高水平的油田开发规划方案尤为重要。

参考文献

[1] 王凤兰、方艳君、张继风.大庆油田特高含水期开发规划技术研究与应用[M].北京：石油工业出版社，2023.
[2] 计秉玉.运筹学方法在大庆油田开发中的应用[J].运筹学学报，1998，2（3）：87-94.
[3] 计秉玉，顾基发.优化方法在油田开发决策中应用综述[J].系统工程理论与实践，2000.
[4] 方艳君，张继风，乔书江，等.系统工程在大庆油田开发规划优化及决策中的应用[J].大庆石油地质与开发，2008，27（2）：60-63.

第三章 不确定理论及规划优化方法

在认识世界和改造世界的过程中，人们接触到的各种各样的信息有时候是确定性的，更多的时候是不确定的。在所从事的各项工作中，不确定信息可谓无处不在，而信息的不确定性表现又是复杂多样的，例如随机信息、模糊信息、粗糙信息、模糊随机信息、双重随机信息和双重模糊信息等。信息本身的确定或不确定属性不能用"好坏"进行简单地判定。确定与不确定现象分别揭示和反映事物变化发展过程中的必然与偶然、清晰与模糊、精确与近似之间的关系。确定性是指客观事物联系和发展的过程中有规律的、必然的、清晰的、精确的属性；不确定性是指客观事物联系和发展的过程中无序的、或然的、模糊的、近似的属性。确定与不确定，既有本质区别，又有内在联系，两者辩证统一，既相互矛盾，相互依存，在一定条件下又可相互转化。人们应该重视不确定性，善于利用有利的不确定性，避免不利的不确定性，通过不确定性掌握确定性，从"不定"中求"有定"。实际中人类对不确定性的认识由来已久，概率论的产生可以追溯到几百年的历史，模糊数学诞生于20世纪60年代，粗糙集合的问世则是近20年的事情，概率论已经广泛应用于众多的学科，模糊数学的理论与方法也逐渐受到人们的青睐。随着软计算研究的兴起，粗糙集合的理论与方法也日益引起人们的关注。一大批数学工作者、计算机研究人员、控制工程师、语言逻辑学家甚至哲学家，对不确定性的研究表现出了浓厚的兴趣，不确定信息处理的研究越来越引起人们的重视[1-8]。

不确定规划是运筹学与最优化理论的一个新型分支，不确定规划的研究对象是现实世界中的不确定现象（包括随机现象、模糊现象、随机模糊现象、模糊随机现象等）及其优化理论。它集运筹学、数学规划、概率论、模糊数学、计算机仿真和智能计算于一体，理论体系正在逐步完善。不确定优化不仅在理论上涵盖了经典规划随机规划、模糊规划和区间规划等数学规划的研究内容，而且已被应用到诸多领域[9-13]。

因此，研究油田开发规划不确定优化方法，具有广泛而深刻的实际背景、现实的和长远的意义。

第一节 不确定性分析与因素表征

面对复杂的、蕴含不确定性的研究客体（或对象），如何分析其不确定性因素存在的方面、状况以及如何把不确定性因素用数学的方法进行描述，是研究不确定性对象的首要考虑的，下面主要从不确定性分析的方法、内涵、划分的层次及不确定性因素的表征方法等方面进行总结归纳。

一、不确定性思想

科学研究既可以是以个人方式来展开的、认识主体是单极的活动，也可以是有许多人参与的、认识主体是多极的活动。但是，不管以何种方式开展科学研究，不确定性除了内含在研究对象或自然客体中以外，还隐含在自认识主体中。这种不确定性称为认识的不确定性。

从系统工程和辩证唯物论的角度，可以很好地诠释不确定性的分析思想，对认识和剖析了油田开发系统存在的复杂性和不确定性，对于分析、掌握油田开发系统中的不确定性，以及不确定性分析框架的形成都有很好的支撑作用。

（1）系统工程的思想——油田开发系统是开放的复杂巨系统。

油田开发系统是由自然界自行组织与人为构筑相结合的共建系统，是一个复合系统。该系统对人有绝对的依赖性，也就是说，它以人为核心，人起着决定性的作用，没有人的参与或操作也就不能称之为油田开发。因此，油田开发系统始终贯穿着人对自然的认识与改造，油田开发系统是主体与客体的结合，是人理、事理和物理的结合，是开放的灰色的复杂巨系统。在开发全过程中，即油田整个生命周期中存在大量的不确定性，因而研究油田开发系统的复杂性及其表现，不仅认识它是需要的，而且改造它也是需要的，从而使人们的认识更符合实际，使改造的方法更科学，使改造的结果更有效。

（2）辩证唯物的思想——油气田开发系统中的不确定性可以转化。

在油田开发的全过程中，人们自觉或不自觉地在辩证唯物论指导下，运用还原论与整体论、局部与整体、宏观与微观、确定性与不确定性、定性与定量、分析与综合、动态与静态、事理与物理 8 个结合的方法认识与改造油气藏。然而，在实际操作中，用简单的方法能处理复杂问题，用线性方法能处理非线性问题，并不能说明处理对象不复杂或线性化了，因为运用中往往有许多假设或简化，它们的运用是有条件的。油气藏的不确定性、人的事理运动不确定性及环境不确定性均会在内在规律和外部条件变化的支配下随时间而变，尤其是突发性变化，使油田开发中的不确定性增加。但可以通过科学技术的进步与创新、测量手段的完善与方法的改进、信息的丰富与修正、人的认识能力的提高与分析能力的增强等，使油田开发中的不确定性向确定性转化。

油田开发中的确定和不确定就像静止和运动一样，总是相对存在的，是矛盾的统一体，当不再以静态思维方式来面对环境时，还应避免矫枉过正而再度陷入到处都是不确定性的陷阱。

1960 年—目前，大庆油田开发建设六十余年来取得了举世瞩目的发展，对我国的经济发展起着重要作用。其主要原因之一是将系统科学方法、地质理论、运筹学方法和石油地质理论、勘探开发技术有机地结合起来。在哲学层面上以"认识论""实验论"为指导，始终坚持辩证唯物主义，在辩证唯物主义哲学思想指导下，进行系统运筹。

以毛泽东《实践论》《矛盾论》为代表的辩证唯物主义思想是系统论、信息论和控制论的哲学基础。把辩证唯物主义的对立统一规律、质变量变规律、否定之否定规律、"实践—认识—再实践—再认识"的方法、"实践是检验真理的唯一标准"的观点以及"主要矛盾、次要矛盾"的思想全面应用于油田勘探开发各个环节之中。在经济落后、技术落后、环境恶劣的情况下，抓住各阶段各部门重点问题统筹安排，不断总结经验、克服困难，推动了整个系统的高效运转和协调发展。人们在总结大庆油田开发经验时，有这样一句中肯的结论：在整个开发过程中，没有犯不可改正的错误。油田开发是一个不可逆的过程，在技术比较落后的条件下，能够做到这一点，是较好应用辩证唯物主义思想的结果。

二、不确定性的内涵

(一)不确定性的含义

关于"不确定性"（英文名称：uncertainty）一词，早在1836年詹姆斯·穆勒临终前发表的《政治经济学是否有用》一文中就已明确提出："不可避免的是，如果经济学家要与不确定性打交道，就必须理解人类行为面临的不确定性，人类必定要遇到信息与计算能力的限制"。实际上，作为不确定性的第一种——随机性，荷兰著名天文、物理兼数学家惠更斯早在他1657年出版的著作《论机会游戏的计算》中就已提出并进行了研究。1921年由弗兰克·奈特所著的《风险、不确定性与利润》一书把不确定性因素引入到经济学分析。在该书中，奈特阐述了不确定性的思想，从事件结果是否可预见的角度区分了风险和不确定性，把不确定性归结为知识的不完全性，把不确定性看作是内生的，属于经济行为主体的主观认识范畴。对不确定性进行了开创性的研究，为不确定性的发展奠定了理论基础。随后，凯恩斯、G.Tintner（1941）等经济学家都相继研究了不确定性理论，认为大多数经济决策都是在不确定性的条件下作出的。后凯恩斯主义学派和奥地利学派等一些重要的非主流学派特别强调不确定性和风险的差别，他们认为现实经济世界不是处于统计控制的状态，经济决策对未来的决策基本上是不确定的。西方学者对不确定性有两种不同理解：一种是把不确定性和概率事件相联系，用随机变量的方差刻画其不确定性大小；另一种认为不确定性没有稳定的概率，与概率事件没有联系。

自20世纪50年代以来，以不确定性为主题的研究文献大量出现。但由于不确定性是一个多维的概念，包含了事物多方面的特征和属性，涉及环境、战略、治理结构、组织结构、决策及激励等。因而，在不确定性的产生及其基本分类上学者们并非取得了完全一致的意见[3-4]。

不同的领域所给出的不确定性含义不同：

定义1：所谓不确定性，是指企业已拥有信息与达到特定目标所需信息的差异。

定义2：不确定性也就是指经济行为人因自身能力及信息缺乏等方面的限制，对直接或间接影响经济活动的外生、内生因素无法准确地加以观察、分析和预见。不确定性：经济主体对状态这一不可控制变量的产生与否不具备完全知识。不确定性还可以通俗地理解为行为者对环境状态的无知程度。一个行为可能对应多个结果，具体对应哪一个结果，人们不能确定。

定义3：不仅不知未来可能出现何种自然状态，连它发生的概率也无从估计，称为不确定性。

定义4：所谓不确定性就是缺乏确切性或一定性，是个相对概念。在带时间世界中的随机性、模糊性、灰色性、风险性、无常性、变化性、障碍性、有漏性、不清净性、五安性、不稳定性、不圆性、随波逐流性、矛盾性、阴阳性、二元对立性、悖论性、二义性、歧义性、非理性、复杂性、不同一性、相对性、和合性、相续性和生灭性等在某种意义上均可视为不确定性。

定义 5："不确定性"其实就是说，在已有信息的基础上，无法确定某些量的确切取值，而只能得出不同取值的概率分布。

关于不确定性信息的内涵方面，一般多从信息的源与宿两个方面阐述了信息的不确定性。认为信息是人类认识事物的根本依据，信息分为源信息和宿信息。源信息是事物本质特性的反映，所以不论事物本身多么复杂，源信息总是事物本质属性的反映，即源信息是确定，"这种确定性具有独立于人之外的客观性"。宿信息则是源信息在信息过程后的再现，由于再现过程的复杂程度不同，观测者的能力不同，因此有可能使宿信息部分地失去源信息的本来面目，不能本源地反映事物的本质特征。信息的传输过程，正是这种主客体相互作用的过程。所以，从源信息到宿信息的传输过程中，含有不同方面、不同程度的失真，失真的信息显然不能本源地反映事物的本质。这就是信息的不确定性。以此给出定义：未能全面地反映事物本质特性的信息，称为不确定性信息。

不确定性从其内涵来讲可以分两类：一类是参数不确定性，参数不确定性可以理解为事件的复杂性，它本身是客观存在的，或者可以预见其概率，一个事件具有的某种程度的复杂结构可以用影响这一事件的参数 X_1, X_2, …, X_n 表示出来，即 $F=X_i$, $i=1, 2, …, n$。因而，参数不确定性是和人们对信息的获取程度相关的；另外一类不确定性是结构不确定性，人们在进行决策的时候，由于进行决策所需的各种知识还没有形成，也就是说，迄今为止人们在行为的过程中这种知识还是空缺的，和人的认知能力是没有关系的，因而，结构不确定性是与人们对每个决策未来结果的无知相关。根据不确定性的两种分类，奈特、科斯及威廉姆森在对不确定性内涵的理解上存在有差异。奈特通过对风险和不确定性的划分，认为风险是可以用概率来计算的，而不确定性则无法用概率来加以计量。因为，不确定性是人们缺乏对事件的基本知识，对事件的结果知之甚少，不能通过现有的理论或经验进行预见或定量分析。

针对信息的不确定性，人们已经认识到 4 种[5-7]不确定性信息，即灰色信息、随机信息、模糊信息和未确知信息。以上 4 种不确定性信息在表现形式上是不同的，但按其产生的原因可以归结为 3 类：主观型不确定性信息、客观型不确定性信息和相兼型不确定性信息。主观型不确定性信息是纯主观原因引起的。客观型不确定性信息则不然，随机信息的验前结果是已知的，只是不知其验后结果，它描述的现象仍是非此即彼现象；模糊信息是概念的外延不清晰，它描述的是亦此亦彼现象；但产生这两类不确定性信息的主要原因都是因客观条件不同而引起的，因此它们属于客观型不确定性信息。灰色信息的主要特征是部分已知、部分未知，其产生的概念包含了主客观两方面的原因，所以属于相兼型不确定性信息。各类信息的内涵是：

（1）灰色信息的内涵是"部分信息已知部分信息未知"，其中部分已知信息可视为"白"信息。部分未知信息可视为"黑"信息，是未辨识的潜在信息。灰色信息所体现的正是事物的黑白相兼的信息。

（2）随机信息是由随机现象向人们提供的，要通过随机实验实现。由于客观条件的不充分或偶然因素的干扰，使得几种确定性结果的出现呈现偶然性，在某次试验中不能预知哪一个结果发生。一般验前结果都是确定的，只是验后结果不能在验前确定，当实验结束时，验后结果也就确定了，是"白"信息。

（3）模糊信息的特征是由于事物的复杂性，其元素特征界限不分明，使得多个事物的边界不清晰，使其概念不能给出确定性的描述，不能给出确定的评定标准，因而出现了不确定性。对某一事物，尽管不能说出它的明确程度，但却能用大脑去辨识它，以区别于其他事物，这就是说，模糊信息也是已知的"白"信息。

（4）未确知信息是由于条件限制对事物认识不清而产生的。在进行某种决策时，人们所研究和处理的某些因素和信息可能既无随机性又无模糊性，纯粹由于条件的限制而对它认识不清，也就是说，所掌握的信息不足以确定事物的真实状态的数量关系。这种纯主观上、认识上的不确定性信息称为未确知信息。不论"不清"的程度有多大，人们所获得的信息也是"白信息"。

综上，不确定性具有3个基本的属性，即：
（1）不确定性是一个动态概念。
（2）不确定性是一个多维的概念。
（3）不确定性是一个发展的概念。

（二）不确定性产生的根源

从不确定性内涵可以看出，不确定性产生的根源是多方面的。

从经济角度分析，可以把经济运行中的不确定性划分为两类，从客观、主观两个方面对不确定性进行界定。

1. 客观不确定性

尽管客观世界具有不确定性的性质，但是，这已超越了经济学的研究范畴。经济学是一门研究人类选择、决策行为的科学。因而客观世界自身所具有的不确定性不是本文所要研究的内容，这种不确定性在目前的科技水平之下是人类所不能控制。对经济学来说，这种客观世界的不确定性只能假设为一定，人类既不能降低这种不确定性所产生的影响，更无法回避或者消除客观不确定性，这种客观世界本身具有的不确定性为"客观不确定性"。

2. 主观不确定性

与"客观不确定性"相对应，存在另一类不确定性。这类不确定性产生于人类对客观世界的主观认识之中。也就是说，即便客观事物是完全确定的，或者至少可以假设是确定的，但是，由于人类本身对于"信息"认识的不足，或者人类自身"状态—偏好"的不完全可知性，"经济过程本身的前瞻性（forward-looking）"也会导致不确定性的产生。称这种由于人类主观原因而产生的不确定性为"主观不确定性"（表3-1-1）。

表3-1-1 不确定性分类、产生根源及其影响因素

分类	不确定性		
	客观不确定性	主观不确定性	
		第一类不确定性	第二类不确定性
产生根源	客观世界自身所具有的不确定性	建立信息局限条件时的信息不完备和不完全知识	最优化过程中，人类处理复杂问题的优先能力和变化的估计方法
影响因素		交易费用	选择成本

从方法论的角度看科学研究中存在的不确定性。首先，问题、问题的提出与形成都是不确定的。就问题本身来看，问题的存在形式和内容是多种多样的，来源于理论与经验

之间、理论内部、不同学派的观点争论及理论与社会需要之间的不同矛盾，而这些矛盾以不确定性反映出来。对于问题的提出与形成，在很大程度上是研究者运用非逻辑思维的结果，正如爱因斯坦所说的那样："提出新的问题，新的可能性，从新的角度去看待旧的问题，却需要有创造性的想象力"。其次，科学研究方法的不确定性蕴含在从科学事实抽象到理论的逻辑路径上。一般认为，存在5类"不确定"：

（1）客观不确定性。是指不以人的主观意志为转移而客观存在的不确定性。在自然界，在社会生产生活所有领域，客观不确定性大量存在，十分普遍。客观不确定性（或曰随机现象）似乎是或然的、随机的和杂乱无章的，但实践表明，如果同类的随机现象大量重复出现，它的总体就呈现出一定的规律性。这种大量同类随机现象所呈现的规律性，即为熟知的统计规律性。通常，经历越是丰富、阅历越是深厚、见识越是宽广、经验越是老道，对统计规律性的认知就越深刻。

（2）主观不确定性。对于同一个客体（事物、事件等），不同的主体，或同一主体在不同的时刻，会得出不尽相同的判断，有时甚至迥然有别，其差异事先难以预见，这种不确定性称为主观不确定性。主观不确定性的根源，在于人的有限理性和认知模式的差异性。除了每个人遗传基因先天的差别外，人的成长经历、教育背景、价值取向、文化特质、性格气质、生活习俗、决策偏好，都是产生主观不确定性的诱因。人们平素习而不察，浑然不觉，它却时时刻刻在发挥影响。人们对事物的认识，并不像全息照相一样保真，而是见仁见智，各执一词。

（3）过程不确定性。顾名思义，过程不确定性是在执行、推进的过程中发生的不确定性。即便主体和客体都是确定的，即客观环境和任务是既定的和可预见的，主体的指令和决策也明白无误，但由于普遍存在的随机干扰、偶然事件、突发事变、信息时滞或不可抗力，联结主体与客体、愿望与结果的过程，仍然充满不确定性。

（4）博弈不确定性。博弈不确定性是指在对局、博弈和互动中所产生的不确定性。博弈不确定性旨在提示，战略管理者不能单边思维，而要双边思维、多边思维、换位思维和逆向思维，要跳出以自我为中心的狭隘空间，在多因素、多主体、共时互动的格局中纵横捭阖，运筹帷幄。

（5）突变不确定性。由于现代企业是一个由人的因素、技术的因素、市场因素和环境因素等构成的复杂非线性系统，因此，在自然界和人类社会活动中，除了渐变的和连续的变化外，突然变化和跃迁现象，如岩石的破裂、桥梁的崩塌、地震、海啸、细胞的分裂、生物的变异、人的休克、情绪的波动、战争、市场变化、企业倒闭、股灾和经济危机等大量存在，突变不确定性即指这种由突变而引发的不确定性。

强调科学研究的不确定性，是因为不确定性是科学研究的共性。这样说，并不否认确定性，只不过它只作为个性存在而已。如果说科学研究只具有确定性，那么任何科学研究都没有进行的必要。因此，要对不确定性与确定性作辩证的理解。而深入地挖掘科学研究的不确定性，则使会更加明确地理解科学研究的意义。

（三）不确定性的4个层次

即使最缜密的可能性分析之后仍然会存在不确定因素，这些被称为"剩余不确定性"，是对战略规划和决策影响最大的部分。在不确定的环境下，进行正确战略决策，要求使用一种不同的方式。现有分类方式很多，通常认为不确定性有4个层次（图3-1-1）：

1. 清晰明确的前景

尽管所面对的环境都是不确定的，这会使预测不准确，但是在这个层次，预测还是可以集中到单一的方向。或者说在这个层次剩余的不确定性与进行的战略决策是无关的。此时，大量的分析工具、研究成果可供使用（虽然这些工具和成果也隐含着不确定的因素或达成某项条件而给出的假设等）。分析的目标是预测未来前景，并在研究领域中做出定位和战略选择，而且这些战略极有可能由一系列稳妥的举措构成。若要增大工作目标，剩余不确定因素的数量也要应当增加，当然这样的做法也意味着风险的上升。

特点：

（1）对确定战略足够精确的单一预测。

（2）全套传统战略手段。

2. 有几种可能的前景

在这个层次，前景可能被描述成几个或者是离散的情境。尽管分析有助于确定结果出现的概率，但不能确定一定会出现什么结果。而且这些结果对于战略是有影响的，而如果知道结果是可预测的，战略中的一些要素（未必是所有的）就会发生变化。要依据其对重要剩余不确定因素如何逐渐减弱的理解，设计、确定每一个未来情境可能需要不同的评价模型。在确定每个可能结果的评价模型及其概率后，可用典型决策分析框架来评价候选战略固有的风险和收益。

在这个层次，重要的不仅是考虑未来可能出现结果，而且是考虑出现此情况时采取的措施，随着情况的明了和未来情境相对概率的变化，其战略也可能需要进行调整，以适应这些变化。其特点如下：

（1）一些明确的未来的离散结果。

（2）决策分析。

（3）选择评估模型。

（4）博弈论。

3. 有一定变化范围的前景

这个层次可以确定未来可能发生的一些变化范围，这个变化的范围是由一些有限的变量确定的，但是实际的结果可能只是此范围中的一点，不存在离散的情境。与第二个的层次一样，如果结果是可预测的，某些战略因素或者也可能是所有的战略因素都将改变。其特点如下：

（1）一系列可能的结果，但不是自然的未来的情景。

（2）潜在需要调查。

（3）技术预测。

（4）未来情景规划。

4. 前景不明

由于不确定环境的各部分相互作用，不确定的因素相互作用，使环境实际上无法预测，甚至可能出现的结果的变化范围也是不能预测的，所有决定未来的相关变量就更加无法预测了。其特点如下：

（1）没有预测前景的基础。

（2）类比和类型确定。

（3）非线性动态模型。

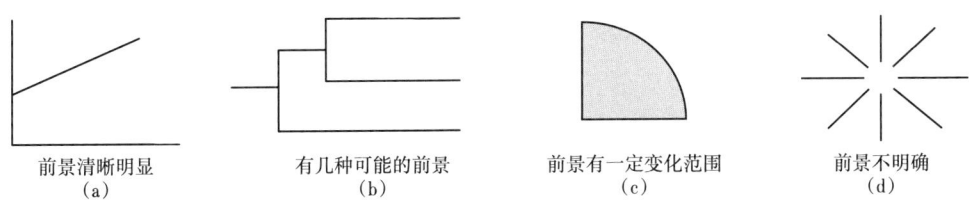

前景清晰明显　　　有几种可能的前景　　　前景有一定变化范围　　　前景不明确
（a）　　　　　　（b）　　　　　　（c）　　　　　　（d）

图 3-1-1 不确定的四个层次示意图

（四）油田开发系统不确定性

针对复杂的油田开发系统，对开发系统不确定性内涵的理解与认识，以更好地认识和分析油田开发系统存在的不确定性提供了方法和途径。

油气藏是深埋地下几十米至数千米、一个看不见、摸不着，既不能称量，又不能计量，而是靠不确定信息反映的客体。油气田开发系统的复杂性，是由客体——油气藏复杂性，和主体——人的油气田开发事理复杂性共同构成的，它具有自然与人工相结合的特点。油田开发系统的复杂性体现在它的结构、层次、特性及各子系统或元素间或与环境间的关系上，其中不确定性是其复杂性具体表征之一。

所谓油田开发，是指人们自觉或不自觉地在辩证唯物论指导下，运用多学科多专业的科学知识和技术手段，经济有效地把油气藏中的油气开采出来，直至不能再采出的全过程。这个定义体现出它的哲学性、科学性和经济性。油气田开发是由人直接参与的，没有人的参与就不能称之为油气田开发。因此，它始终贯穿着人对自然的认识与改造。若以系统学的观点，则它是一个具有时变特性与不确定性的主客体共筑的复杂巨系统，或者称之为开放的、灰色的复杂巨系统。

1. 油田开发系统不确定性的内涵

在油田开发系统中既有确定性又有不确定性。油田开发中的不确定性由油气藏的不确定性、油田开发中人的事理运动的不确定性、环境不确定性及时变性组成。

（1）油田开发中人的事理运动的不确定性。

油田开发中的事理涉及到各个方面。人对油气藏的认识与改造，对资料的采集、加工、处理和运用，对开发现象发展态势的预测与控制，对生产运行的组织、协调、管理与指挥，油田开发的决策者、管理者、操作者的合作、交往和竞争等都是油田开发中的事理表现。事理的变化与过程构造了事理运动。事理运动与物理运动一样，有其规律性而且是可以被人认识与把握的。可认知的规律性反映了事理的确定性。但事理运动较物理运动有更多的不确定性，偶然性、随机性、模糊性、灰色性、未确知性和突变性等不确定性都会在事理运动中产生与发现，主要有 5 个方面。

①人的认识不确定性。

人的认识不确定性是由其指导思想、思维方式、工作方法、综合素质决定的。

认识的不确定性主要体现在人们所处地位、知识结构、综合能力的差异。对于油气藏，由于结构不同、复杂程度不同、所发散的间接和直接信息也不同，即使是同一油气藏，由于观测主体不同、观测方法不同、观测工具不同，而发生信息反馈不同，失真程度不同，且不同人接收和处理信息的能力不同。对这种不确定性，如果不进行科学的分析、正确的把握，尤其是对于决策者来说，将会带来严重后果。这些认识的偏差体现油气藏信息的随机性、模糊性、灰色性和未确知性等不确定性。

从总的发展趋势来说，由于技术手段的改进、方法的改善、信息的不断补充与丰富、新的地质和油田开发理论的发展，使认识一步步加深，不确定性逐渐向确定性转化，促进人的认识逐渐逼近客体真实。

②油田开发中预测的不确定性。

预测是决策的前提，它是人的思维与操作的活动。油田开发预测工作的好坏直接关系到部署与决策的正确与否。不论是利用现在的油气藏的动静态信息去预测现在与过去的存在状态的反向预测，还是利用油田开发开采中历史与现在信息去预测未来的发展态势的正向预测，均存在着不确定性。

诸如正向预测，它的不确定性主要表现在：

a. 对历史与现在的资料、数据和信息尽管力求反映真实，去伪存真，科学处理，但也有可能发生资料、数据、信息的不完整、不系统、不准确，从而产生信息采集处理的不确定性。

b. 未来状态是未知的，受多种因素影响，特别是那些突发性的偶然因素，会使预测结果产生很大波动，甚至可能使预测值发生方向上或速度上的变化，造成预测结果的不确定性。

c. 预测模型中不可能将所有影响因素都反映进去，影响预测模型因素的不完整，产生预测模型的不确定性。

d. 预测是人的思维与操作活动。预测者受思想方法、分析判断能力、认识能力和科学技术水平等方面的局限，不仅影响对历史与现实的认识、自然规律的把握，而且也影响到对事物未来态势的估量。再者，所有预测都是有前提的，前提条件不同，预测模型可能不同，预测结果亦不同。前提是否合理，尤其是假设性前提，关系到预测结果。因而人们对预测前提的认识与预测模型选择的合理与否是至关重要的，这是人的思维与操作产生的不确定性；

e. 任何预测都是有时间限制的，预测时间越长，难以估量的影响因素越多，不确定性也就可能越多。

③储量计算中的不确定性。

计算油田地质储量或可采储量是人的又一项思维与操作活动。油田地质储量或可采储量的规模与品质是进行油田开发部署与决策的重要依据。它的计算方法有经验法、容积法、物质平衡法、动态法（水驱曲线法、递减曲线法等）、岩芯分析法、统计模拟法、数值模拟法、数学公式法等等。当计算方法、计算参数确定后，计算结果自然亦是确定的。问题在于计算参数本身具有不确定性，因而计算结果则是数值的确定而实际的不确定性。另外，计算参数以及储量计算单元的选择亦具有时空不确定性。参数取值仅是点或局部的表征，又人为认定它代表整个油气藏，而且不同人可能有不同的取值观，它们均会影响着计算结果的可靠程度。有时为了达到对计算结果的认可，往往采取多种方法的相互验证、多学科的综合取值、多专家的共同探讨，以尽可能减少各计算参数与计算单元选择的不确定性。

④油气生产管理中的不确定性。

油田开发管理是一个由多部门、多工种、多学科、多专业构成的多层次、相互关系多样的复杂巨系统,而不确定性又是系统存在的特征之一。因此,由于对客观规律认识程度与组织协调能力的差异,以及外部环境变化的影响,均有可能出现偶然性、随机性,甚至突变性。

⑤油田开发中其他不确定性。

在油田开发,诸如露头、岩心和井下直接测试来观察、描述、鉴别、分析、获取已确知的信息,或从开发开采实践中获取已证实的数据等,大多数时空范围里,被不确定信息所占据。采取某一措施其结果可能好亦可能坏,或对结果某种程度的估计,这基本属于随机性;油(气)田开发方案或调整方案的优劣,油(气)田开发水平的高低等,都难以给出确定性的描述,其评定标准往往是模糊概念;根据已知的信息,按油(气)田开发的基本理论,去推知或模拟油(气)藏的地下形态、规模、特征,体现了灰色性;尽管经油(气)田开发工作者、科技工作者不懈的努力,但仍对油气水在高温、高压下,在多配位数的孔隙孔道中的运动状态、物理化学变化不甚了了,这种认识上的不确定信息就构成了未确知性。

(2)油田开发环境的不确定性。

环境的不确定性主要体现在国家对油气生产企业方针、政策的变化,油气区所在地的自然环境与经济地理环境的差异,全球经济一体化及国际油价的变化等方面。

①国家对油气生产企业方针、政策的变化。

石油是重要能源和化工原料,是国家的战略物资。国家各时期的发展战略和重大决策,都对石油工业的发展产生了深远影响。采取多种方式引进国外先进技术和先进装备并可向国外贷款的政策,逐步调整油价并与国际油价接轨的政策,中国石油石化深化改革重组上市的政策,稳定东部、发展西部的政策,西气东输发展天然气的政策,利用国内国际两种资源开辟两个市场的政策等,都对油田开发产生了深远影响。国家这些决策、政策的出台,都是根据国内外政治、经济形势的发展变化以及石油工业的具体实际提出的,具有随机性的特征。

②油气区所在地的自然地理与经济地理环境的不确定性。

当油气区投入开发后,其所在地一般自然地理环境的影响也就相对确定了。但是该地区的政治、经济、交通、文化发展状况等都处于动态变化之中。这种动态变化又受到国家对该地区的方针政策、当地决策者的综合素质与决策能力、当地自然资源和智力资源条件、科学技术水平、文化知识结构等诸多因素的影响,具不确定性。

③全球经济一体化与国际油价变化的不确定性。

全球经济一体化在石油行业表现为石油生产国际化,石油资本全球化,石油经济联动化。在中国加入世界贸易组织(WTO)以后,外资进入中国石油石化行业的步伐明显加快,一些外国石油专家参与了我国陆海油气的勘探开发,新的经营理念、新的科学技术通过各种方式进入我国。我国的石油工业为了提高自身竞争力,调整结构,加强了勘探开发力度,促进储量产量的双增长。世界政治经济局势瞬息变幻的随机性、不确定性增大了对油田开发的影响。

(3)不确定性的时变特征。

油气藏的不确定性、人的生理运动不确定性及环境不确定性均会在内在规律和外部条件变化的支配下随时间而变，尤其是实发性变化，使油田开发中的不确定性增加。但可以通过科学技术的进步与创新、测量手段的完善与方法的改进、信息的丰富与修正、人的认识能力的提高与分析能力的增强等，使油田开发中的不确定性向确定性转化。

2. 油气田开发系统中不确定性的转化

从唯物辩证的观点，同其他事物一样，矛盾双方可在一定条件下互相转化。油田开发中的不确定性也可在一定条件下向确定性转化。所谓一定条件是指在油田开发系统中不断增强人的能动作用，包括人所创造的科学技术的作用。

（1）不断完善认识与改造油气藏的技术手段，促进不确定性转化。

（2）提高人的综合素质及综合能力，促进不确定性的转化。

（3）强化油气水地下运动规律的人为利用控制，促使不确定性的转化。

（4）开展先导试验，促进不确定性转化。

在试验过程中，油田开发中的不确定性可以较充分地暴露，便于人们认识和掌握。同时先导试验也是科学地质理论、先进技术工艺、良好综合管理等多学科多专业多部门协同配合，多技术多工艺多方法综合应用的过程，是逐步减少不确定性，向确定性转化的过程。

从上述讨论中看出，油田开发中存在方方面面的不确定性。这就要求首先要承认不确定性，它存在于油田开发的全过程，旧的不确定性转化了，新的不确定性又产生了。其次要坚信不确定性是可以认识的、可以掌握的。再次要善于创造条件促使不确定性向确定性转化。只有这样，才能实现认识与改造油气藏，以最小的投入获得最大的效益油气产量的目标。

3. 产量优化模型的不确定性分析

油田规划在进行产量优化的过程中存在很多的不确定性因素，这就要求在建模过程中要充分考虑其可能面临的不确定性，分析参数、变量以及约束的不确定性，从而建立完善的符合规划实际的产量优化模型。油田开发规划中的不确定性主要体现在以下几个方面：

（1）油田投资的不确定性。油田在开发过程中可能会由于资金融通、资金调度、资金周转等不确定性因素影响投资额度和收益。另外，由于本国社会政治或国家间的冲突等不安定因素也可能给投资带来不确定性。

（2）开发成本的不确定性。在具体的石油开采过程中，从原料、设备、人力、经费等的投资到成品油的生产过程中会遇到很多不确定性的风险的影响，例如原料的缺乏或价格上涨、生产设备的提前报废、开发研究与生产投入经费的不足造成工艺不过关等都可能给开发成本带来不确定性。

（3）油价的不确定性。市场的需求、社会的稳定以及国家的政策变动都可能引起原油价格的波动，造成原油价格的不确定性。

（4）资源评估的不确定性。油田开发规划方案制定的目的就是对产量进行优化，产量的多少依赖于对油田探明储量的多少，而油气探明储量的多少又取决于地质结构，现阶段对地质结构认识的有限性导致对资源评估的不确定性。

（5）油田企业在开发规划时由于技术手段的局限性、对市场需求认识的局限性可能造成规划目标是不确定的。

由此可见，不确定性是油田开发规划的一个典型特点，也是规划中的难点问题。若只局限于确定性规划模型，就可能因规划时所依据的约束条件、参数的变化使得制定出的所谓最优规划方案在实施后并不是最优的，造成油田经济效益的损失。因此，在油田开发规划中考虑不确定因素的影响是极其必要的。

三、不确定性因素的数学描述

由于客观世界的复杂、多变性和人类自身认识的局限、主观性，致使所获得、所处理的信息和知识中，往往含有不肯定、不准确、不完全甚至不一致的成分。这就是所谓的不确定性。事实上，不确定性大量存在于所处的信息环境中，面对工作、身边千变万化的不确定性因素，需要把不确定性用量化的方法加以描述，对不确定性描述的正确与否关系到进行不确定性研究、分析等各项工作的开展。因此，不确定性因素的数学表述，是研究与分析不确定性问题的关键。

针对不确定性信息的研究已成为目前科学研究中的热点，任何科学研究几乎都涉及不确定性信息处理问题。20 世纪 60 年代以前，人们对不确定性信息的研究一直停留在随机信息方面，方法上停留在概率论与数理统计的研究。一方面是这门科学已相当成熟；另一方面是人们对其他各种不确定性信息还缺乏认识。因此，常把一些非随机性信息看作随机信息来处理。1965 年，扎德（L.A.Zadeh）创建了模糊集合理论，给出了模糊信息的概念，发展了不确定性的研究领域。人们开始用以模糊集合为基础的模糊数学方法来处理问题。1982 年，邓聚龙创建了灰色系统理论，在此基础上建立了灰色集合，使灰色信息得以描述和处理。1990 年，王光远提出了"未确知信息及其数学处理"方法，未确知信息的提出，产生了未确知数学。1991 年，王清印提出了泛灰集与泛灰数，进一步扩展了不确定性信息概念，使之包含了以上所有类型的不确定性信息。

通常按性质划分，不确定性大致可归纳为随机性、模糊性、灰性和未确知性 4 个方面。对这些不确定性信息进行处理的数学工具有概率论、模糊数学理论、灰集理论、未确知有理数方法、集对分析理论、粗集理论。后几种对不确定信息的数学处理方法，有一些很成功的应用，但其数学框架结构还比较幼稚，还须进一步研究。特别值得一提的是粗集理论。它有较好的公理化框架，在知识推理、数据挖掘领域中得到很好的应用。下面就针对上述的划分类型，进行不确定性知识的量化表述。

（一）随机性的表示

在只讨论随机性产生式规则的表示前提下，对于随机不确定性，一般采用信度（或称可信度）来刻画。一个命题的信度是指该命题为真的可信程度。例如，这场球赛甲队取胜率为 0.9。这里的 0.9 就是命题"这场球赛甲队取胜"的可信度。它表示"这场球赛甲队取胜"这个命题为真（即这个事件发生）的可能性程度是 0.9。

随机性产生式的一般表示形式为

$$A \to B[C(A \to B)] \qquad (3-1-1)$$

或者：

$$A \to [B, C(B|A)] \qquad (3-1-2)$$

其中，$C(A \rightarrow B)$ 表示规则 $A \rightarrow B$ 为真的信度，而 $C(B|A)$ 表示规则的结论 B 在前提 A 为真的情况下为真的信度。

例如：

如果乌云密布并且电闪雷鸣，则很可能要下暴雨（0.95）。

如果头痛发烧，则大概是患了感冒（0.8）。

信度也可以是基于概率的某种度量，或以概率为信度，即把信度解释为命题为真（即事件发生）的可能性程度。例如，在著名的专家系统 MYCIN 中，其规则 $E \rightarrow H$ 中，结论 H 的信度就被定义为

$$CF(H)(H,E) = \begin{cases} \dfrac{P(H|E) - P(H)}{1 - P(H)} & \text{当} P(H|E) > P(H) \\ 0 & \text{当} P(H|E) = P(H) \\ \dfrac{P(H) - P(H|E)}{P(H)} & \text{当} P(H|E) < P(H) \end{cases} \quad (3\text{-}1\text{-}3)$$

其中，E 表示规则的前提，H 表示规则的结论，$P(H)$ 是 H 的先验概率，$P(H|E)$ 是 E 为真时 H 为真的条件概率，CF（CertaintyFactor）称为确定性因子，即可信度。

由此定义，可以求得 CF 的取值范围为 $[-1, 1]$。当 $CF=1$ 时，表示 H 肯定真；$CF=-1$ 表示 H 肯定假；$CF=0$ 表示 E 与 H 无关。

其中，CF 是由称为信任增长度 MB 和不信任增长度 MD 相减而来的。即

$$CF(H,E) = MB(H,E) - MD(H,E)$$

$$MB(H,E) = \begin{cases} 1 & \text{当} P(H) = 1 \\ \dfrac{\max(P(H|E), P(H)) - P(H)}{1 - P(H)} & \text{否则} \end{cases}$$

$$MD(H,E) = \begin{cases} 1 & \text{当} P(H) = 0 \\ \dfrac{\max(P(H|E), P(H)) - P(H)}{-P(H)} & \text{否则} \end{cases}$$

当 $MB(H,E) > 0$，表示由于证据 E 的出现增加了对 H 的信任程度。当 $MD(H,E) > 0$，表示由于证据 E 的出现增加了对 H 的不信任程度。由于对同一个证据 E，它不可能既增加对 H 的信任程度又增加对 H 的不信任程度，因此，$MB(H,E)$ 与 $MD(H,E)$ 是互斥的，即

当 $MB(H,E) > 0$ 时，$MD(H,E) = 0$；

当 $MD(H,E) > 0$ 时，$MB(H,E) > 0$。

需要说明的是，一个命题的信度可由有关统计规律、概率计算或由专家凭经验主观给出。

一般使用古典而又成熟的概率论及数理统计这一数学工具来描述不确定性信息。关键

点是信息模式描述方法的建立，抽取信息特征，形成模式特征向量 $X=(x_1, \cdots, x_n)$，X 为模式样本，x_i 是特征分量。它的每一特征必须具备强烈的随机性，才可以使用这种方法。任何一个 X 的出现具有随机性，用概率 $P(X)$ 去决定 X 发生的可能性大小，从而决定 X 的分类。

另一方面，使用贝叶斯（Bayes）原则给出后验概率可能性的度量，Bayes 法则如下：

设有 R 类样本为 $w_1, w_2, \cdots, w_R$，每类样本的先验概率为 $P(w_i)$，$i=1, 2, \cdots, R$。对每类随机变量 X，每一类的条件概率为 $P(X/w_i)$，其后验概率为 $P(w_i/X)$。

$$P(w_i/X) = \frac{P(w_i)P(X/w_i)}{\sum_{i=1}^{R} P(w_i)P(X/w_i)} \tag{3-1-4}$$

常用 $P(w_i/X) > P(w_j/X) \Rightarrow X \in w_i$，$i, j=1, 2, \cdots, R$，$i \neq j$ 来决定 X 类的归属。它的前提是已知一个分类 $w_1, w_2, \cdots, w_R$，对已发生的样本 X 强行归类到已知类中，对已知类划分越细，或已知类越多，这种判断也越准确，而对一些尚不清楚的信息系统，使用这种方法就过于勉强。

（二）模糊性的表示

对于模糊不确定性，一般采用程度或集合来刻画。所谓程度就是一个命题中所描述的事物的属性、状态和关系等的强度。例如，用三元组［技术，成熟度，（好，0.9）］表示命题"技术比较好"，其中的 0.9 就代替"比较"而刻画了技术"好"的程度。

这种程度表示法，一般是一种针对对象的表示法。其一般形式为：

[＜对象＞，＜属性＞，（＜属性值＞，＜程度＞）]

可以看出，它实际是通常三元组（＜对象＞，＜属性＞，＜属性值＞）的细化，其中的＜程度＞一项是对前面属性值的精确刻画。事实上，这种思想和方法还可广泛用于产生式规则、谓词逻辑、框架和语义网络等多种知识表示方法中，从而扩充它们的表示范围和能力。

从概率论的理论基础给出了模糊信息的另种数学描述。对某一事物，尽管不能说出它的明确程度，但可使用开区间（0,1）中的某个值 A 表示事物的可信度。当 A 越接近于"1"时，表明"同"的程度越来越大，当 A 越来越靠近"0"时，表明"同"的程度越来越小，即"非"的程度越来越大。当 $A=1$ 时，表明与人的认识无差异，即为"同"；当 $A=0$ 时，表明与人的认识完全不同，即为"非"。在模糊集合中把"0，1"视为特殊信息归入其中，故模糊信息的值域为闭区间 [0, 1]，表示"同，异，非"三层含义。用集合表示即有：设 A 为论域 U 的一个子集，则称：

$$X_A : U \to \{0,1\}, u \mapsto \begin{cases} 1, u \in A \\ 0, u \notin A \end{cases} \tag{3-1-5}$$

为集合 A 的特征函数。

也可采用模糊数学（Fuzzy）的理论处理模糊信息。模糊信息首先具有确定性，其结果的发生是确定的，由于其特征无法用精确数学工具去描述和刻画，因此不能用概率论的概念去描述。模糊信息本身的确切性与特征的表述不确切性之间的矛盾，决定了对其特征描述给出一个可描述的范围。因此对模糊信息处理的关键任务是给出一个可供判决或决策的边界。这个边界以模糊集刻划。

模糊子集定义：给定论域 U 上的一个模糊子集 $\underset{\sim}{A}$ 是指：对 $\forall u \in U$，确定了一个数 $\mu A(u) \in [0,1]$，称 $\mu A(u)$ 为 u 对 A 的隶属度。用 $\mu A(u)$ 描述 u 属于 $\underset{\sim}{A}$ 的程度。$\underset{\sim}{A}$ 是明确的，但 u 属于 $\underset{\sim}{A}$ 的特征是模糊的。

隶属函数的建立，是描述模糊信息的主要任务，目前已有模糊统计法、二元对比法、推理法和专家评分法。它描述的是人们对研究对象的心理感受。

（三）灰信息的表示

灰信息是描述信息内容部分已知，部分未知的处理，灰信息系统称为灰系统。灰信息显著特点是已知成分少，未知成分太多。因此灰信息处理工作，是把未知信息变为已知信息的过程，即信息白化。提出了 GM 建模方法，并发展了灰色预测、灰色决策和灰色控制，得到了成功应用，但由于其固有的不足，限制了其应用和发展。

（四）未确知信息的表示

对诸如"一座建筑物的重量；某人不在家，他去那里了"。这样一些问题，就其本身来讲信是确定的，但对决策者来讲，无法确切回答，在决策者心中，该信息是不确定的。这种由于主观、知识上的欠缺，对确切的信息无法做出确切回答，称为未确知信息。为了描述和分析这种未确知性引入了未确知有理数的概念。

设 a 为任意实数，$0 < a \leq 1$，称 $\{[a,a], \varphi(x)\}$ 为一阶未确知有理数，其中：

$$\varphi(x) = \begin{cases} \alpha & \text{当} x = a \\ 0 & \text{当} x \neq a \end{cases} \quad (3\text{-}1\text{-}6)$$

其直观意义是 X 是确知成分为 a 的置信度为 α。

对任意闭区间 $[a,b]$，$a = x_1 < x_2 < \cdots, x_n = b$，称 $\{[a,b], \varphi(x)\}$ 为 n 阶未确知有理数，其中：

$$\varphi(x) = \begin{cases} \alpha & x = x_i \quad i = 1,2,\cdots,n \\ 0 & \text{其他} \end{cases} \quad (3\text{-}1\text{-}7)$$

且 $\sum_{i=1}^{n} \alpha = \alpha, 0 < \alpha \leq 1$，称 α，$[a,b]$，$\varphi(x)$ 分别为该未确知有理数的总信可度、取值区间和可信度分布密度函数。

对研究的对象确定其可信度密度函数是该方法的理论核心。目前已对这类信息处理发展了盲数，UM 分析模型，BM 可信度模型，并有较成功的应用。

（五）不确定系统的分析方法

对于不确定系统，采用集对分析方法。集对分析用联系数 $a+bi+cj$ 统一处理模糊、随机、信息不完全所导致的系统不确定性。其基本思想是系统中不单纯只存在某种单纯不确定性信息，而是多种不确定性都存在。提出了不确定系统的同异反辩证分析的数学方法，描述它的重要概念是集对和连系度。利用连系度，可对如下现象进行分析：

(1)模糊不确定性分析。

(2)模糊、未确知性共存系统分析。

(3)未确知性分析。

(4)随机性分析。

(5)随机、模糊、未确知共存系统分析。

(六)粗集理论分析方法

粗集理论1982年提出,经历了近40年的发展,已经在理论和应用上取得了丰硕的成果。粗集理论是一种对不完整信息进行分析、推理、学习、发现的方法,它从信息不完整数据出发以观测的数据进行分类能力为基础,对不完整信息进行处理,是智能信息处理研究中的一个新的分支。粗糙集理论作为一种处理不精确(Imprecise)、不一致(Inconsistent)和不完整(Incomplete)等各种不完备的信息有效的工具,一方面得益于他的数学基础成熟、不需要先验知识;另一方面在于它的易用性。

由于粗糙集理论创建的目的和研究的出发点就是直接对数据进行分析和推理,从中发现隐含的知识,揭示潜在的规律,因此是一种天然的数据挖掘或者知识发现方法,它与基于概率论的数据挖掘方法、基于模糊理论的数据挖掘方法和基于证据理论的数据挖掘方法等其他处理不确定性问题理论的方法相比较,最显著的区别是它不需要提供问题所需处理的数据集合之外的任何先验知识,而且与处理其他不确定性问题的理论有很强的互补性(特别是模糊理论)。

目前,粗糙集理论的研究方向主要是3个方面:

理论上,利用抽象代数来研究粗糙集代数空间这种特殊的代数结构。利用拓扑学描述粗糙空间。还有就是研究粗糙集理论和其他软计算方法或者人工智能的方法相结合,例如和模糊理论、神经网络、支持向量机、遗传算法等。针对经典粗糙集理论框架的局限性,拓宽粗糙集理论的框架,将建立在等价关系的经典粗糙集理论拓展到相似关系甚至一般关系上的粗糙集理论。

应用上,粗糙集理论在许多领域得到了应用:临床医疗诊断;电力系统和其他工业过程故障诊断;预测与控制;模式识别与分类;机器学习和数据挖掘;图像处理;其他。

算法上,一方面研究了粗糙集理论属性简约算法和规则提取启发式算法,例如基于属性重要性和基于信息度量的启发式算法,另一方面研究和其他智能算法的结合,比如:和神经网络的结合,利用粗糙集理论进行数据预处理,以提高神经网络收敛速度;和支持向量机 SVM 结合;和遗传算法结合;特别是和模糊理论结合,取得许多丰硕的成果,粗糙理论和模糊理论虽然两者都是描述集合的不确定性的理论,但是模糊理论侧重的是描述集合内部元素的不确定性,而粗糙集理论侧重描述的是集合之间的不确定性,两者互不矛盾,互补性很强,是当前国内外研究的一个热点之一。

(七)区间数的表示

从不确定性因素的表征方法来看,通常使用随机或模糊分析方法描述不确定性问题,但无论是随机过程的分布函数,还是模糊数学的隶属函数往往都会因为样本数据缺少等原因不易确定。在实际工程中,由于数据测量不准确或外部干扰等因素,不确定性因素一般难以进行具体的量化或传统意义上的数学表述,通常仅能给出其取值范围,这种用区间(数)描述不确定性因素可能更容易接近复杂不确定的生产实际,更符合人们的模糊思维习惯。

区间数描述不确定性因素的变化主要应用在以下两个方面：

（1）方案优化上。利用区间数描述目标变化范围，或某项决策变量常数项的波动幅度等，这点同置信区间、可信度一样。

（2）综合评价上。主要用在指标权值确定和决策阵的描述上。

①指标权值确定。不管采用什么方法，都可归结成主观赋权法和客观赋权法两大类。但不管采用什么方法，通常确定的权值都是一个确定的值，这样确定的权值、或确定的过程中都会多多少少含有一些主观上的、或客观上的不确定性因素，会影响到评价结果的走向。

②决策矩阵。评价指标决策矩阵一般都是给定确定值的，就是针对某项模糊的指标通常也是给定一个确定数值来表示。加入某项指标不能完全用定量表述，或有一定的变化区间，这是用区间数来表征指标就显得非常合适了。

有关区间数的研究近年来受到了人们的关注，其理论方法应用的研究已获得了一些成果。早在1931年，Young就开始了区间数的研究，之后有以Moore为代表的众多学者继续研究，中国的邓聚龙还给出了区间数与灰数之间的区别和联系。区间数理论首次是由国内集对理论发展而来的，在界定二元区间数的基本定义基础上，发展到三参数区间数。一些研究成果表明，采用区间数来表示多属性决策中出现的不精确信息是最常用的方法。目前，利用区间数的方式描述不确定性因素（或指标），已得到了广泛应用。

（八）各种理论方法之间联系

对比几种处理不确定性信息的理论方法，可以得出以下认识。

1. 概率与数理统计和模糊数学

概率与数理统计研究的是随机性，而模糊数学研究的是模糊性，模糊性和随机性都是事物本身所固有的特性，概率与数理统计和模糊数学对不确定性信息的度量都是通过取值于的实数来实现的。但二者所反映的概念和性质是截然不同的，研究问题的出发点也不同。概率与数理统计研究的是涉及一个事物是否发生的不确定性和与之相关的量的规律性，反映了事物"一因多果"的随机性；而模糊数学所研究的是事物本身所固有的不精确状况，排除了"非此即彼"的确定性，反映了事物之间由于差异的中间过渡性所引起划分上的不明确及概念外延的不分明性。二者的差异是明显的，但模糊事件也有概率问题，如对这样一个语句"明年粮食会大丰收"，首先"粮食大丰收"是一个模糊事件，其次，明年这一模糊事件是否会发生是个概率问题，这类问题称为随机模糊问题，对这类不确定性信息的研究要结合概率与数理统计的方法和模糊数学的方法来研究。

2. 概率与数理统计和粗糙集

粗糙集是基于确定性知识库的，当近似空间是建立在随机不确定性信息的基础上时，便需要结合概率和粗糙集的理论来研究这种不确定性。

3. 概率与数理统计和灰色系统

概率与数理统计和灰色系统所处理的都是客观数据，不同之处在于概率与数理统计处理的是大样本数据，而灰色系统处理的是小样本数据。一般而言，人们都尽量搜集关于研究对象的尽可能多的数据，这样可以得到对研究对象更完全的认识，所得出的关于研究对象的结论也更具有说服力。然而，由于客观条件的限制，有时所能获得的关于研究对象的数据极其有限;另一方面,对某些对象而言,少量的数据和信息就完全反映了该对象的本质。因此,灰色系统理论从少量有限的数据着手,通过灰生成的手段,来获取对研究对象的近似认识,在思想和方法上具有一定的创新性,是处理不确定性信息的一种新的有效手段,也是对概率与数理统计方法的一个补充。

既然处理的是少量数据,灰色系统理论所作的就是如何从多角度对这少量数据进行预处理,从而分析和发现这少量数据所覆盖的信息。而概率与数理统计则是通过对大量的数据进行统计分析,相信重复再现的规律,得到关于研究对象的认识。

4. 模糊数学和粗糙集

模糊数学和粗糙集都是研究边界线含糊的不确定性信息的理论。对边界线的含糊性,模糊数学用模糊集来描述,粗糙集理论则通过粗糙集来刻画,所不同的是模糊集隶属函数的确定带有一定的主观先验性,而粗糙集理论的上、下近似及粗糙度是通过对客观数据的计算所得,故粗糙集理论对边界线含糊的刻画带有一定的客观性,因此两者在处理不确定性信息方面具有很强的互补性。另外,虽然模糊数学在处理边界线含糊的不确定性信息方面已显示出巨大的威力,但模糊数学没有给出对边界线区域的计算方法,即模糊数学无法计算出边界线上具体的含糊元素的个数,而粗糙集理论给出了边界线上具体的含糊元素的个数计算,即边界线区域被定义为上近似与下近似的差集,这对模糊数学是一个补充。

5. 灰色系统和模糊数学

灰色概念与模糊概念的主要区别在于研究对象的内涵和外延的性质上。灰色系统研究外延明确、内涵不明确的对象,而模糊理论则主要研究内涵明确、外延不明确的对象。如"今天来听讲座的人有 100~120 人"表示一个灰色概念,其外延是非常明确的,但如果确切地问是哪个确定的数值,则并不清楚。"年轻人"这个概念则为模糊概念,因为人人都知道年轻人的内涵,但要给出一个确切的范围,在该范围之内是年轻人,范围之外都不是年轻人则很困难,因为年轻人这个概念的外延不明确。在现实当中,常常遇到内涵与外延均不十分明确的概念,如"该班上","以上的学生学习刻苦","他看上去有七、八分的强壮"。对这类概念,称之为灰色模糊概念。对灰色模糊概念,可用灰色模糊集合来描述。

总之,不论是主观(定性认识)上还是客观(定量测量)上,都存在着不确定性,就像一个事物本身存在的矛盾两个方面。如何规避不确定性带来的困难或影响,就要正确地了解、认识不确定性存在的环境与条件。只要树立正确的认识观念,就能充分驾驭不确定性,为工作服务。因此,在进行油田开发规划分析与评价时,要从不确定的层面深入分析影响因素与因素的变化特征,更好地认识和描述它。

第二节 不确定优化理论及其模型

一、不确定理论

在决策科学、管理科学、信息科学、系统科学、计算机科学、工业工程以及可靠性技术等众多领域研究的问题中都存在着客观的或人为的不确定性。在现实世界中,不确定现象是普遍存在的,表现形式也是多种多样的,如随机性、模糊性、粗糙性、模糊随机性以及其他多重不确定性。伴随着这些千姿百态的不确定性,存在着大量的优化问题需要解决。然而，对于这些复杂尤其是含有多重不确定性的决策系统，经典的优化方法通常是无能为力的。

不确定理论是概率论、可信性理论和信赖性理论的统称，同时还包括模糊随机理论、随机模糊理论、随机粗糙理论、粗糙随机理论、模糊粗糙理论、粗糙模糊理论、双重随机理论、双重模糊理论和双重粗糙理论。通常使用树形图（图3-2-1）和Ψ图（图3-2-2）两种图形形象展示。

不确定理论的基本框架可用树形图归纳解释，随机变量是从概率空间到实数空间的可测函数；模糊变量是从可能性空间到实数空间的函数；粗糙变量定义为从粗糙空间到实数空间的可测函数。这3类基本不确定变量分别用来定量刻画随机信息、模糊信息和粗糙信息这3类不确定信息。由此繁衍出层叠有致、纵横交织的多种双重不确定变量，用来定量刻画双重不确定信息。每一类双重不确定变量在数学上都有准确的内涵和明确的外延。比如说，模糊随机变量是从概率空间到模糊变量集合的一个可测函数。从宏观上讲，各种多重不确定性的研究在方法上可以融通一体，相得益彰。从微观上讲，各种多重不确定性的表述形同神异，各有千秋。一旦把握它们之间的内在联系和区别之后，可以举一反三、触类旁通。

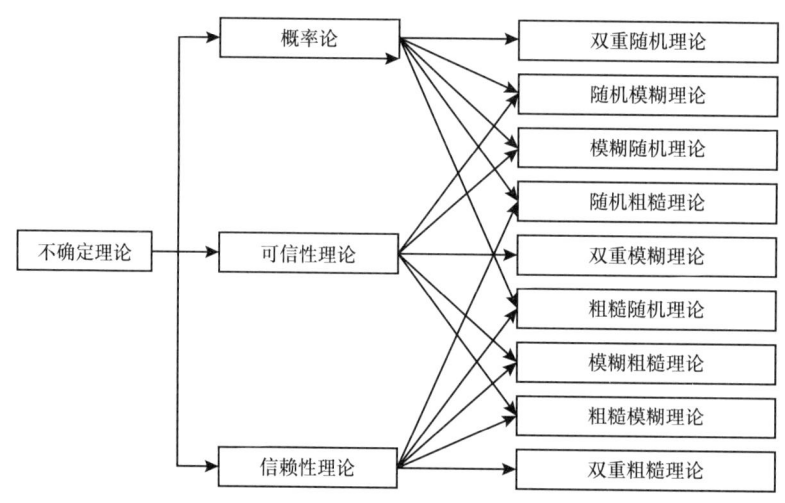

图3-2-1　不确定理论树形图

不确定规划理论的基本框架也可用Ψ图形象表示。Ψ图本质上是一个三维坐标系（建模机理P，模型结构S，系统信息I）。任何一类不确定规划都可以在其中表示出来。例如，平面"建模机理P=相关机会规划"表示相关机会规划；平面"系统信息I=随机"表示随机规划；平面"模型结构S=目标规划"表示目标规划；点"（建模机理P，模型结构S，系统信息I）=（机会约束规划，目标规划，随机）"表示随机相关机会目标规划。

纵观科学的众多分支无一不是遵从从"常量系统"走向"变量系统"、从"线性系统"走向"非线性系统"、从"确定系统"走向"不确定系统"的范式。人们认识信息、把握信息的规律往往是从确定到不确定，又从不确定到确定，循环往复，不断上升。不确定性意味着机遇，不确定性意味着挑战。可以预见，由确定性转向不确定、由单重不确定性转向多重不确定性的研究必将成为学术热点。

第三章 不确定理论及规划优化方法

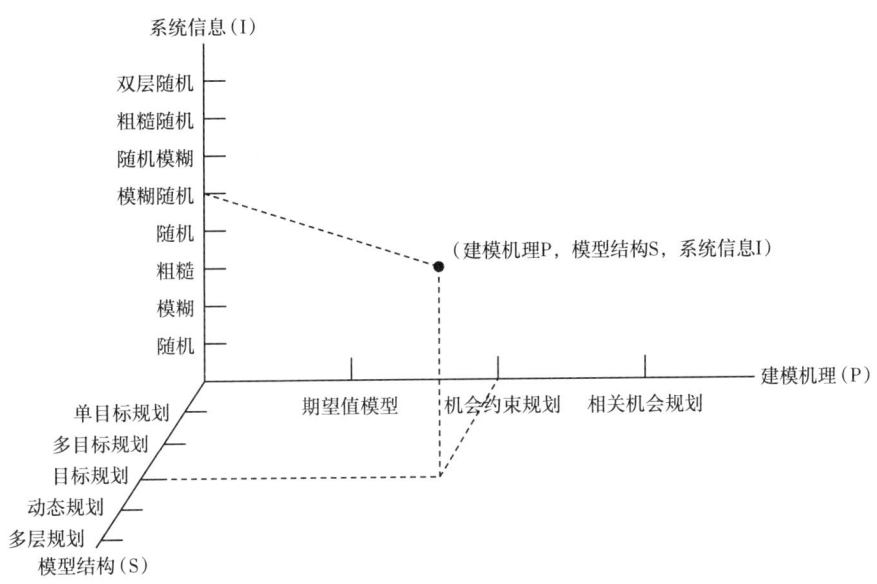

图 3-2-2　不确定理论的基本框架 Ψ 图

从系统控制的角度看不确定系统的概念及相关特征。虽然所处的领域不同，但其基本思想体系是一致的，即系统的诸因素中含有不能用确定的量进行描述的系统称为不确定性系统。不确定性系统与确定性系统都是系统，只是属性有所不同。因此，在分析设计中都要求在熟悉对象（业务）特性的基础上提出目标、明确功能、建立模型、正确选择控制策略，确定实现能满足性能指标要求的控制算法。对于不确定系统的分析、设计，还需要了解和掌握以下两点：

（1）不确定性系统的基本特性。

不确定性系统更强调整体性、相关性和环境适应性。系统是由若干个不同要素（对象或过程）组成的有机整体，不是简单的集合，它的结构、功能、可操作性以及运行状态只有作为整体才能得以充分体现，离开了整体，任何一个对象（过程），不论是多么重要，都将失去它的应有作用。

（2）不确定性系统的建模问题。

在复杂的不确定性系统中，往往采用定性与定量相结合的方法建模。这类模型有以下特性：

①系统信息的整体性。已知信息与未知信息共居一体，各种不确定性信息共居一体；确定性信息与不确定性信息共居一体。它们相互联系、相互影响、相互制约，并在一定条件下相互转化，但总数量不会改变。

②系统发展的动态性。和普通事物一样，不确定性系统及其因素都是时间的函数。它们都随着时间的推移变化、发展、衰变、转化。

③系统信息的可观测性。人类认识事物的过程即是对信息的获取过程，是人类通过使用在实践中形成的客观标准、尺度（可统称为标度）对各系统中各因素进行测量的过程。因为不确定性信息的产生是物质运动的结果，必然有规律可循，可以观测，可以认识。

④系统信息的层次性。系统可以分为不同层次。在宏观层上认为是不确定的信息，在微观层次上又可分离出相对确定性信息。随着层次的深化，使人们对系统的认识更深刻。

⑤系统信息的灰色性。不确定性信息是可观测的，可以随着层次的深化提高可观测程度。

关于不确定系统的国内外研究动态呈现出3大趋势：

①由确定性转向不确定性的文献数量急剧增长。

②由单一不确定性转向多重不确定性。

③不确定性的研究渗透到越来越多的领域。

复杂系统的处理往往难以回避定性的、不完全的和不确定的信息。伴随着这些精彩纷呈的不确定性，存在着大量的优化问题需要解决。不确定信息环境下的优化方法——不确定规划正是在这种背景下建立和发展起来的。从数学理论的角度来审视，不确定理论的数学基础的建立显得越来越重要。尤其是公理化方法的建立，使得不确定理论形成一门严谨的数学，而且具有面向优化决策理论的鲜明特色。不确定理论为不确定规划提供理论基础和工具，不确定规划针对不确定信息环境下的优化决策问题提供建模方法，形成了沟通不确定理论与优化应用的桥梁纽带。

二、不确定优化模型

在实际工作中，研究、决策时经常会遇到不确定性现象，用确定性的模型去描述充满不确定性的现实优化问题不可避免地会存在较大误差。这种不确定性现象包括随机现象和模糊现象两大类。一般把优化问题中所出现的不确定变量可分为4种基本类型：随机变量、模糊变量、粗糙变量、区间变量。描述、刻划随机现象的量为随机变量，描述、刻划模糊现象的量为模糊变量或粗糙变量。含有不确定变量的目标函数或约束函数统称为不确定函数。概率论与数学规划结合，就产生了随机规划；模糊数学与数学规则结合，就产生了模糊规划；粗糙集与数学规划结合，就产生了粗糙规划；区间变量与数学规划结合引发了区间规划。随机规划、模糊规划以及粗糙规划的交叉渗透则孕育了更一般的不确定规划。

不确定优化是运筹学与最优化理论的一个新型分支，不确定优化的研究对象是现实世界中的不确定现象（包括随机现象、模糊现象、随机模糊现象和模糊随机现象等）及其优化理论。它集运筹学、数学规划、概率论、模糊数学、计算机仿真和智能计算于一体，理论体系正在逐步完善。不确定优化不仅在理论上涵盖了经典规划随机规划、模糊规划和区间规划等数学规划的研究内容，而且已被应用到诸多领域。

（一）建模思想

对优化问题中所出现的随机变量、模糊变量、模糊随机变量以及随机模糊变量，统称为不确定参数变量（或向量），用 ξ 表示。与普通的实变量不同，不确定变量不能直接比较"大小"，没有统一的序关系。只能在一定的数学意义下作量化比较，这就是不确定变量比较的关键和难点所在。在实际优化问题中取决于决策者的决策准则或偏好。

1. 期望值、方差、α 乐观值与 α 悲观值

设 ξ 是随机变量，如果下式右端两个积分中至少有一个是有限的，则称

$$E[\xi]=\int_{0}^{+\infty}Pr\{\xi\geq r\}\mathrm{d}r-\int_{-\infty}^{0}Pr\{\xi\geq r\}\mathrm{d}r \qquad (3\text{-}2\text{-}1)$$

为随机变量 ξ 的期望值。期望值反映了随机变量的平均值。

期望值算子 E 具有线性性质。设随机变量 ξ 和 η 是相互独立的随机变量,均有有限期望值,则对任意的实数 a 和 b,有

$$E[a\xi+b\eta]=aE[\xi]+bE[\eta]$$

设 ξ 是随机变量,且期望值为 $E[\xi]$,则称

$$V[\xi]=E\left[(\xi-E[\xi])^{2}\right]$$

为随机变量 ξ 的方差。方差反映了随机变量与其均值的平均偏离程度。

设 ξ 为随机变量且有有限期望值,a 和 b 为任意实数,则 $V[a\xi+b]=a^{2}V[\xi]$。

设随机变量 ξ 和 η 是相互独立的随机变量,均有有限期望值,则 $V[\xi+\eta]=V[\xi]+V[\eta]$。

设 ξ 是一随机变量,且 $\alpha\in(0,1]$,称

$$\xi_{\sup}(\alpha)=\sup\{r\mid Pr\{\xi\geq r\}\geq\alpha\} \qquad (3\text{-}2\text{-}2)$$

为随机变量 ξ 的 α 乐观值,即随机变量 ξ 至少以概率 α 大于或等于 α 乐观值,称

$$\xi_{\inf}(\alpha)=\inf\{r\mid Pr\{\xi\leq r\}\geq\alpha\} \qquad (3\text{-}2\text{-}3)$$

为随机变量 ξ 的 α 悲观值,即随机变量 ξ 至少以概率 α 小于或等于 α 悲观值。

2. 随机变量的比较

对于给定的 ξ 和 η 是两个不确定变量,这里提供几种不确定变量比较的一般方法。

(1)$\xi>\eta$ 当且仅当 $E[\xi]>E[\eta]$,其中 E 是不确定变量的期望值算子。这个准则导致了不确定规划的期望值模型。

(2)$\xi>\eta$ 当且仅当对某个给定的置信水平 $\alpha\in(0,1]$,有 $\xi_{\sup}(\alpha)>\eta_{\sup}(\alpha)$,其中 $\xi_{\sup}(\alpha)$ 和 $\eta_{\sup}(\alpha)$ 是分别 ξ 和 η 的 α^{-} 乐观值。该准则导致了不确定规划的极大化乐观值的机会约束规划 Maximax 模型。

(3)$\xi>\eta$ 当且仅当对某个给定的置信水平 $\alpha\in(0,1]$,有 $\xi_{\inf}(\alpha)>\eta_{\inf}(\alpha)$,其中 $\xi_{\inf}(\alpha)$ 和 $\eta_{\inf}(\alpha)$ 是分别 ξ 和 η 的 α^{-} 乐观值。这个准则导致了不确定规划的极大化悲观值的机会约束规划 Minimax 模型。

(4)$\xi>\eta$ 当且仅当 $Ch\{\xi\geq\bar{r}\}>Ch\{\eta\geq\bar{r}\}$ 对某个预先给定的目标水平 $\bar{r}$。这个准则导致了不确定规划的相关机会规划模型。

一般地,若目标函数 $f(x,\xi)$ 及约束函数 $g_j(x,\xi)$,$j=1,2,\cdots,p$ 含有不确定参数向量 ξ。则其本身也是一个不确定性变量。从建模理念的角度来说,不确定规划处理这些不确定函数的基本有 3 条途径[4-5]。

途径 1:从期望值的角度出发。用不确定函数的期望值分别代替原来目标函数和约束条件中的不确定函数,建立期望值模型。这意味着期望值 $E[f(x,\xi)]$ 越大,其对应的决

策 x 越好。

途径2：从机会测度（风险）的角度考虑。当约束条件 $g_i(x,\xi)\leq 0$ 中含有不确定变量且必须在观测到不确定变量实现之前作出决策时，采用一种原则：允许所作决策在一定程度上不满足约束条件（不考虑违反约束条件的惩罚），即只要求使约束条件得到满足的机会测度不小于预先给定的置信水平（即希望其在实际中至少以机会 β 在置信水平 α 处成立）。

途径3：使要完成的任务（即事件）实现的机会（如概率、可能性、必要性、可信性、信任等）尽可能大。

（二）不确定性规划理论模型

随机规划是目标函数或约束条件中含有随机变量的数学规划形式，其一般形式可表示如下：

$$\begin{cases} \min f(x,\xi) \\ \text{s.t.} \\ g_j(x,\xi)\leq 0, j=1,2,\cdots,p \end{cases} \quad (3\text{-}2\text{-}4)$$

式中　x——决策向量；

ξ——随机向量；

$f(x,\xi)$——目标函数；

$g_j(x,\xi)$——一组随机约束函数，$j=1,2,\cdots,p$。

由于存在随机向量 ξ，模型[式（3-2-4）]本身并无实际意义，无法寻求其最优解，这就需要决策者必须先根据其决策态度（或称决策准则）定义模型[式（3-2-4）]的等价问题后再进行求解。通常，处理随机规划中的随机向量有两种思路。（1）观察到随机变量的实现以后再做决策，此类问题被称为分布问题，即寻求规划最优值的概率分布或数学期望、方差等；（2）观察到随机变量的实现之前就必须作决策，目前对随机规划的研究多是这一类问题。模型[式（3-2-4）]较常见的等价形式主要有：将最小化随机目标等价为求最小期望值、最小方差、最小风险或转化为 Kataoka 问题，将约束条件等价为机会约束规划或带补偿的随机规划。

考虑不同的决策准则，随机规划可分为期望值、机会约束规划和相关机会规划这3种基本模型。按照随机变量进入经典规划问题的可行域或目标函数，归纳总结出几种主要的建模方法。

1. 单层规划模型

（1）期望值模型。

期望值模型（EVM）是指在期望值约束下，使目标函数的期望值达到最优的数学规划。期望值指一个人对某目标能够实现的概率估计，即一个人对目标估计可以实现，这时概率为最大（$P=1$）；反之，估计完全不可能实现，这时概率为最小（$P=0$）。因此，期望（值）也可以叫作期望概率。一个人对目标实现可能性估计的依据是过去的经验，以判断一定行为能够导致某种结果或满足某种需要的概率。

单目标期望值模型的一般形式见式（3-2-5）。

$$\begin{cases} \max E[f(x,\xi)] \\ \text{s.t.} \\ E[g_j(x,\xi)] \leqslant 0, j=1,2,\cdots,p \end{cases} \quad (3\text{-}2\text{-}5)$$

作为单目标期望值模型的推广，多目标期望值模型见式（3-2-6）。

$$\begin{cases} \max\{E[f_1(x,\xi)], E[f_2(x,\xi)],\cdots,E[f_m(x,\xi)]\} \\ \text{s.t.} \\ E[g_j(x,\xi)] \leqslant 0, j=1,2,\cdots,p \end{cases} \quad (3\text{-}2\text{-}6)$$

根据决策者给定的优先结构和目标水平，也可以把不确定系统转化为期望值目标规划（EVGP）。

$$\begin{cases} \min \sum_{j=1}^{l} P_j \sum_{i=1}^{m}(u_{ij}d_i^+ + v_{ij}d_i^-) \\ \text{s.t.} \\ E[f_i(x,\xi)] + d_i^- - d_i^+ = b_i, i=1,2,\cdots,m \\ E[g_j(x,\xi)] \leqslant 0, j=1,2,\cdots,p \end{cases} \quad (3\text{-}2\text{-}7)$$

式中　x——决策向量；

　　　ξ——随机变量；

　　　$f_i(x,\xi)$——目标函数；

　　　$g_j(x,\xi) \leqslant 0$——随机约束函数，$j=1,2,\cdots,l$；

　　　E——期望值算子；

　　　P_j——优先因子，表示目标相对重要性，且满足$P_j \gg P_j$；

　　　u_{ij}，v_{ij}——对应优先因子j第i个目标正（负）偏差的权重因子。

期望值模型是随机优化问题中常用的且有效的方法。从期望值的角度出发，用不确定函数的期望值分别代替原来目标函数和约束条件中的不确定函数，来建立期望值模型，这意味着期望值$E[f(x,\xi)]$越大，其对应的决策x越好。期望完全由分布所确定，它考虑变量长期、稳定的趋势，通常取均值，相当于确定值。但对于极大化期望值效益问题或极小化期望值费用问题，实际中并不是关心的，更多的是考虑风险问题。比如考虑以概率0.1完成4000×10^4t产油和概率0.1完成4000×10^4t产油，期望值是相同的，都是4000×10^4t，但存在的风险是全然不同的。在油田开发规划方案编制中，考虑完成目标可能存在的风险是非常必要的。期望模型在一定程度上抹杀了随机性，掩盖了风险值和偏好。

（2）机会约束规划。

机会约束规划（Chance Constrained Programming）由Charnes和Cooper提出，是在一定的概率意义下达到最优的理论。机会约束规划主要是针对约束条件中含有随机变量，且必须在观测到随机变量的实现之前做出决策的问题。由于决策在不利情况下可能不满足约束条件，因此采用一种原则：允许所作决策在一定程度上不满足约束条件，但该决策应使约束条件得到满足的概率不小于某个预先给定的置信水平（即希望其在实际中至少以机会 β 在置信水平 α 处成立，其中 α 和 β 分别是事先给定的约束条件和目标函数的置信水平）。

一般地，极大化乐观值的机会约束规划（CCP）模型可以表示成式（3-2-8）面的形式：

$$\begin{cases} \max \bar{f} \\ \text{s.t.} \\ Ch\{f(x,\xi) \geq \bar{f}\} \geq \beta \\ Ch\{g_j(x,\xi) \leq 0, j=1,2,\cdots,p\} \geq \alpha \end{cases} \quad (3\text{-}2\text{-}8)$$

其中，α 和 β 分别是事先给定的约束条件和目标函数的置信水平。$\max \bar{f}$ 表示目标函数 $f(x,\xi)$ 在保证置信水平至少是 β 时乐观值。此处 Ch 可分别代表概率 Pr、可信性测度 Cr、信任测度 Tr、模糊 Pos 等机会测度。

另外，式（2-1-8）的机会约束可以分成几个独立的机会约束，如

$$Ch\{g_j(x,\xi) \leq 0\} \geq \alpha_j, j=1,2,\cdots,p \quad (3\text{-}2\text{-}9)$$

对于机会约束模型这种"必须在观测到随机变量实现以前作出决策的情况"，正好满足油田的实际生产中有许多参数具有一定的不确定性的特点，可使结果更能反映开发实际。

这一点实际应用很主要，对于油田开发规划多阶段的特性，可以通过不同的置信水平，利用式（3-2-9）来分别描述不同阶段应达到的水平。比一个规划期间用一个置信水平可能更为符合实际一些。应用程度如何，还需结合实际建模进行更深入的研究。

机会约束规划的解法大致有两种。（1）将机会约束规划转化为确定性规划，然后用确定性规划的理论去解决；（2）通过随机模拟技术处理机会约束条件，并利用遗传算法的优胜劣汰，得到机会约束规划的目标函数最优值和决策变量最优解集。

机会约束规划的目标函数最优值及决策变量的最优解集与模型中的随机系数有关，因而具有随机性。从数理统计的角度看，对这种随机的目标函数最优值以及决策变量的最优解集可以作出某种置信水平的区间估计。衡量区间估计的精度的一个重要指标是估计区间的长度，估计区间长度越小，估计精度就越大；反之，估计区间长度越大，估计精度就越小。

同期望值模型，式（3-2-8）也可以写成多目标的形式。

多目标机会约束规划模型：

$$\begin{cases} \max [\bar{f}_1, \bar{f}_2, \cdots, \bar{f}_m] \\ \text{s.t.} \\ Ch\{f_i(x,\xi)] \geq \bar{f}_i\} \geq \beta_j, \quad i=1,2,\cdots,m \\ Ch\{g_j(x,\xi)] \leq 0\} \geq \alpha_j, \quad j=1,2,\cdots,p \end{cases} \quad (3\text{-}2\text{-}10)$$

根据决策者给定的优先结构和目标值，可以把随机决策系统构造如下的机会约束目标规划。

$$\begin{cases} \min \sum_{j=1}^{l} P_j \sum_{i=1}^{m}(u_{ij}d_i^+ + v_{ij}d_i^-) \\ \text{s.t.} \\ Ch\{f_i(x,\xi)+d_i^- - d_i^+ = b_i\} \geq \beta_i, & i=1,2,\cdots,m \\ Ch\{g_j(x,\xi)] \leq 0\} \geq \alpha_j, & j=1,2,\cdots,p \\ d_i^-, d_i^+ \geq 0, & i=1,2,\cdots,m \end{cases} \qquad (3\text{-}2\text{-}11)$$

对于机会约束目标规划，d_i^- 和 d_i^+ 有可能都是正的，这区别确定性目标规划。

（3）相关机会规划。

相关机会规划（DCP）是由刘宝碇提出的一类新型数学规划模型。相关机会规划是使事件的机会函数在不确定环境下达到最大的优化问题。一般单目标 DCP 可以表示为

$$\begin{cases} \max f(x) \\ \text{s.t.} \\ g_j(x,\xi) \leq 0, & j=1,2,\cdots,p \end{cases} \qquad (3\text{-}2\text{-}12)$$

相关机会多目标约束规划模型：

$$\begin{cases} \max[f_1(x), f_2(x), \cdots, f_m(x)] \\ \text{s.t.} \\ g_j(x,\xi) \geq 0, & j=1,2,\cdots,p \end{cases} \qquad (3\text{-}2\text{-}13)$$

根据决策者给定的优先结构，可以把随机决策系统建模为如下的相关机会约束目标规划。

$$\begin{cases} \min \sum_{j=1}^{l} P_j \sum_{i=1}^{m}(u_{ij}d_i^+ + v_{ij}d_i^-) \\ \text{s.t.} \\ f_i(x)+d_i^- - d_i^+ = b_i, & i=1,2,\cdots,m \\ g_j(x,\xi) \leq 0, & j=1,2,\cdots,p \\ d_i^-, d_i^+ \geq 0, & i=1,2,\cdots,m \end{cases} \qquad (3\text{-}2\text{-}14)$$

（4）Minimax 机会约束规划模型。

带有模糊系数和模糊决策的机会约束模型。

① Maximax 模型（乐观模型）：极大化可能达到的最大效益。

$$\begin{cases} \max_{\tilde{x}} \max_{\bar{f}} \bar{f} \\ \text{s.t.} \\ Pos\{f(\tilde{x},\xi) \geq \bar{f}\} \geq \beta \\ Pos\{g_j(\tilde{x},\xi) \leq 0, j=1,2,\cdots,p\} \geq \alpha \end{cases} \qquad (3\text{-}2\text{-}15)$$

其中，$\bar{f}$ 是目标函数 $f(\tilde{x},\xi)$ 在可能性至少为 β 时所取的最大值。
类似地极小化目标函数的机会约束规划 $Mini\min$ 模型为：

$$\begin{cases} \min_{\tilde{x}} \min_{\bar{f}} \bar{f} \\ \text{s.t.} \\ Pos\{f(\tilde{x},\xi) \geq \bar{f}\} \geq \beta \\ Pos\{g_j(\tilde{x},\xi) \leq 0, j=1,2,\cdots,p\} \geq \alpha \end{cases} \quad (3\text{-}2\text{-}16)$$

其中，$\bar{f}$ 是目标函数 $f(\tilde{x},\xi)$ 在可能性至少为 β 时所取的最小值。
② $Mini\max$ 模型（悲观模型）：极大化可能达到的最小效益。

$$\begin{cases} \min_{\tilde{x}} \max_{\bar{f}} \bar{f} \\ \text{s.t.} \\ Pos\{f(\tilde{x},\xi) \geq \bar{f}\} \geq \beta \\ Pos\{g_j(\tilde{x},\xi) \leq 0, j=1,2,\cdots,p\} \geq \alpha \end{cases} \quad (3\text{-}2\text{-}17)$$

其中，$\bar{f}$ 是目标函数 $f(\tilde{x},\xi)$ 在可能性至少为 β 时所取的最小值。

2. 多层规划模型

考虑到现实中随机多层决策问题的存在性和普遍性，从解决随机多层分散决策问题研究动机出发，提出了比上述几类规划模型更为一般的随机期望值多层规划模型、随机机会约束多层规划模型和随机相关机会多层规划模型。

（1）随机期望值多层规划模型。

当领导者首先选择自己的策略 x 后，从属者也接着作出他们的决策 $(y_1, y_2, \cdots, y_m)$。为了最大化领导者的期望收益，得到如下模糊期望值多层规划模型：

$$\begin{cases} \max_{x} E[F(x, y_1^*, y_2^*, \cdots, y_m^*, \xi)] \\ \text{s.t.} \\ E[G(x,\xi)] \leq 0 \\ \quad \begin{cases} \max_{y_i} E[f_i(x, y_1, y_2, \cdots, y_m, \xi)] \\ \text{s.t.} \\ E[g_i(x, y_1, y_2, \cdots, y_m, \xi)] \leq 0 \end{cases} \end{cases} \quad (3\text{-}2\text{-}18)$$

在模型中，对于领导者既定的策略 x，一个决策向量 $(y_1^*, y_2^*, \cdots, y_m^*)$ 为从属者的 Nash 均衡仅当对任意的 $(y_1^*, y_2^*, \cdots, y_{i-1}^*, y_i, y_{i+1}^*, \cdots, y_m^*)$ 和 $i=1,2,\cdots,m$（其中 $y_1^*, y_2^*, \cdots, y_m^*$ 是子规划的解）。

（2）随机机会约束多层规划模型。

当领导者首先选择自己的策略 x 后，从属者也接着作出他们的决策 $(y_1, y_2, \cdots, y_m)$。为了最大化领导者收益函数的 α_0-乐观值，给出机会约束多层规划模型：

$$\begin{cases} \max_{x} \overline{F} \\ \text{s.t.} \\ Pr\{F(f_i(x, y_1^*, y_2^*, \cdots, y_m^*, \xi) \geq \overline{F}\} \geq \alpha_0 \\ Pr\{G(x, \xi) \leq 0\} \geq \beta_0 \\ \text{其中} y_1^*, y_2^*, \cdots, y_m^* \text{是以下规划问题的解} \\ \begin{cases} \max_{y_i} \overline{f_i} \\ \text{s.t.} \\ Pr\{f_i(x, y_1, y_2, \cdots, y_m, \xi) \geq \overline{f}\} \geq \alpha_i \\ Pr\{g_i(x, y_1, y_2, \cdots, y_m, \xi) \leq 0\} \geq \beta_i \end{cases} \end{cases} \quad (3\text{-}2\text{-}19)$$

在模型中，对于领导者既定的策略 x，一个决策向量 $(y_1^*, y_2^*, \cdots, y_m^*)$ 为从属者的 Nash 均衡仅当对任意的 $(y_1^*, y_2^*, \cdots, y_{i-1}^*, y_i, y_{i+1}^*, \cdots, y_m^*)$ 和 $i=1, 2, \cdots, m$。

（3）随机相关机会约束多层规划模型。

当领导者首先选择自己的策略 x 后，从属者也接着作出他们的决策 $(y_1, y_2, \cdots, y_m)$。为了最大化领导者的机会函数，给出如下的相关机会多层规划模型：

$$\begin{cases} \max_{x} Pr\{F(x, y_1^*, y_2^*, \cdots, y_m^*, \xi) \geq \overline{F}\} \\ \text{s.t.} \\ G(x, \xi) \leq 0 \\ \text{其中} y_1^*, y_2^*, \cdots, y_m^* \text{是以下规划问题的解} \\ \begin{cases} \max_{y_i} Pr\{f_i(x, y_1, y_2, \cdots, y_m, \xi) \geq \overline{f_i}\} \\ \text{s.t.} \\ g_i(x, y_1, y_2, \cdots, y_m, \xi) \leq 0 \end{cases} \end{cases} \quad (3\text{-}2\text{-}20)$$

在模型中，对于领导者既定的策略 x，一个决策向量 $(y_1^*, y_2^*, \cdots, y_m^*)$ 为从属者的 Nash 均衡仅当对任意的 $(y_1^*, y_2^*, \cdots, y_{i-1}^*, y_i, y_{i+1}^*, \cdots, y_m^*)$ 和 $i=1, 2, \cdots, m$。

一般而言，石油公司特别是大型石油公司的结构不是单层的，而是多层的。多层规划问题通常有以下共性：

①系统是分层管理的，各层决策者依次做出策，但上层和下层有相对的自主权。

②各层决策者有各自不同的控制变量、约束和目标，并且这些目标常常是不一致或相互矛盾的。

③各层决策者各自控制一部分决策变量，以优化各自的目标。即上下层的决策是有逻辑顺序的，领导者先作出决策，然后从属者在遵从领导者的政策的前提下选择自己的策略来优化自己的目标。

④上层决策者优先做出决策，下层相应决策者在为优化自己的目标而选择策略时，不能违背上层的决策。

⑤下层的决策不但决定自身目标的达成，而且也影响上层目标的达成。因此上层在选择策略优化自己的目标时，必须考虑下层可能采取的策略对自己的影响。

⑥所有决策者的容许策略集合通常是不可分离的，形成一个相关联的整体。

3. 基于区间数的规划模型

一般来说，确定性多目标优化问题可表述为式（3-2-21）：

$$\begin{cases} \min f(x) = \{f_1(x), f_2(x), \cdots, f_k(x)\} \\ \text{s.t.} \\ g_j(x) \leq 0, & j = 1, 2, \cdots, m \\ h_k(x) = 0, & k = 1, 2, \cdots, l \\ x = [x_1, x_2, \cdots, x_n]^\text{T} \\ x_{il} \leq x_i \leq x_{iu}, & i = 1, 2, \cdots, n \end{cases} \quad (3\text{-}2\text{-}21)$$

其中，$f(x)$，$g(x)$ 和 $h(x)$ 分别表示目标函数、不等式约束函数和等式约束函数。参数 k，m，l 分别为这些函数的个数。x_{il}，x_{iu} 分别为设计变量的下限和上限。

当问题中存在不确定性，并利用区间描述不确定问题时，式（3-2-21）可表述为如下区间不确定多目标优化问题：

$$\begin{cases} \min_x f(x,a) = \{f_1(x,a), f_2(x,a), \cdots, f_k(x,a)\} \\ \text{s.t.} \\ g_j(x,a) \leq v_j^I = [v_j^L, v_j^U], & j = 1, 2, \cdots, m \\ h_k(x) = b_k^I = [b_k^L, b_k^U], & k = 1, 2, \cdots, l \\ a \in a^I = [a^L, a^U] \\ a_i \in a_i^I = [a_i^L, a_i^U], & i = 1, 2, \cdots, q \\ x_{il} \leq x_i \leq x_{iu}, & i = 1, 2, \cdots, n \end{cases} \quad (3\text{-}2\text{-}22)$$

其中，矢量 a 是 q 维不确定量，其不确定性用 q 维区间向量 a^I 描述。I，L，U 分别代表区间，区间的下界和区间的上界。v_j^I，b_k^I 分别表示为第 j 个不等式约束的允许区间和第 k 个等式约束允许区间。

对于目标函数含区间参数的情况，国内外学者提出了多种有效求解方法，主要包括3类：其一是基于区间数序关系的规划方法，思想是在引入区间数序关系基础上，将问题转化为参数确定型规划问题求解；其二是基于最大最小后悔准则的区间规划方法；其三是通过构造双层规划模型求取决策变量的最优取值点或取值区间。

在不确定多目标处理方法上，通常提出把区间不确定多目标优化函数转化为如下的确定性多目标优化问题：

$$\begin{cases} \min_x f(x,a) = \{f_1(x,a), f_2(x,a), \cdots, f_k(x,a)\} \\ f_i(x,a) = \{(1-\beta)m(f_i(x,a) + \beta w[f_i(x,a)]\}, & i = 1, 2, \cdots, k \\ \text{s.t.} \\ P(C_j^I \geq D_j^I) \geq \lambda_j, & j = 1, 2, \cdots, m \end{cases} \quad (3\text{-}2\text{-}23)$$

求解此类问题，一般用罚函数法，把具有约束的多目标目标函数转化为确定的无约束多目标罚函数。计算流程图如图3-2-3所示，这是一个典型的嵌套优化问题。在外层，多目标优化算法产生多个设计向量个体；对每一设计向量个体，调用多次内层优化算法获得不确定目标函数和约束的区间；基于这些区间，计算转换后的确定性优化问题的目标函数和约束，由此可获得每个目标函数的罚函数值。实际问题中，优化问题往往涉及耗时的数值分析模型，由于每次嵌套优化都大量调用该模型，优化变得很耗时，而且不可接受。

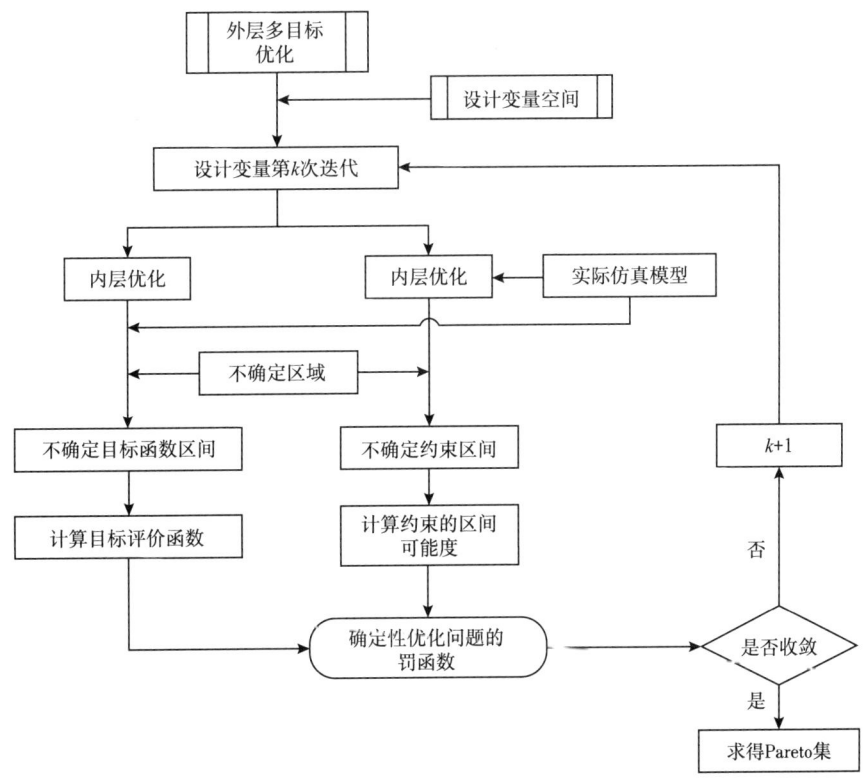

图 3-2-3　基于实际仿真模型的不确定多目标优化流程图

一般来讲，不确定性系统优化模型分为随机优化模型、模糊优化模型和区间数优化模型。但由于随机优化模型在模型建立过程中需要许多关于参数概率分布的数据，而且其求解过程中还常常会生成难以求解的中间模型，因此其实用性受到了很大的限制。模糊优化模型则只能解决模型约束条件右边项的不确定性问题，而对技术系数的不确定性则无能为力。此外，模糊优化模型的建立还需要有关隶属函数的数据信息，这些都对其实际应用造成了困难。区间数优化模型能够在建模过程中将实际系统中的不确定性因素直接反映在模型中，通过模型的求解可以得到一组行为区间，决策者在进行实际决策时，就可结合各种新的信息，根据个人或集体经验、偏好在这一行为区间中确定具体行动方案。显然，通过这种过程所得到的规划决策方案要比应用传统的规划模型所得到的结果更具科学性、实用性和可操作性。

三、油田实际不确定优化模型

以大庆油田为例,分水驱油田和三次采油分别进行说明。

(一)水驱油田

水驱油田主要包括长垣水驱和外围油田两个分区。水驱油田产量构成包括老井未措施、老井措施、老区新井、新区新井(未动用、待探明)和新技术产量5个部分。由于长垣水驱和外围油田的建模思路基本一致,所以建一套模型即可。在不确定环境下,考虑变量随机性,考虑产油、成本费用及新增可采储量三个目标。

水驱油田主要增油措施包括老井措施(9种)、老区新井(2种)、新区新井(4种)和新技术(2种)共4类17种。规划时要考虑不同的油层组的部署情况,所以根据地质状况把油层分为两类,这样总的总数即为34种(表3-2-1):

表3-2-1 水驱油田措施类型表

措施类别	措施序号	措施名称	决策变量	变量序号(i)	变量表示
老井措施	1	压裂	工作量	1	x_{ijk} $i=1,\cdots,11$
	2	三换	工作量	2	
	3	堵水	工作量	3	
	4	酸化	工作量	4	
	5	解堵	工作量	5	
	6	微生物吞吐	工作量	6	
	7	侧钻水平井	工作量	7	
	8	直井细分缝网压裂	工作量	8	
	9	其他	工作量	9	
老区新井	10	直井	工作量	10	
	11	水平井	工作量	11	
新区新井(未动用)	12	直井	动用储量	12	x_{ijk} $i=12,\cdots,17$
	13	水平井	动用储量	13	
新区新井(待探明)	14	直井	动用储量	14	
	15	水平井	动用储量	15	
新技术	16	CO_2驱(直井)	动用储量	16	
	17	大规模水平井压裂	动用储量	17	

1. 决策变量

设 x_{ijk} 表示决策变量,含义是第 k 年投入的第 j 油层第 i 种增产措施的工作量。其中下标 i 表示措施序号(其中下标 $i=1,\cdots,11$ 表示以部署的工作量为决策变量,$i=12,\cdots,17$ 表示以动用储量值为决策变量),下标 j 表示油层分类数,下标 k 表示措施投产的年次

($k=1,\cdots,T$)。

2. 优化目标

产油量：规划期内逐年完成的产量任务。

$$\sum_{j=1}^{J}\sum_{i=1}^{9}\sum_{k=1}^{t}a_{ijkt}x_{ijk}+\sum_{j=1}^{J}\sum_{i=10}^{17}\sum_{k=1}^{t}r_{ijk}a_{ijkt}x_{ijk}+\sum_{j=1}^{J}Q_{LJ}(j,t)+Q_{S}(t)\geqslant Q_{o}[t]$$

其中，$Q_{LJ}(j,t)$为老井第t年的预测产量。通常老井递减符合双曲递减规律，所以：

$$Q_{LJ}(j,t)=Q_{LJ0}(j)\left[1+D_{n}(j)D_{\xi}(j)t\right]^{-1/D_{n}(j)}$$

考虑新井日产油及递减率的随机性，规划期间完成产量目标概率最大化可表示为：

$$\max\prod_{t=1}^{T}Pr\left\{\sum_{j=1}^{J}\sum_{i=1}^{9}\sum_{k=1}^{t}a_{ijkt}x_{ijk}+\sum_{j=1}^{J}\sum_{i=10}^{17}\sum_{k=1}^{t}r_{ijk}a_{ijkt}x_{ijk}+\sum_{j=1}^{J}Q_{LJ}(j,t)+Q_{S}(t)\geqslant Q_{o}(t)\right\}$$

式中 $D_n(j)$——为第j油层老井递减指数；

$D_\xi(j)$——为第j油层老井初始递减率（随机量）；

r_{ijk}——老区新井和新区新井单井增油效果（随机量），$i=10,11,\cdots,17$，t；

a_{ijkt}——第k年投产的第j类油层第i种措施在t年的单井年增油系数。

成本费用：规划期间增油措施发生的总成本费用最小。考虑随机环境下的成本费用最小化问题，可用期望表示。

最小化成本费用期望：

$$\min E\left[\sum_{t=1}^{T}\sum_{j=1}^{J}\sum_{i=1}^{9}\sum_{k=1}^{t}c_{ijkt}x_{ijk}+\sum_{t=1}^{T}\sum_{j=1}^{J}\sum_{i=1}^{9}c_{Jij}x_{ijt}+\sum_{t=1}^{T}\sum_{j=1}^{J}\sum_{i=10}^{17}\sum_{k=1}^{t}\left(r_{ijk}c_{ijkt}x_{ijk}+c_{Wijk}x_{ijt}\right)\right]$$

新增可采储量：追求规划期间新增可采储量越大越好。

$$\max\left(\sum_{t=1}^{T}\sum_{j=1}^{J}\sum_{i=10}^{11}s_{Zijt}x_{ijt}+\sum_{t=1}^{T}\sum_{j=1}^{J}\sum_{i=12}^{17}s_{ij}x_{ijt}\right)$$

式中 s_{Zijt}——第k年投产第j类油层老区新井的单井年增加可采储量，10^4t/井。

s_{ij}——第j类第i种新区新井的采收率，$i=12,\cdots,17$。

3. 约束条件

动用储量总约束：不同油层组储层性质差别大，考虑新区（未动用、待探明、新技术）潜力状况分布，规定了规划期间不同油层组不同新区新井动用储量总量约束。

$$\sum_{t=1}^{T}x_{ijt}\leqslant S_{i}(j),\quad i=12,\cdots,17;j=1,2$$

同时考虑不同油层组年新区新井动用储量均衡：

$$\underline{S}_{ij}(t)\leqslant x_{ijt}\leqslant \overline{S}_{ij}(t),\quad i=12,13,\cdots,17;\quad j=1,2$$

式中　$S_i(j)$——第 j 类油层新区新井的动用储量总量，10^4t；

$\overline{S}_{ij}(t)$，$\underline{S}_{ij}(t)$——第 j 类油层组不同新井年动用储量上下限，10^4t。

工作量均衡约束：主要考虑每年工作量实施水平和潜力规模，制定不同油层组老井措施与新井每年部署的工作量实施能力限制。

$$\underline{x}_{ij}(t) \leqslant x_{ijt} \leqslant \overline{x}_{ij}(t), \quad i=1,2,\cdots,11; \quad j=1,2$$

资源（潜力）约束：规定各种增产措施在规划期间内工作量总界限，在总界限内的工作量资源是经济有效的。

不同油层组老井措施与新井总量约束：

$$\sum_{t=1}^{T} x_{ijt} \leqslant XY_{ij}, \quad i=1,2,\cdots,11; \quad j=1,2$$

老井措施与新井总量约束：

$$\sum_{t=1}^{T}\sum_{j=1}^{J} x_{ijt} \leqslant X_{i}, \quad i=1,2,\cdots,11$$

据此，建立外围油田的优化模型。同水驱一样，根据区块特点，分别建立确定性多目标优化模型和不确定性多目标优化模型。

4. 确定性优化模型

依据水驱油田特点，建立多目标多阶段确定性优化模型：

$$\min Z = P_1 \sum_{t=1}^{T}\left(d_{1t}^- + d_{1t}^+\right) + P_2 d_2^+ + P_3 d_3^-$$

$$\sum_{j=1}^{J}\sum_{i=1}^{9}\sum_{k=1}^{t} a_{ijkt} x_{ijk} + \sum_{j=1}^{J}\sum_{i=10}^{17}\sum_{k=1}^{t} r_{ijk} a_{ijkt} x_{ijk} + \sum_{j=1}^{J} Q_{LJ0}(j)\left[1 + D_n(j) D_\xi(j) t\right]^{-1/D_n(j)}$$
$$+ Q_S(t) + d_{1t}^- - d_{1t}^+ = Q_o(t)$$

$$\sum_{t=1}^{T}\sum_{j=1}^{J}\sum_{i=1}^{9}\sum_{k=1}^{t} c_{ijkt} x_{ijk} + \sum_{t=1}^{T}\sum_{j=1}^{J}\sum_{i=1}^{9} c_{Jij} x_{ijt} + \sum_{t=1}^{T}\sum_{j=1}^{J}\sum_{i=10}^{17}\sum_{k=1}^{t} \left(r_{ijk} c_{ijkt} x_{ijk} + c_{Wijk} x_{ijt}\right) + d_2^- - d_2^+ = C$$

$$\sum_{t=1}^{T}\sum_{j=1}^{J}\sum_{i=10}^{11} s_{Zijt} x_{ijt} + \sum_{t=1}^{T}\sum_{j=1}^{J}\sum_{i=12}^{17} s_{ij} x_{ijt} + d_3^- - d_3^+ = S$$

$$\sum_{t=1}^{T} x_{ijt} \leqslant S_i(t), i=12,13,\cdots,17; j=1,2$$

$$\underline{S}_{ij}(t) \leqslant x_{ijt} \leqslant \overline{S}_{ij}(t), i=12,13,\cdots,17; j=1,2$$

$$\underline{x}_{ij}(t) \leqslant x_{ijt} \leqslant \overline{x}_{ij}(t), i=1,2,\cdots,11; j=1,2$$

$$\sum_{t=1}^{T} x_{ijt} \leqslant XY_{ij}, i=1,2,\cdots,11; j=1,2$$

$$\sum_{t=1}^{T}\sum_{j=1}^{J} x_{ijt} \leqslant X_i, i=1,2,\cdots,11$$

$$x_{ijt} \in Z$$

5. 不确定性优化模型

考虑到递减率和措施效果两项不确定参数,依据水驱油田特点,建立多目标多阶段不确定性优化模型:

$$\max \prod_{t=1}^{T} Pr \left\{ \begin{array}{l} \sum_{j=1}^{J}\sum_{i=1}^{9}\sum_{k=1}^{t} a_{ijkt}x_{ijk} + \sum_{j=1}^{J}\sum_{i=10}^{17}\sum_{k=1}^{t} r_{ijk}a_{ijkt}x_{ijk} + \\ \sum_{j=1}^{J} Q_{LJ0}(j)\left[1+D_n(j)D_\xi(j)t\right]^{-1/D_n(j)} + Q_S(t) \geqslant Q_o(t) \end{array} \right\}$$

$$\min E\left[\sum_{t=1}^{T}\sum_{j=1}^{J}\sum_{i=1}^{9}\sum_{k=1}^{t} c_{ijkt}x_{ijk} + \sum_{t=1}^{T}\sum_{j=1}^{J}\sum_{i=1}^{9} c_{Jij}x_{ijt} + \sum_{t=1}^{T}\sum_{j=1}^{J}\sum_{i=10}^{17}\sum_{k=1}^{t}\left(r_{ijk}c_{ijkt}x_{ijk} + c_{Wijk}x_{ijt}\right)\right]$$

$$\max\left(\sum_{t=1}^{T}\sum_{j=1}^{J}\sum_{i=10}^{11} s_{Zijt}x_{ijt} + \sum_{t=1}^{T}\sum_{j=1}^{J}\sum_{i=12}^{17} s_{ij}x_{ijt}\right)$$

$$\sum_{t=1}^{T} x_{ijt} \leqslant S_i(t), i=12,13,\cdots,17; j=1,2$$

$$\underline{S}_{ij}(t) \leqslant x_{ijt} \leqslant \overline{S}_{ij}(t), i=12,13,\cdots,17; j=1,2$$

$$\underline{x}_{ij}(t) \leqslant x_{ijt} \leqslant \overline{x}_{ij}(t), i=1,2,\cdots,11; j=1,2$$

$$\sum_{t=1}^{T} x_{ijt} \leqslant XY_{ij}, i=1,2,\cdots,11; j=1,2$$

$$\sum_{t=1}^{T}\sum_{j=1}^{J} x_{ijt} \leqslant X_i, i=1,2,\cdots,11$$

$$x_{ijt} \in Z$$

(二)三次采油

三采产油构成主要分为已注聚合物区块产油、新井产油、空白水驱产油、试验产量和新投注聚合物区块产油5大部分,其中已注聚合物区块产油、新井产油、空白水驱产油和试验产量在知识库中作为已知给定,每年可调配的部分就是新投注区块产油量,可以通过不同注入时间、采用不同驱替方式(三元复合驱或聚合物驱),进行新投注区块产油量安排。

0-1规划是决策变量仅取值0或1的一类特殊的整数规划,0-1变量可以数量化地描述诸如开与关、取与弃、有与无等现象所反映的离散变量间的逻辑关系、顺序关系以及互斥的约束条件,因此0-1规划非常适合描述和解决如线路设计、工厂选址、生产计划安排、旅行购物、背包问题、人员安排、代码选取和可靠性等人们所关心的多种问题。在三次采油大区,考虑的是如何优化安排区块的注入时间,采用哪种驱替方式就是优化的主要问题。对于这类区块投与不投、上聚合物驱或三元复合驱、什么时间注的选择性问题,很适合用0-1规划对其进行分析。

1. 决策变量

设 x_{nks} 为 0-1 变量,表示第 n 厂第 s 区块在第 k 年是否动用。

三采区块的决策变量和长垣水驱和外围有很大不同。研究的对象不是某一口井或是某一单位的储量,而是某一区块。不再是一个连续的变量而是0-1变量。三采大区可分为

6个厂，每个厂内有不同数量的区块，这些区块又隶属于不同的地面配置站。每一个厂的区块间也不是相互独立的，在是否能选择上是有先后顺序的，比如在一厂，北一区断西西块一次上返（高浓度）区块不能在西区及一、二条带一次上返（高浓度）区块之前被选用。这就使区块间的关系被严格限制，优化过程的灵活性下降。

2. 优化目标

产油量：区块年产油量应大于等于三次采油年产量任务。

$$\sum_{n=1}^{N}\sum_{k=1}^{t}\sum_{s=1}^{S(n)} H_{ns} M_{ns} v_{ns(t-k+1)} x_{nsk} + Q_{yz}(t) + Q_{xj}(t) + Q_{kb}(t) + Q_{sy}(t) \geq Q_o(t)$$

考虑区块采油速度高值变化的不确定性，会引起年产油不确定性，产油量的变化用概率分布表示。那么规划期间完成产量目标的概率最大化为

$$\max \prod_{t=1}^{T} Pr\left\{\sum_{n=1}^{N}\sum_{k=1}^{t}\sum_{s=1}^{S(n)} H_{ns} M_{ns} v_{ns(t-k+1)} x_{nsk} + Q_{yz}(t) + Q_{xj}(t) + Q_{kb}(t) + Q_{sy}(t) \geq Q_o(t)\right\}$$

式中　$v_{ns(t-k+1)}$——第 n 厂第 s 区块在第 $t-k+1$ 年的采油速度与高值的比例，也就是第 k 年上的区块在第 t 年的采油速度与高值的比例；

H_{ns}——第 n 厂第 s 区块采油速度高值（随机变量，按浮动区间）；

N——采油厂数；

$s(n)$——第 n 厂包含的区块数；

P——地面配制站数；

$Q_o(t)$——规划第 t 年目标产量，10^4t；

$Q_{xj}(t)$——规划第 t 年新井产油量，10^4t；

$Q_{yz}(t)$——规划第 t 年空白水驱产油量，10^4t；

$Q_{xy}(t)$——规划第 t 年已注区块产油量，10^4t；

$Q_{sy}(t)$——规划第 t 年试验产油量，10^4t；

M_{ns}——第 n 厂第 s 区块的动用储量，10^4t；

化学剂成本费用：规划期间投入的化学剂成本费用不超过给定的最小限额 CB。

$$\sum_{t=1}^{T}\sum_{n=1}^{N}\sum_{k=1}^{t}\sum_{s=1}^{S(n)}\left\{c_1 Z_{ns[3(t-k)+1]} + c_2 Z_{ns[3(t-k)+2]} + c_3 Z_{ns[3(t-k)+3]}\right\} x_{nsk} = CB$$

对区块的规划部署来说，总希望规划期间内化学剂花费越小越好，即

$$\min \sum_{t=1}^{T}\sum_{n=1}^{N}\sum_{k=1}^{t}\sum_{s=1}^{S(n)}\left\{c_1 Z_{ns[3(t-k)+1]} + c_2 Z_{ns[3(t-k)+2]} + c_3 Z_{ns[3(t-k)+3]}\right\} x_{nsk}$$

式中　c_i——第 i 种化学剂（P、S、A）单位用量成本，元；

Z_{nsi}——第 n 厂第 s 区块投入的第 i 种化学剂量，10^4t。

3. 约束条件

年动用储量规模：储量规模与产量和化学剂用量有直接关系。年动用储量增大，产量

和化学剂用量也会增大,带来的是投资和成本费用的增加,所以限制规划期间每年投注新区块的总动用储量。

$$\underline{M}(t) \leqslant \sum_{n=1}^{N}\sum_{s=1}^{S(n)} M_{ns}x_{nts} \leqslant \overline{M}(t)$$

式中　$\overline{M}(t)$,$\underline{M}(t)$——年动用储量上、下限,10^4t。

年注聚合物规模:年注聚合物用量增加,成本费用增大,考虑成本的整体控制,要对年注聚合物规模加以限制。

$$\underline{W}_1(t) \leqslant \sum_{n=1}^{N}\sum_{k=1}^{t}\sum_{s=1}^{S(n)} Z_{ns[3(t-k)+1]}x_{nsk} \leqslant \overline{W}_1(t)$$

式中　$\overline{W}_1(t)$,$\underline{W}_1(t)$——年注聚合物用量上、下限,10^4t。

年注表面活性剂规模:考虑表面活性剂生产厂产品的生产能力以及成本费用的整体控制,规定年注表面活性剂规模限制。

$$\underline{W}_2(t) \leqslant \sum_{n=1}^{N}\sum_{k=1}^{t}\sum_{s=1}^{S(n)} Z_{ns[3(t-k)+2]}x_{nsk} \leqslant \overline{W}_2(t)$$

式中　$\overline{W}_2(t)$,$\underline{W}_2(t)$——年注表面活性剂量上、下限,10^4t。

年地面配制站能力限制:当年投注区块的聚合物总量不能超过区块隶属的配制站能力上限。

$$\sum_{n=1}^{N}\sum_{k=1}^{t}\sum_{s=1}^{S(n)} GZ_{pns}Z_{ns[3(t-k)+1]}x_{nsk} \leqslant \overline{Z}_p$$

为避免单区块隶属多配制站的"一对多"问题,增加一个区块只能隶属于一个配制站约束,即:

$$\sum_{n=1}^{N}\sum_{s=1}^{S(n)}\sum_{p=1}^{P} GZ_{pns} = 1$$

式中　GZ_{pns}——配制站与第n厂第s区块的对应关系(0或1);

$\overline{Z}_p$——第p站的地面配制上限能力,10^4t。

年各厂钻建工作量限制:为使每年各厂投注的新区块数量相对均衡,也是考虑各厂年钻建工作量安排及地面配制站现有能力限制,给出每年每个厂至少投入区块限制。

$$\sum_{s=1}^{S(n)} x_{nts} \geqslant GK_{nt}$$

决策变量约束:一个区块在规划期间中只能上一次。

$$\sum_{t=1}^{T} x_{nst} \leqslant 1$$

135

据此,分别建立三次采油确定性多目标优化模型和不确定性多目标优化模型。

4. 确定性优化模型

基于0-1规划,建立模型。特别需要注意的是对下标的处理。对应数据中比值等数值都按开始投入后第1年到第5年的模式给出,见表3-2-2。

表3-2-2 三次采油区块数据示意图

区块	无量纲采油速度				
北一区断西西块一次上返(高浓度)	0.7978	1.0000	0.7684	0.5217	0.3965
中区西部上返(高浓度)	0.2660	0.7064	1.0000	0.6808	0.4348

在模型中用 $t-k+1$ 的形式表示第 k 年投产的区块在第 t 年的状况。比如3-2+1=2,表示的是第3年投产的区块在第2年的状况,在第3年该区块实际用了两年,也就对应上了数据中2的位置。

依据三次采油特点,建立多目标多阶段确定性优化模型:

$$\min Z = P_1 \sum_{t=1}^{T}\left(d_{1t}^{-} + d_{1t}^{+}\right) + P_2 d_2^{+}$$

$$\sum_{n=1}^{N}\sum_{k=1}^{t}\sum_{s=1}^{S(n)} H_{ns} M_{ns} v_{ns[t-k+1]} x_{nsk} + Q_{yz}(t) + Q_{xj}(t) + Q_{kb}(t) + Q_{sy}(t) + d_{1t}^{-} - d_{1t}^{+} = Q_o(t)$$

$$\sum_{t=1}^{T}\sum_{n=1}^{N}\sum_{k=1}^{t}\sum_{s=1}^{S(n)}\left\{c_1 Z_{ns[3(t-k)+1]} + c_2 Z_{ns[3(t-k)+2]} + c_3 Z_{ns[3(t-k)+3]}\right\} x_{nsk} + d_2^{-} - d_2^{+} = CB$$

$$\underline{M}(t) \leqslant \sum_{n=1}^{N}\sum_{s=1}^{S(n)} M_{ns} x_{nst} \leqslant \overline{M}(t)$$

$$\underline{W}_1(t) \leqslant \sum_{n=1}^{N}\sum_{k=1}^{t}\sum_{s=1}^{S(n)} Z_{ns[3(t-k)+1]} x_{nsk} \leqslant \overline{W}_1(t)$$

$$\underline{W}_2(t) \leqslant \sum_{n=1}^{N}\sum_{k=1}^{t}\sum_{s=1}^{S(n)} Z_{ns[3(t-k)+2]} x_{nsk} \leqslant \overline{W}_2(t)$$

$$\sum_{n=1}^{N}\sum_{k=1}^{t}\sum_{s=1}^{S(n)} GZ_{pns} Z_{ns[3(t-k)+1]} x_{nsk} \leqslant \overline{Z}_p$$

$$\sum_{n=1}^{N}\sum_{s=1}^{S(n)}\sum_{p=1}^{P} GZ_{pns} = 1$$

$$\sum_{s=1}^{S(n)} x_{nst} \geqslant GK_{nt}$$

$$\sum_{t=1}^{T} x_{nst} \leqslant 1$$

5. 不确定性优化模型

因为客观或人为的原因,在新区块预测和类比中,存在着不确定性,这种不确定性主要体现在采油速度高值的不确定上。因此,在新投注聚合物区块采油速度模式图已知的前提下,要优化的问题是:在年动用储量、年注化学剂用量规模、地面配制站能力、各钻建厂工作量等约束下，考虑到采油速度高值的不确定性，确定如何安排区块，能使整个规划期内完成产量目标的概率最大化，化学剂成本费用最小化。

依据三次采油特点，建立多目标多阶段不确定性优化模型：

$$\max \prod_{t=1}^{T} p_r \left\{ \sum_{n=1}^{N} \sum_{k=1}^{t} \sum_{s=1}^{S(n)} H_{ns} M_{ns} v_{ns(t-k+1)} x_{nsk} + Q_{yz}(t) + Q_{xj}(t) + Q_{kb}(t) + Q_{sy}(t) \geq Q_o(t) \right\}$$

$$\min \sum_{t=1}^{T} \sum_{n=1}^{N} \sum_{k=1}^{t} \sum_{s=1}^{S(n)} \left\{ c_1 Z_{ns[3(t-k)+1]} + c_2 Z_{ns[3(t-k)+2]} + c_3 Z_{ns[3(t-k)+3]} \right\} x_{nsk}$$

$$\underline{M}(t) \leq \sum_{n=1}^{N} \sum_{s=1}^{S(n)} M_{ns} x_{nst} \leq \overline{M}(t)$$

$$\underline{W}_1(t) \leq \sum_{n=1}^{N} \sum_{k=1}^{t} \sum_{s=1}^{S(n)} Z_{ns[3(t-k)+1]} x_{nsk} \leq \overline{W}_1(t)$$

$$\underline{W}_2(t) \leq \sum_{n=1}^{N} \sum_{k=1}^{t} \sum_{s=1}^{S(n)} Z_{ns[3(t-k)+2]} x_{nsk} \leq \overline{W}_2(t)$$

$$\sum_{n=1}^{N} \sum_{k=1}^{t} \sum_{s=1}^{S(n)} GZ_{pns} Z_{ns[3(t-k)+1]} x_{nsk} \leq \overline{Z}_p$$

$$\sum_{n=1}^{N} \sum_{s=1}^{S(n)} \sum_{p=1}^{P} GZ_{pns} = 1$$

$$\sum_{s=1}^{S(n)} x_{nst} \geq GK_{nt}$$

$$\sum_{t=1}^{T} x_{nst} \leq 1$$

第三节 不确定优化模型求解算法

传统的不确定规划主要限于随机规划和模糊规划，因而其计算的经典方法是根据随机概率理论和模糊可能性理论，将其转化为等价的或近似的确定性或清晰的数学规划等价类，然后计算确定性的或清晰的规划模型，这是一种间接计算方法。然而，在由不确定规划转化为确定性或清晰规划问题时，常伴有非线性性、非连续性和传统确定性优化方法难以解决的问题，同时现实生产中的许多实际问题又常常表现为复杂的非线性关系，经典的计算方法只能计算一些较为简单和特殊的不确定规划。所以，研究和发展不确定规划的直接计算方法则成为不确定规划研究的一个重要内容[10-18]。

不确定优化问题计算的特点是大规模化与方法的综合化，基本算法是混合智能算法，其基本思路是将遗传算法、算法模拟以及神经网络有机地结合为一体，结合问题的数学性质结构特点，同时也可借鉴现有的数学规划算法，来解决大规模计算。

称一个优化问题是复杂的，通常是指具有下列特征之一：

（1）目标函数没有明确解析表达。

（2）目标函数虽有明确表述，但不可能恰好估值。

（3）目标函数为多峰函数。
（4）目标函数有多个，即多目标优化。

称一个优化问题是困难的，通常是指其目标函数或约束条件不连续、不可微、高度非线性，或者问题本身是困难的组合问题。

传统优化算法求解往往要求目标函数是凸的、连续可微的，可行域是凸集等条件，而且处理非确定性信息的能力较差。这些弱点使传统优化方法在解决许多实际问题时受到了限制（表3-3-1）。

表3-3-1　传统优化方法与现代优化方法比较

方法分类	待解决的问题	优化方法	评价方法
传统算法	连续性问题，以微积分为基础，规模较小	理论上的准确与完美，主要方法：线性与非线性规划、动态规划、多目标规划、整数规划等；排队论、库存论、对策论、决策论等	算法收敛性 收敛速度
现代算法	离散性、不确定性、大规模	启发式算法 追求满意（近似解） 实用性强（解决实际工程问题）	算法复杂性

目前由于所研究实际系统的规模越来越大，约束条件增多，系统结构越来越复杂，多准则、非线性、不可微、不确定已成为这些复杂系统的基本特征，致使系统的数学建模难度越来越大，因此，探寻适合大规模计算且具有智能特征的问题求解（或信息处理）方法成为相关学科的研究热点和重要研究方向。随着计算机的快速发展和智能算法的不断涌现，许多复杂的优化问题可以通过智能算法借助计算机来解决。智能算法在不确定规划问题中的应用有两种途径，一是在间接计算中使用，即运用智能算法计算与不确定规划等价的确定性规划问题，这一做法也只能够解决可以转化为等价确定性规划并且不太复杂的不确定规划计算问题；二是运用智能算法直接计算不确定规划，这是近年刚起步的研究。

作为计算智能的重要研究内容，智能优化算法主要包括进化算法、模拟退火算法、人工神经网络方法、免疫算法、禁忌搜索算法、差分演化算法、蚁群算法和微粒群算法等。这类新的优化算法一般都是建立在生物智能或物理现象基础上的随机搜索算法，目前在理论上还远不如传统优化算法完善，往往也不能确保解的最优性，因而常常被视为只是一些"启发式方法"。但从实际应用的观点看，这类新算法一般不要求目标函数和约束的连续性与凸性，甚至有时连有没有解析表达式都不要求，对计算中数据的不确定性也有很强的适应能力。由于这些独特的优点和机制，智能优化算法引起了国内外学者的广泛重视并引起了该领域的研究热潮，且在诸多领域中得到了广泛应用，展示出强劲的发展势头。

一、启发式算法定义与分类

（一）算法的定义

（1）最优算法。

一个问题的最优算法求得该问题每个实例的最优解。

（2）启发式算法。

一个基于直观或经验构造的算法，在可接受的花费（计算时间、占用空间等）下给出待解决优化问题每一个实例的一个可行解,该可行解与最优解的偏离程度不一定事先可以预计。

(3)启发式算法的特点。

启发式算法是一种技术,但其不能保证所得解的最优性。

(4)启发式算法的发展历史。

20世纪40年代,处于起步阶段;20世纪60—70年代,处于被忽略阶段;20世纪70年代,对其观点发生转变;20世纪80年代至今,处于研究热潮阶段。

(5)启发式算法的优点与缺点。

优点:模型误差、数据不精确性、参数估计误差等可能造成最优算法的解比启发式算法的解更差;复杂问题无法求得最优算法或最优算法太复杂;简单易行,直观,程序简单。

缺点:不能保证最优;不稳定;依赖于实际问题、设计者经验。

(二)启发式算法的分类

1. 简单直观的算法

分为两类,一类是一步算法,另一类是其改进算法。

一步算法:不在两个可行解之间比较,在未终止的迭代过程中,得到的中间解有可能不是可行解,例如背包问题的贪婪算法。

改进算法:迭代过程是从一个可行解到另一个可行解变换,通过两个解的比较而选择好的解,直到满足一定的要求为止。

2. 数学规划算法

主要包括用连续优化(如线性规划)的方法求解组合优化问题(如整数线性规划模型),其中包括一些启发式规则,以及基于数学规划的理论算法。

3. 现代优化算法

主要包括:禁忌搜索算法、模拟退火算法、遗传算法、人工神经网络、蚁群算法、粒子群算法和混合算法等。

(三)智能算法特点

(1)智能算法的实用性:对判断是否能够求解优化问题的前提条件的要求很低,智能算法比传统算法能在更多的情况下能够求得有用的(即近似的、次优的和在精度许可范围内的)优化解。

(2)智能算法的通用性:通过策略、参数、操作以及算子的调整,能够更广泛地适应不同领域的优化求解问题,尤其是对多目标、大规模、高维数、非线性以及带有不可转化约束条件的复杂优化问题,具有更强的适应性。

(3)智能算法的灵活性:通过策略、参数、操作以及算子的短时间的调整,能够很快提高寻优求解的性能(效率和质量);更重要的是智能算法能够通过自身的改良以及同其他方法的交叉融合,在不长的时间内快速"进化",这一点是智能算法仿生、仿自然的内在特性。

(4)智能算法的高效特点:不是说在拥有同等计算资源时,求解优化问题肯定都比传统方法快(从整体上讲,在近年来多数工程应用中的效率确实高出传统算法,否则,智能算法的发展速度也不会突飞猛进),更多的是指能够更充分挖掘计算机的潜力,比如容易实现并自行寻优求解。

二、智能优化算法简介

（一）人工神经网络

神经元网络是基于生物学的神经元网络的基本原理而建立的。它是由许多称为神经元的简单处理单元组成的一类适应系统，而所有的神经元通过前向或回馈的方式相互关联、相互作用。对神经元网络的研究日趋成熟，并且构造出了各种各样的神经元网络，如多层前向神经元网络、放射函数网络、Kohonen自组织特征图、适应理论网络、Hopfield网络、双向辅助存储网络及认知与新认知网络。神经元网络已经被广泛地应用到函数逼近、时间序列和专家系统、人工智能及优化方面。

神经元网络的一个重要作用就是具有对运作机制的学习能力，这种能力不仅表现在对精确样本的学习上，对那些可能不完全或是有噪声的新数据，神经元网络还可以起到校正的作用。本调研报告中将对提高求解优化模型的速度进行重点介绍。

由Minsky和Papert提出的多层前向神经元网络（多层感知器）是目前最为常用的网络结构，它被广泛地应用到模式分类和函数逼近中。已经证明含有任意多个隐层神经元的多层前向神经元网络可以逼近任意的连续函数。下面介绍神经元网络如何逼近不确定函数的，和嵌入到遗传算法中形成混合智能算法来求解不确定规划模型。

1. 人工神经元

与生物学中的神经元类似，人工神经元作为一种简单的处理器可以将到来的信号进行加权求和处理（图3-3-1）。

$$y = w_0 + w_1 x_1 + w_2 x_2 + \cdots + w_n x_n \qquad (3-3-1)$$

式中　$x_1, x_2, \cdots, x_n$——输入值；

　　　$w_0, w_1, w_2, \cdots, w_n$——权重；

　　　y——神经元的输出。

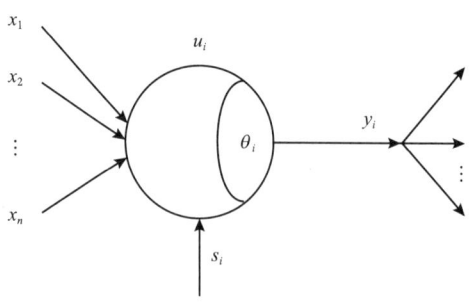

图3-3-1　神经元示意图

在实际应用过程中，人们通过定义一个具有无记忆性的非线性函数作为激励函数来改变神经元的输出。

$$y = \sigma(w_0 + w_1 x_1 + w_2 x_2 + \cdots + w_n x_n) \qquad (3-3-2)$$

激励函数的选择依赖于其应用的对象，常使用Sigmoid函数：

$$\sigma(x) = \frac{1}{1+e^{-x}} \quad (3\text{-}3\text{-}3)$$

作为激励函数，其导数为

$$\sigma'(x) = \frac{e^{-x}}{\left(1+e^{-x}\right)^2} \quad (3\text{-}3\text{-}4)$$

2. 多层前向神经元网络

它是目前使用较多的网络结构，由输入层、一个或多个隐层和输入层连接而成（图 3-3-2）。其每一层又有许多人工神经元组成，而前一层的输出作为下一层神经元的输入数据。

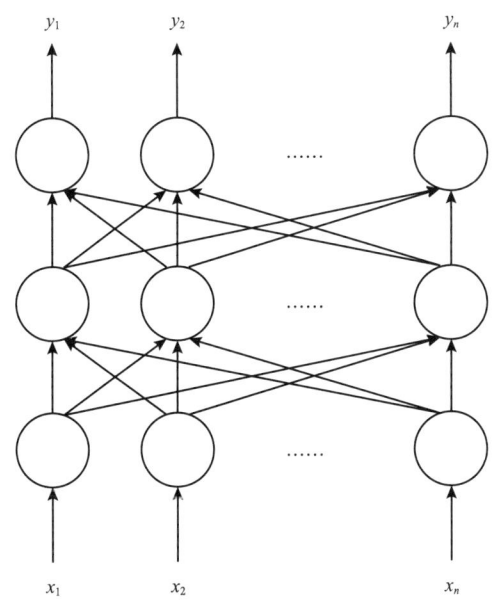

图 3-3-2　多层前向神经元网络

先考虑只有单隐含层的神经元网络，n 个输入层神经元，m 个输出层神经元和 p 个隐层神经元，则隐层神经元的输出为：

$$x_i^1 = \sigma\left(\sum_{j=1}^n w_{ij}^0 x_j + w_i^0\right), \quad i=1,2,\cdots,p \quad (3\text{-}3\text{-}5)$$

输出层神经元的输出为：

$$y_i = \sum_{j=1}^n w_{ij}^1 x_j^1 + w_{i0}^1, \quad i=1,2,\cdots,m \quad (3\text{-}3\text{-}6)$$

3. 函数逼近

多层前向神经元网络可以看作是输入空间到输出空间的非线性映射。已经证明具有一个或多个隐含层的前向神经元网络可以以任意精度逼近任何连续的非线性函数。

假设 $f(x)$ 是一个连续函数，希望训练一个前向神经元网络来逼近函数，当网络结构和神经元数目固定后，网络的权系数的数目也就确定了，神经元网络的训练过程就是寻找一个适当的权重向量 w，从而能够对函数 $f(x)$ 进行逼近。对于输入数据 x_i，希望选出一组权重使得神经元网络的实际输 $F(x,w)$ 可以在允许误差内接近其训练数据，也就是说，训练过程就是寻找权向量极小化函数误差 $Err(w)$。

$$Err(w) = \frac{1}{2}\sum_{i=1}^{N}\|F(x_i,w)-y_i\|^2 \qquad (3\text{-}3\text{-}7)$$

权向量极小化平均误差为

$$Err(w) = \frac{1}{N}\sum_{i=1}^{N}\|F(x_i,w)-y_i\| \qquad (3\text{-}3\text{-}8)$$

4. 网络结构的确定

如果具有无限个隐含神经元，只有一个隐含层的前向神经元网络就可以对连续函数进行任意精度的逼近。当隐层个数确定后，还要决定使用多少个隐含层神经元。一方面，太少的隐含层神经元会使网络缺乏精度能力，另一方面，太多的隐含层神经元又会增加训练时间降低反应速度。

神经元网络的学习过程是一个权重的修正过程，使得网络所代表的映射可以和所要的映射尽可能地接近，这个过程就是一个优化的过程。反向传播算法是多层前向神经元网络的学习算法，实际上是一个梯度下降的最小化方法。BP 算法框图如图 3-3-3 所示。

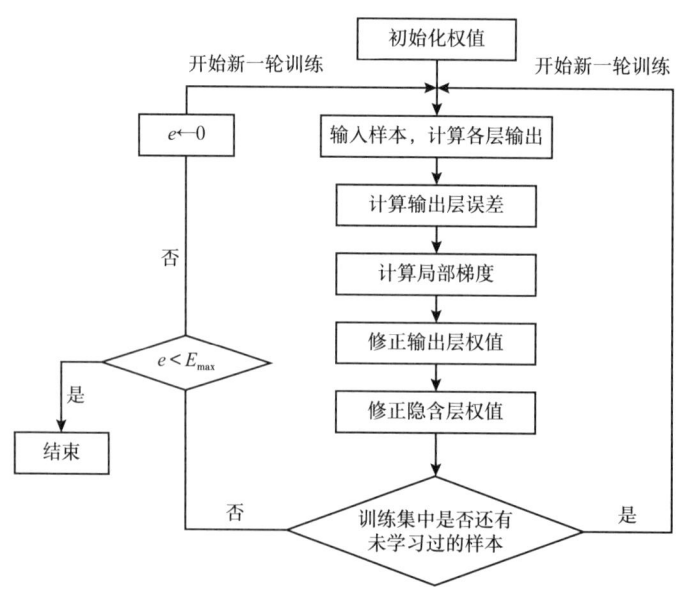

图 3-3-3　BP 算法流程图

（二）遗传算法

遗传算法（Genetic Algorithms，GA）是由美国的 J.Holland 教授于 1975 年在他的专著

《自然界和人工系统的适应性》中首先提出的，它是一类借鉴生物界自然选择和自然遗传机制的随机化搜索算法。过去 30 年中，遗传算法在解决复杂的全局优化问题方面得到了成功的应用，并受到了人们的广泛关注。尤其是当目标函数是多峰的，或者搜索空间不规则，这就要求所使用的算法必须具有高度的鲁棒性，以避免在局部最优解附近徘徊，而遗传算法的优点恰好在于全局搜索。另外，遗传算法本身并不要求对优化问题的性质作一些深入的数学分析，从而对那些不太熟悉数学理论和算法的使用者来说，无疑是方便的。

由于具有隐含并行性和全局解空间搜索等特点，GA 越来越受到人们的重视，并在函数优化、机器学习、模式识别和优化控制等领域得到了成功应用。

1. 遗传算法基本流程

遗传算法模拟自然选择和自然遗传过程中发生的繁殖、交叉和基因突变现象，在每次迭代中都保留一组候选解，并按某种指标从解群中选取较优的个体，利用遗传算子（选择、交叉和变异）对这些个体进行组合，产生新一代的候选解群，重复此过程，直到满足某种收敛指标为止。

遗传算法的主要步骤如下所示：

步骤 1：编码。GA 在进行搜索之前先将解空间的解数据表示成遗传空间的基因型串结构数据，这些串结构数据的不同组合便构成了不同的点。

步骤 2：初始群体的形成。随机产生 N 个初始串结构数据，每个串结构数据称为一个个体，N 个个体构成了一个群体。GA 以这 N 个串结构数据作为初始点进行迭代。

步骤 3：适应度评估检测。适应度函数表明个体或解的优劣性。对于不同的问题，适应度函数的定义方式也不同。

步骤 4：选择。选择也称复制，目的是从当前群体中选出优良的个体，使它们有机会作为父代为下一代繁殖子孙。遗传算法通过选择过程体现这一思想，进行选择的原则是适应性强的个体为下一代贡献一个或多个后代的概率大。选择实现了达尔文的适者生存原则。

步骤 5：交叉。交叉操作是遗传算法中最主要的遗传操作。通过交叉操作可以得到新一代个体，新个体组合了其父辈个体的特性。交叉体现了信息交换的思想。

步骤 6：变异。变异首先在群体中随机选择一个个体，对于选中的个体以一定的概率随机地改变串结构数据中某个串的值。同生物界一样，GA 中变异发生的概率很低，通常取值在 0.001~0.1 之间。变异为新个体的产生提供了机会。

GA 的计算过程流程图如图 3-3-4 所示。

2. 遗传算法的几点性质

（1）特点。

①群体搜索，易于并行化处理。

②不是盲目穷举，而是启发式搜索。

③适应度函数不受连续、可微等条件的约束，适用范围很广。

（2）遗传算法的本质。

遗传算法本质上是对染色体模式所进行的一系列运算，即通过选择算子将当前种群中的优良模式遗传到下一代种群中，利用交叉算子进行模式重组，利用变异算子进行模式突变。通过这些遗传操作，模式逐步向较好的方向进化，最终得到问题的最优解。

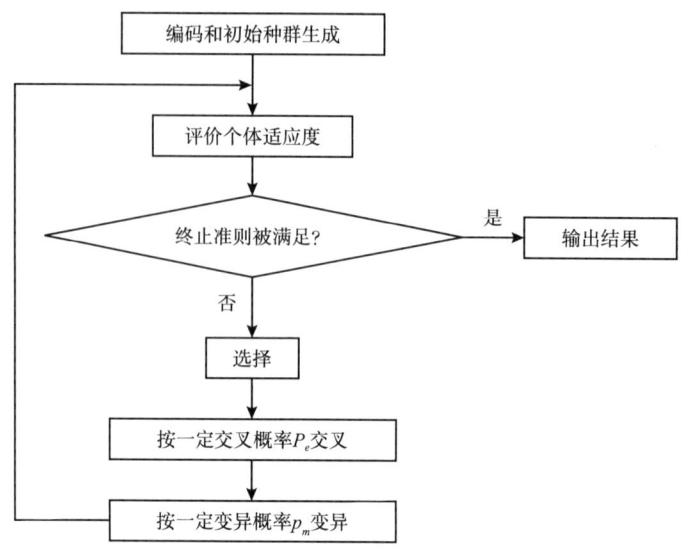

图 3-3-4 遗传算法计算流程

（3）遗传算法的应用领域。

主要包括组合优化、函数优化、自动控制、生产调度、图像处理、机器学习、人工生命和数据挖掘等。

（4）常用的几种多目标遗传算法。

①并列选择法。

Schaffer 提出的"向量评估多目标遗传算法"是种非 Pareto 方法。此方法先将种群中全部个体按子目标函数的数目均等分成若干个子种群，对各子群体分配一个子目标函数，各子目标函数在其相应的子群体中独立进行选择操作后，再组成一新的子种群，将所有生成的子种群合并成完整群体再进行交叉和变异操作，如此循环，最终求得问题的 Pareto 最优解。

②非劣分层遗传算法（NSGA）。

Srinivas 和 Deb 于 1994 年提出的非劣分层遗传算法（Non-dominated Sorting Genetic Algorithm，NSGA）也是一种基于 Pareto 最优概念的多目标演化算法。首先，找出当代种群中的非劣解并分配最高序号（如零级），赋给该层非劣解集与当前种群规模成比例的总体适应值。为了保持解的多样性，所有该层非劣解基于决策向量空间距离共享此总体适应值。此后，该层非劣解集将不予考虑。然后，开始下一层非劣解集的搜索，在该层得到的非劣解集称为第二层，分配排列序号（如一级），并赋给与该层种群规模（除去以上各层已被赋予适应度的非劣解）成比例的总体适应值，同样，必须在该层非劣解集中实行适应值共享。如此重复直到当前种群中最后一个个体被赋予适应度值。

③基于目标加权法的遗传算法。

其基本思想是给问题中的每一个目标向量一个权重，将多有目标分量乘上各自相应的权重系数后再加和，合起来构成一个新的目标函数，将其转化成一个单目标优化方法求解。若以这个线性加权和作为多目标优化问题的评价函数，则多目标优化问题可以转化为单目标优化问题。权重系数变化方法是在这个评价函数的基础上，对每个个体去不同的权重系数，就可以利用通常的遗传算法来求解多目标优化问题的多个 Pareto 最优解。

④多目标粒子群算法（MOPSO）。

粒子群优化算法（Particle Swarm Optimization，PSO）是一种进化计算技术，由美国学者 Eberhart 和 Kennedy 于 1995 年提出，但直到 2002 年它才被逐渐应用到多目标优化问题中。PSO 初始化为一随机粒子种群，然后随着迭代演化逐步找到最优解。在每次迭代中，粒子通过跟踪两个"极值"来更新自己，一个是粒子本身所找到的个体极值 pBest，另一个是该粒子所属邻居范围内所有粒子找出的全局极值 qBest。MOPSO 与求解单目标的 PSO 相比，唯一的区别就是不能直接确定全局极值 qBest，按照 Pareto 支配关系从该粒子的当前位置和历史最优位置中选取较优者作为当前个体极值，若无支配关系，则从两者中随机选取一个。

⑤微遗传算法（Micro-Genetic Algorithm，Micro-GA）。

Micro-GA 是由 Coello 和 ToscanoPulido 于 2001 年提出的，是一种包含小的种群和重新初始化过程的遗传算法 GA，其过程如下：首先，产生随机的种群，并注入种群内存，种群内存分为可替代和不可替代两部分。不可替代部分在整个运行过程中保持不变，提供算法所需要的多样性；可替代部分则随算法的运行而变化。在每一轮运行开始，Micro-GA 的种群从种群内存的两部分选择个体，包含随机生成的个体（不可替代部分）和进化个体（可替代部分）；Micro-GA 使用传统的遗传操作；其后，从最终的种群选择两个非劣向量，与外部种群中的向量比较，若与外部种群的向量比较，任何一个都保持非劣，则将其注入外部种群，并从外部种群中删除所有被它支配的个体。

3. 遗传算法与传统算法的优点比较

尽管遗传算法的理论基础还不尽完善，但遗传算法已经广泛地应用于多目标问题的求解上，并且取得了不错的效果。相比其他算法，遗传算法具有适应性、通用性、隐并行性和扩展性等特点。但是它还是不能很好地解释遗传算法的早熟问题和欺骗问题，缺少完整的收敛性证明等。理论研究比较滞后，参数设置比较困难，解决约束优化问题还缺乏有效的手段，易早熟，而且计算量相对于传统方法要大得多，即使是使用遗传算法解决多目标优化问题，目前的多目标进化算法能有效的求解的目标数一般不超过 4 个。

与遗传算法相比较，传统算法在处理多目标优化问题上，也具有其特有的优势。相对遗传算法来说，传统算法的计算量小、计算速度快、设计简单、容易理解，方便建立数学模型，并且传统方法有充分的理论支持。因此虽然遗传算法在解决多目标优化问题上取得了很多成效，但这并不意味着传统方法不及遗传算法有效，会被多目标遗传算法取代。相反，传统算法在解决一些问题上仍然具有很大的优势，比如计算速度快，易实现。所以在求解多目标问题中，如果能结合遗传算法和传统方法的优点，效果将会越来越好。

（1）传统算法的初始点通常仅有一个，由决策者给出；遗传算法的初始点有多个，随机产生。

（2）通过分析目标函数的特性，传统算法由上一点产生一个新的点；遗传算法通过遗传操作，在当前的种群中经过交叉、变异和选择产生下一代种群。这使得遗传算法的应用范围更为广泛。从连续问题到离散问题、从有约束问题到无约束问题、从单目标问题到多目标问题、从确定性数学规划到不确定规划，都可以见到遗传算法的应用。

（3）传统算法在解空间中搜索最优解，遗传算法在编码空间中确定决策变量。这一特点决定遗传算法具有更为广泛的应用领域。

（4）传统算法所得的解与初始点的选取有关，易陷于局部最优解；遗传算法的操作对象是一个群体,适合求解全局最优解,以及多峰优化问题。

(5)遗传算法易于进行并行处理。一方面,可以在计算机上实现遗传算法的并行搜索;另一方面,遗传算法搜索具有隐并行性,从而使得遗传算法可以在有限的时间内搜索更为广泛的解空间。

(6)对同一优化问题,遗传算法所使用的机时比传统算法所花费的机时要多(如果传统也能解决该问题的话)。但遗传算法可以处理传统算法不能解决的复杂的优化问题。

4. 遗传算法在求解多目标问题上的几点应用

(1)将目标函数综合的方法。

遗传算法需要一个标量的适应度信息才能进行计算,所以很自然地都会想到将所有的目标函数用加法、乘法或者其他的各种可能想出来的数学方法综合成为一个单一目标。但是这种方法存在明显的问题,首选是在目标函数取值范围内必须能够提供精确的信息,以避免其中的一个目标函数会明显优于其他值,这就要求至少在某种程序上可以估计出每个目标函数的取值,而这对于现实的问题往往会是一个相当昂贵的,无法承受的过程。但是,如果将所有目标函数综合起来的方法确实可行,那它不仅仅是一个最简单的方法,而且也将是最有效的方法,因为不再需要其他需要决策者参与的交互过程。而且如果GA算法成功地找到了适应度最佳的点,那么该点至少是一个可能的最优点。下面给出五类处理多目标问题的方法。

①通过权重进行加权目标函数综合。

这种方法将所有的目标函数乘以不同的权重,再加和起来作为有待优化的单一目标。

不同的权重将得到不同的结果,而对于如何选取权重知之甚少,所以用这权重法求解的一种方法就是采用各种不同的权重,从而得到一组解,但是这时仍然需要决策者从这些可行解中根据自己的要求做出最佳选择。需要指出的是权重系数虽然可以反映各个目标函数值的重要性,但是却并不成比例关系。如果希望权重可以与目标函数成比例,那就需要将它们转化成统一的单位。

这种方法是采用遗传算法求解多目标问题的第一种方法。这种方法的优点就是它的效率(单纯从计算量的角度考虑),同时可以得到一个很好的非劣解作为其他方法的一个初值,主要缺点则是在没有足够的关于此问题的信息时,无法确定合适的权重系数。此时得到的任何最优解都是权重系数的函数。大多数的研究都使用简单的线性函数,由多次不同权重的计算来生成非劣解集。这种方法非常简单,易于使用,但是有时会丢失非劣解集平面的凹陷部分,这是一个相当严重的问题。

②转变为目标规划法(Goal Programming,GP)实现目标函数综合。

在这种方法中,决策者需要确定每一个目标函数所要达到的值,这些要求作为额外的约束条件引入到问题中去。于是目标函数就转化为最小化这些目标函数值与相应要求值之间的差距。

更常见的一种形式是再在上式基础上进行加权,也常称通用目标规划法,这种方法也称为目标向量优化。

如果所决定的目标点在可行域内,这种方法可以得到一个非劣解,同时由于明确了所要搜索的目标,所以计算效率很高。但是由于此目标是由决策者给出的,并且由他决定权重,因此需要预告可以知道搜索空间的形态。并且,如果可行域很难接近,那么这种方法的效率将会变得非常之低。另外就是这种方法也许更加适用于目标函数为线性或分段线性的情况。

③目标达成法（Goal Attainment，GA）实现目标函数综合。

由决策者给出各个目标函数值 $f_1, f_2, \cdots, f_k$ 低于或高于预期值 $b_1, b_2, \cdots, b_k$ 时的权重向量 $\omega_1, \omega_2, \cdots, \omega_k$，最优解 X 为求解以下问题所得到的结果：

$$\begin{cases} \min\ a \\ \text{s.t.} \\ \begin{cases} g_j(\overline{x}) \leq 0 & j=1,2,\cdots,m \\ b_j + \alpha\overline{\omega}_i \geq f_i(\overline{x}) & i=1,2,\cdots,k \end{cases} \end{cases} \quad (3\text{-}3\text{-}9)$$

需要指出的是得到的最优解 a 将向决策者表示他所预期的目标是否可以得到。a 为负值表明目标可以达到，而正值则相反。

Goal Attainment 法有不少缺点，其中最主要的一点就是在计算过程中有可能会出现错误的选择。例如，假设有两个点的目标函数值有一个相同，而另一个有差别，但却可能有相同的 Goal Attainment 值，这意味着对于 GA 算法来说二者没有优劣的差别。

④ε-Constraint 法实现目标函数综合。

这种方法提出对所有目标函数中首要的一个进行最小化，而将其余各个目标函数视为在某种程度上 ε_i 可以违反的约束条件，然后通过选取不同的 ε_i 可以得到非劣解集。

首先，对第 r 个目标函数进行最小化：

$$f_r(\overline{x}^*) = \min_{x \in F} f_r(\overline{x}) \quad (3\text{-}3\text{-}10)$$

附加约束条件为：

$$f_i(\overline{x}) \leq \varepsilon_i \quad i=1,2,\cdots,k \text{ 且 } i \neq r$$

其次，对于不同的 ε_i 重复上述过程，直到得到一个决策者满意的解为止。

根据问题的需要也可能要求选取不同的目标函数，并且可以先用其他的方法针对每一个目标函数进行优化，求出它的最佳值，以此作为参考来确定 ε_i。

该方法最明显的缺点就是耗时太多，而且如果某个问题具有太多目标函数时，针对其进行编码时可能会有很大困难，甚至不可能。这种方法还试图找到一些较非劣解稍次的解，但是在某些实际问题（如结构优化）中是不合适的。尽管如此，由于该方法相对简单，使得其在研究的最初阶段还是很常见的。

5. A Non-Generational Genetic Algorithm 实现目标函数综合

在这种方法里每个个体的适应度都是在增长的，此方法的思想即每次只将个体中最差的一个替换掉的 Non-Generational 的遗传算法较传统的遗传算法要好。在将这种方法应用到多目标优化时，将目标函数值的比较与各个点之间的分布情况作为两个指标进行线性综合，得到一个单一的优化目标。

这种方法实际上只是权重平均排序法（Weighted Average Ranking，WAR）的一种更为精细的版本，主要的优点就在于它可以用一种效率较高的方法来得到较好的解的分布。主要缺点是没有办法将决策者对于各个指标不同的关心程序加入进去，因此会影响对于实际问题的应用，而且也没有提供明确的确定各个附加参数的方法，往往需要进行很精细的调试才行。

(三)蚁群算法

蚁群算法(Ant Colony Optimization,ACO)由 Colorni、Dorigo 和 Maniezzo 在 1991 年提出,它是通过模拟自然界蚂蚁社会的寻找食物的方式而得出的一种仿生优化算法。自然界种蚁群寻找食物时会派出一些蚂蚁分头在四周游荡,如果一只蚂蚁找到食物,它就返回巢中通知同伴并沿途留下"信息素"(pheromone)作为蚁群前往食物所在地的标记。信息素会逐渐挥发,如果两只蚂蚁同时找到同一食物,又采取不同路线回到巢中,那么比较绕弯的一条路上信息素的气味会比较淡,蚁群将倾向于沿另一条更近的路线前往食物所在地。

1. 蚁群算法的基本原理

(1)个体蚂蚁的记忆。一只蚂蚁搜索过的路径在下次搜索就不会被选择,由此在蚁群算法中建立 tabu(禁忌)列表来进行模拟。

(2)蚂蚁利用信息素进行彼此通信。蚂蚁在选择的路上会释放一种叫信息素的物质,当同伴进行路径选择时,会根据路上的信息素进行选择,这样信息素就成为蚂蚁之间进行通信的媒介。

(3)蚂蚁的群集活动。当某些路径上通过的蚂蚁越来越多时,在路径上留下的信息素数量也越来越多,导致信息素强度增大,蚂蚁选择该路径的概率随之增加,从而进一步增加该路径的信息素强度,而某些路径上通过的蚂蚁较少时,路径上的信息素就会随时间的推移而蒸发。因此,模拟这种现象从而利用群体智能建立的路径选择机制,使蚁群算法的搜索向最优解推进。

2. 蚁群算法应用

ACO 算法设计虚拟的"蚂蚁",让它们摸索不同路线,并留下会随时间逐渐消失的虚拟"信息素"。根据"信息素较浓的路线更近"的原则,即可选择出最佳路线。

目前,ACO 算法已被广泛应用于组合优化问题中,在图着色问题、车间流问题、车辆调度问题、机器人路径规划问题和路由算法设计等领域均取得了良好的效果。也有研究者尝试将 ACO 算法应用于连续问题的优化中。由于 ACO 算法具有广泛实用价值,成为了群智能领域第一个取得成功的实例,曾一度成为群智能的代名词,相应理论研究及改进算法近年来层出不穷。

(四)PSO 算法简介

粒子群算法(Particle Swarm Optimization,PSO)由 Kennedy 和 Eberhart 在 1995 年提出,该算法模拟鸟集群飞行觅食的行为,鸟之间通过集体的协作使群体达到最优目的,是一种基于 Swarm Intelligence 的优化方法。同遗传算法类似,也是一种基于群体迭代的,但并没有遗传算法用的交叉以及变异,而是粒子在解空间追随最优的粒子进行搜索。PSO 的优势在于简单容易实现同时又有深刻的智能背景,既适合科学研究,又特别适合工程应用,并且没有许多参数需要调整

粒子群优化算法源于 1987 年 Reynolds 对鸟群社会系统 boids 的仿真研究,boids 是一个 CAS。在 boids 中,一群鸟在空中飞行,每只鸟遵守以下 3 条规则:

(1)避免与相邻的鸟发生碰撞冲突。

(2)尽量与自己周围的鸟在速度上保持协调和一致。

(3)尽量试图向自己所认为的群体中靠近。

仅通过这 3 条规则，boids 系统就出现了非常逼真的群体聚集行为，鸟成群地在空中飞行，当遇到障碍时它们会分开绕行而过，随后又会重新形成群体。

Reynolds 仅仅将其作为 CAS 的一个实例作仿真研究，而并未将它用于优化计算中。Kennedy 和 Eberhart 在中加入了一个特定点，定义为食物，鸟根据周围鸟的觅食行为来寻找食物。他们的初衷是希望通过这种模型来模拟鸟群寻找食源的现象，然而实验结果却揭示这个仿真模型中蕴涵着很强的优化能力，尤其是在多维空间寻优中。

PSO 中，每个优化问题的解都是搜索空间中的一只鸟。称之为"粒子（Particle）"。所有的粒子都有一个由被优化的函数决定的适应值，每个粒子还有一个速度决定他们飞翔的方向和距离。然后粒子们就追随当前的最优粒子在解空间中搜索。

PSO 初始化为一群随机粒子。然后通过迭代找到最优解。在每一次迭代中，粒子通过跟踪两个"极值"来更新自己。第一个就是粒子本身所找到的最优解。这个解叫做个体极值 pBest。另一个极值是整个种群目前找到的最优解。这个极值是全局极值 gBest。另外，也可以不用整个种群而只是用其中一部分的邻居。

（五）混合智能算法

为了提高效率，可以将几种方法有效地结合起来，从而形成混合智能算法。Medsker 介绍了多种设计混合智能算法的思想。为了解决不确定规划模型，首先使用模拟产生训练样本，然后。利用这些数据训练前向网络逼近不确定函数，然后，把神经元网络嵌入遗传算法，从而得到一个混合智能算法，其过程如下。

为了解决更复杂的优化问题，可以将这些智能算法（遗传算法、模拟退火、禁忌搜索、神经元网络）有机地结合起来，从而形成更有效、更强大的混合智能算法。为了求解各种各样的不确定规划模型，文献 [9] 设计了一系列的混合智能算法。基本思路为，首先利用 MonteCarlo 模拟（或模糊模拟、粗糙模拟、模糊随机模拟）产生不确定函数的训练样本，然后利用这些数据训练神经元网络以逼近不确定函数，最后把训练好的神经元网络嵌入到遗传算法中，从而形成混合智能算法。

求解不确定规划模型的混合智能算法的一般过程如下：

（1）输入群体规模 pop2size、交叉概率、变异概率、迭代次数等参数。

（2）初始产生 pop2size 个染色体，其中可能采用训练好的神经元网络检验染色体的可行性。

（3）对染色体进行交叉操作以及变异操作，其中可能采用神经元网络检验后代的可行性。

（4）采用训练好的神经元网络模拟计算所有染色体的目标值。

（5）根据目标值计算每个染色体的适应度。

（6）旋转赌轮，选择染色体。

（7）重复选择、交叉和变异操作，直到完成给定的次数。

（8）输出最好的染色体作为优化问题的最优解。

第四节　不确定规划优化应用情况

不确定规划不仅在理论上涵盖了经典规划、随机规划、模糊规划、区间规划等数学规划的研究内容，而且应用的范围更加宽广。事实上，现实世界中的绝大多数优化问题或多或少含有不确定因素。然而，由于数学处理上的困难和不便，于是在很多场合下不得不简化这些问题，化多重不确定性为单重不确定性，化不确定性为确定性。从辩证法的观点来讲，不确定性是绝对的，确定性是相对的。考虑不确定环境下的优化问题显然是有实际意义的。

有关不确定性规划方面的研究，在其他领域（诸如：水资源、生产过程、存储系统、资金预算、网络优化、车辆调度、系统可靠性、作业排序、设备选择和关键路问题等）都有成功案例，但在油田开发规划上应用还相对较少，在规划方案概率分析方面还未见到。在国内，一些学者也开始利用不确定理论解决油田开发生产过程中出现的各类问题。实际油田生产中有许多不确定因素。例如，规划中措施实施后的增油量或增水量是不确定的数据。虽然可以采用多种方法进行预测，但是由于地下的岩石、流体物性以及生产动态的变化具有不确定的现象，导致这些参数具有一定的不确定性。大庆油田根据油田所具有的复杂性、多目标性及不确定性，在不确定性优化方面也进行了比较深入的研究，并在解决油田规划优化问题上进行有益尝试，给出了求解模型算法，取得了一些研究成果，并解决了油田规划不确定性因素建模和求解问题，后续进行较为详细的论述[19-21]。

一、随机规划模型

（一）稳产措施随机规划模型

针对油田开发实际中存在的随机现象和动态特征，采用机会约束目标规划模型，建立了稳产措施随机动态规划模型，并采用具有擅长全局搜索和高度鲁棒性特点的遗传算法进行求解。

第一优先级：油田措施总增油量等于总产油量与自然产油量之差的可能性。
第二优先级：油田措施总增水量等于总产水量与自然产水量之差的可能性。
第三优先级：措施费用不超过资金总额。约束条件各措施量小于其最大限制。
具体模型为

$$\begin{cases} \max z(k) = P_1\left[d_1^+(k)+d_1^-(k)\right] + P_2\left[d_2^+(k)+d_2^-(k)\right] + P_3\left[d_3^+(k)+d_3^-(k)\right] \\ s.t. \\ Pr\left\{\sum_{l=1}^{L} q_o(k,l)x(k,l) - d_1^+(k) + d_1^-(k) = Q_{oz}(k)\right\} > \alpha(k) \\ Pr\left\{\sum_{l=1}^{L} q_w(k,l)x(k,l) - d_2^+(k) + d_2^-(k) = Q_{wz}(k)\right\} > \beta(k) \\ \sum_{l=1}^{L} c(k,l)x(k,l) - d_3^+(k) + d_3^-(k) = C(k) \\ u_d(k) \leq x(k,l) \leq u_u(k) \end{cases} \quad (3-4-1)$$

式中　$d_i^+(k)$，$d_i^-(k)$——产油、产水、措施的正、负偏差，$i=1, 2, 3$；
$q_o(k, l)$——措施 l 的增油量，为随机参数，10^4t；
$q_w(k, l)$——措施 l 的增产水量，为随机参数，10^4t；
$Q_{oz}(k)$——措施总增产油量，10^4t；
$Q_{wz}(k)$——措施总增产水量，10^4t；

$c(k, l)$——第 l 种措施单井费用,万元;
$C(k)$——措施总费用,万元;
$u_d(k), u_u(k)$——措施的下限、上限;
$\alpha(k), \beta(k)$——增油量的置信水平、增水量的置信水平。

油田稳产措施配置由"宏观规划"进一步向"微观规划"过渡。所建立的模型充分考虑了油田区块层间地质、生产层系的状况,得到的结果是对具体各个单层的措施配置。比较合理地处理了不确定性因素造成的随机性,反映了油田开发过程所具有的动态性质和随机特征。应用结果表明,该模型给出了各项稳产措施的增油量、增水量及生产费用,使措施配置更能反映实际生产动态。

(二)多目标随机规划模型

针对油田开发实际中存在的不确定现象,利用规划论中处理随机现象的机理,建立油田措施的多目标随机规划模型。利用油田以前开发阶段能提高采收率的措施,根据预测的油田产油量、产水量和自然递减率等参数,使增油最多,增水最少,费用最低的最佳措施合理配置到下一年度里。

多目标随机规划模型可以更好地处理油田开发过程中所存在的随机特征,能够满足多项指标最优的要求。

(三)成本约束条件建立随机规划模型

以产油量、产水量和成本偏差按优先级来求取最小偏差为目标函数,以产油量和产水量满足一定置信水平的约束条件下,并且各项成本总和等于预订成本约束条件建立随机规划模型。

结合措施增油量和措施增油成本等目标,建立了油田增产措施配置的模糊机会约束目标规划模型。包括成本费用目标、措施增油目标和措施工作量目标等。同时考虑措施增油量和措施增油成本等目标要求。

目标优先级依次为:第一,措施增油量不低于目标值;第二,措施增油成本不超过措施规划总成本。

约束条件包括:(1)措施增油量不低于目标值这一不确定约束以一定的置信水平成立;(2)措施增油成本不高于要求值这一不确定约束以一定的置信水平成立;(3)总措施工作量在合理的范围内;(4)每项措施工作量在一定的范围之内。建立油田增产措施配置的模糊机会约束目标规划模型如下:

$$\begin{cases} \min P_1 d_1^- + P_2 d_2^+ \\ \text{s.t.} \\ Cr\left\{ Q - \sum_{i=1}^n q_i x_i \leq d_1^- \right\} \geq \beta_1 \\ Cr\left\{ \sum_{i=1}^n c_i x_i - C \leq d_2^+ \right\} \geq \beta_2 \\ M_i^- \leq x_i \leq M_i^+ \\ M^- \leq \sum_{i=1}^n x_i \leq M^+ \\ d_1^-, d_2^+ \geq 0 \end{cases} \quad (3\text{-}4\text{-}2)$$

式中　x_i——为第 i 项措施的工作量（井次），口；

n——为增产措施类型数；

Q——为规划措施增油量，10^4t；

C——为措施总成本，万元；

M——为措施总工作量，口；

M^-_i，M^+_i——分别为第 i 项措施的工作量下限和上限（井次），口；

β_1，β_2——分别表示决策者预先给定的对措施增油目标和措施成本目标的置信水平。

采用由模糊模拟、神经网络和遗传算法结合起来的混合智能算法，并应用于油田的生产实际。应用实例表明，该模型理论基础严格，求解方法科学有效，并具有一定的智能性，为油田增产措施配置提供了新的决策依据。

（四）机会约束妥协开发规划模型

在已有的确定性的油田开发规划模型的基础上，建立了油田开发规划的机会约束妥协规划模型。该模型以利润作为目标函数，投产措施的井次数作为决策变量，将增油量、增水量、耗电量、措施工作量及投资上限等作为约束参数，并假定这些参数都是随机的且服从正态分布。

模型的目标是使油田开发的利润达到最大化，并在此基础上考虑以下约束：

（1）增油量约束：规定规划期内油田逐年必须完成的原油生产任务。

（2）增水量约束：规定油田在规划期内逐年产水量最高界限，使油田的含水率控制在规定的范围内。

（3）措施耗电量约束。

（4）措施工作量约束：规定全油田对于各阶段增产措施的工作量界限。

（5）投资上限约束。

具体模型为

$$\begin{cases} \max Z = \sum_{i=1}^{n} rP_{oi}(t)x_i(t)(1+r_t)^{-(t-1)} \\ \sum_{i=1}^{n} P_{oi}(t)x_i(t) \geqslant Q(t) \\ \sum_{i=1}^{n} q_{wi}(t)x_i(t) \geqslant W(t) \\ \text{s.t.} \\ \sum_{i=1}^{n} E_{pi}(t)x_i(t) \leqslant E_A \\ \sum_{i=1}^{n} h_{pi}(t)x_i(t) \leqslant H_Z \\ u_{1i}(t) \leqslant x_i(t) \leqslant u_{2i}(t) \\ \sum_{i=1}^{n} x_i(t) \leqslant u_3(t) \end{cases} \quad (3-4-3)$$

式中 $x_i(t)$——为决策变量,表示第 t 年措施投产的井数,口;

Z——表示利润,即目标是求解利润最大值,万元;

$P_{oi}(t)$——第 t 年措施 i 的单井次增产油量,为随机参数,并服从正态分布,10^4t;

$q_{wi}(t)$——为第 t 年措施 i 的单井次增产水量,为随机参数,并服从正态分布,10^4t;

$Q(t),W(t)$——为总的增油量目标和总的增水目标,10^4t;

$E_{pi}(t)$——为第 t 年时的耗电量,为随机参数,并服从正态分布,元/t;

$h_{pi}(t)$——为第 t 年措施 i 的单井次投资(元),为随机参数,并服从正态分布,万元;

$u_{1i}(t),u_{2i}(t),u_3(t)$——为第 t 年措施 i 的下限、上限和总措施的工作限制,口;

r,r_t——为吨油利润和规划期内第 t 年的折现率。

式(3-4-3)并不是随机模型的一个标准表示,可以通过模型进行转化,得到油田开发规划的机会约束妥协规划模型。与以往的随机规划的求解方法不同的是,采用了机会约束妥协规划对随机规划模型进行确定性转换,并对非线性部分进行线性化,使之转化为一个确定性的线性规划问题。

(五)随机油价下的油田开发规划模型

油田开发规划的目标就是提高效益。影响油田效益的因素是产量、成本及油价。现在的大部分优化模型包括产量构成优化模型和措施产量结构优化模型都是在油价确定的情况下建立的,国内的一些研究机构及高等院校都在这方面做了许多研究工作。然而实际上,油价并不是确定的,而是随着很多因素上下波动,尤其是近几年,其波动更甚。因此,建立随机油价下的油田开发规划模型就显得尤为重要。

在对油田采油厂开发动态变化规律及开发指标相关分析的基础上,建立了随机油价下的油田开发规划优化模型。由于油价变化是一个随机过程,当 $t=tz$ 时为一随机变量,随机油价下的油田开发规划优化模型的目标函数是油价的函数,因此目标函数就是一随机变量。对于随机变量的函数不能用一般函数的方法来使目标达到最优,需要求出随机变量的均值即数学期望来使目标达到最优。模型是在定产量、定成本的情况下,对效益求期望值并使之达到最大。当给定一具体的时刻 tz,该模型就转化为确定油价下的油田开发规划模型。

目标函数为

$$\max\left\{E\left[M(t)\sum_{i=1}^{n}x_i - \sum_{i=1}^{n}(c_ix_i + R_1x_i + R_2x_i)\right]\right\} \quad (3-4-4)$$

式中 $E(x)$——随机变量 x 的数学期望值;

$M(t)$——表示一随机过程,当 $t=tz$ 时为一随机变量,表示 tz 时刻的油价(t 时刻若以年计是年平均油价)。

利用这个优化模型解决了随机油价下将全油田的产量和对应的工作量以及成本最优分配到各个采油厂的最优分配问题。

二、模糊及区间规划优化模型

(一)模糊目标规划模型

在油田开发规划过程中,把原来的笼统规划细分为油田区块规划。按照不同的地理位置、不同的开采方式、不同的生产单元等,将油田产量分为以下 9 个部分:老区常规开采自然产量、老区常规开采措施产量、老区常规开采新井产量、老区非常规油产量、三次采油产量、海上老区产量、陆上新区稀油产量、陆上新区稠油产量和海上新区产量。追求总产量、总利润、吨油成本和总投资4个目标。显然这是一个目标规划优化问题。结合实际目标存在的模糊性，给出了两步建模过程。

第一步是利用模糊集理论中的隶属度的概念，构造各目标的隶属函数，用隶属函数来描述各目标与目标期望值之间的接近程度。目标规划方法（GP）虽然已经被广泛地应用于求解多个相互矛盾的目标问题，但GP方法有一个局限性就是确定目标期望值主观性强，然而，在实际的多目标规划问题中，目标的期望值往往难以精确地确定。鉴于这种情况，模糊集理论被引入到多目标规划问题中来，产生了模糊目标规划（FGP）方法。FGP与GP之间最大的不同就是前者不需要精确地确定目标的期望值，只需要给出"模糊"的目标期望值，也就是给出目标期望值的一个取值范围。

采用了最小—最大模型和偏差量加权求和模型的FGP方法。通过计算各单目标的最优值作为目标的期望值的上限，将油田给定的目标值作为目标期望值的下限，从而确定出目标期望值的取值范围。

最小—最大模型：

$$\begin{cases} \min \phi \\ \text{s.t.} \\ 1-(\bar{z}_k - C_k X)/d_{1k} + d_{1k}^- - d_{1k}^+ = 1 \\ 1-(a_i X - b_i)/d_{2i} + d_{2i}^- - d_{2i}^+ = 1 \\ \phi \geqslant d_{1k}^-, \phi \geqslant d_{2i}^- \\ X, d_{1k}^-, d_{1k}^+, d_{2i}^-, d_{2i}^+ \geqslant 0 \\ k=1,2,\cdots,K; \quad i=1,2,\cdots,M \end{cases} \quad (3-4-5)$$

其中：ϕ 为辅助变量。

偏差量加权求和最小化模型：

$$\begin{cases} \min \sum_{k=1}^{K} w_{1k} d_{1k}^- + \sum_{i=1}^{M} w_{2i} d_{2i}^- \\ \text{s.t.} \\ 1-(\bar{z}_k - C_k X)/d_{1k} + d_{1k}^- - d_{1k}^+ = 1 \\ 1-(a_i X - b_i)/d_{2i} + d_{2i}^- - d_{2i}^+ = 1 \\ \phi \geqslant d_{1k}^-, \phi \geqslant d_{2i}^- \\ X, d_{1k}^-, d_{1k}^+, d_{2i}^-, d_{2i}^+ \geqslant 0 \\ k=1,2,\cdots,K; \quad i=1,2,\cdots,M \end{cases} \quad (3-4-6)$$

其中：w_{1k}，w_{2i} 为权值，且 $\sum w_{1k}=1$，$\sum w_{2i}=1$。

第二步是建立以总利润、总产量、吨油成本和总投资四个目标的油田开发模糊目标规划模型

$$\sum_{k=1}^{4} r(k)Q(k) + \sum_{k=5}^{9} r(k)q(k)x(k) \tilde{>} \overline{z}_1$$

$$\sum_{k=1}^{4} Q(k) + \sum_{k=5}^{9} q(k)x(k) \tilde{>} \overline{z}_2$$

$$\left[\sum_{k=1}^{4} c(k)Q(k) + \sum_{k=5}^{9} c(k)q(k)x(k)\right] - \overline{z}_3\left[\sum_{k=1}^{4} Q(k) + \sum_{k=5}^{9} q(k)x(k)\right] \tilde{<} 0 \quad (3\text{-}4\text{-}7)$$

$$\sum_{k=1}^{4} I(k) + \sum_{k=5}^{9} i(k)x(k) \tilde{<} \overline{z}_4$$

$$r(k) = [P - T - c(k)]w, \quad k = 1, 2, \cdots, 9$$

$$Q_b(k) \leqslant Q(k) \leqslant Q_u(k), \quad k = 1, 2, 3, 4$$

$$x_b(k) \leqslant x(k) \leqslant x_u(k), \quad k = 5, \cdots, 9$$

式中 $\overline{z}_i$ ——是由 FGP 方法确定的模糊范围值；

$Q(k)$ ——分别表示常规老区自然产量、稠油产量、海上老区产量，10^4t；

$x(k)$ ——分别表示常规开采措施工作量、常规开采新井井数、陆上新区井数、海上新区井数、三次采油注聚合物量，口；

$q(k)$ ——表示常规开采平均措施增油量、常规开采新井产量、陆上新区新井产量、海上新区单井产量，10^4t；

$c(k)$ ——表示第 k 部分的吨油成本，元/t；

$r(k)$ ——表示第 k 部分的吨油利润，元/t；

$I(k)$ ——表示第 k 部分投资；

$i(k)$ ——表示第 k 部分钻井、注聚合物单位投资；

$Q_u(k), Q_b(k)$ ——为第 k 部分上、下限。

式（3-4-7）中由 FGP 方法确定的模糊范围值 $\overline{z}_i$，也可以根据实际的情况按区间数的方式给出，不过在区间数确定过程中，决策者的偏好将起到一定的作用，主观性比较强。在弱化主观信息的前提下，用区间数替代模糊范围值在操作上可能会更为方便些。

（二）区间不确定优化模型

由于客观事物的复杂性、不确定性及人类思维的模糊性，在实际决策问题中，决策信息往往以区间数的形式来表达，因此，含区间系数的数学规划作为一种柔性数学便应运而生。经过国内学者的研究，发展了基于区间数的相关理论与方法，对促进不确定性理论方法的发展起到了积极作用。目前利用区间数解决不确定性问题已应用到各个领域，并取得了一些实际应用成果，但在油田开发优化方面，尚未见具体实际应用的相关报道。

基于非线性区间分析方法，也有学者建立了一种非线性区间不确定多目标优化的方法，拓展了不确定优化方法应用的领域，尤其是针对不确定多目标优化这样的一个嵌套优化的过程，外层采用多目标遗传算法寻找全局最优解，内层采用二次规划法，快速计算出目标函数和约束函数的区间；对于复杂工程中不确定多目标优化，提出了一种非线性区间优化方法与近似模型相结合的高效不确定多目标优化方法；或者利用区间分析方法代替内层优化，从而使原先的双层嵌套优化问题变为单层优化问题，大大地提高了非线性区间数优化的效率。

三、应用情况概述与总结

涉及的不确定性问题优化与处理方法都具备理论基础和应用验证,在解决油田开发过程中各类不确定性因素及优化问题方面,有一定的技术支持作用,其中随机规划应用相对较多,模糊规划及区间规划等应用相对较少。

(一)主要认识与结论

(1)利用数学优化的方法辅助开发规划这一问题得到普遍重视,是一个较热的课题,运筹学多种数学方法都在油田开发、管理决策中得到应用,对提高油田开发管理水平和决策能力起到了积极作用。油田开发系统是一个复杂的不确定性巨系统,对于油田越来越呈现出的不确定性方面,全部定量化来描述当前开发阶段的各种问题明显不适应。因此需要拓展新思路,研究、探索符合油田现阶段新的优化方法。从运筹学发展的趋势看,不确定性优化理论是解决油田开发规划编制不确定性问题的可行方法。基于不确定性理论研究与应用已经比较成熟,在相关领域也有成功应用的案例,对油田开发规划过程的不确定性分析与优化、方案的不确定性评价与风险评估等都会发挥很好的作用。

(2)在产量分配方面,可以使用区间规划模型,采取最大区间数的做法可以在最大可能范围内为规划产量的分配提供界限,建议在此基础上,加入专家经验值来进一步确定界限问题。

(3)针对不确定性因素,依据历年数据,采用处理不确定信息的统计手段(随机统计和模糊统计)进行表征模型的建立。比如:措施规划中的措施效果统计是不确定性规划建模的基础,即措施增油量和增油成本这两个不确定性参数,如采用随机规划建模,视这两个不确定性参数为随机变量,就要通过一些回归方法获得概率分布规律(即分布函数,如正态分布、均匀分布、指数分布、二项分布、柯西分布等);如采用模糊规划建模,视这两个不确定性参数为模糊变量,则要通过模糊统计方法建立隶属度函数(或可信性分布)。

(4)进行求解不确定优化的研究,前提是获得不确定量的置信区间,虽然获得置信区间,比起获得随机规划中的概率分布信息和模糊规划中的模糊隶属度信息要简便,但合理的置信区间的确定对问题求解的计算复杂度有着直接的关系,在包含不确定参量取值的所有区间中,区间长度越小,获得的最优决策的质量越高,计算量越小,因此需要研究不确定参量的区间长度对最优决策的影响。如果不确定参量的取值超出了预设的范围,可以采用补偿的方式,进行求解。由于参数不确定性在优化问题中普遍存在,优化问题中大多数参数的取值都可认为是区间变化的,但区间变量个数越多,问题求解的规模就越大,计算量随之大幅度增加,因此需要分析哪些区间变量对优化问题的影响最大。应该引入专家经验因子,表达在追求最大目标函数值时所愿意承担的风险程度,这样可以减少计算求解的工作量,同时,也能更加符合油田开发的实际情况。

(5)模型从理论上看来都比较成熟、漂亮,但在解决实际中问题,还没有进行验证和检验,有些模型尚需要特定的环境或条件支持,因此,在系统建模时一定要引起注意,不能完全地照搬,但因素的分析方法、建模思想值得学习、借鉴。

(6)在求解方面,随机模拟加神经元网络和遗传算法的混合智能算法在求解油田开发规划这样的复杂系统方面应能给出多组符合油田开发实际的满意解,而不是最优解,这样能为决策者提供更加合理的决策选择。随着计算机技术的发展,优化技术也在不断创新和发展。模型计算、求解更为便捷，方法会更加丰富，但在如何把专家经验融合到模型求解过程上还是欠缺。研究专家经验辅助+技术方法+不确定性支持的优化方式，有一定的应用前景。

(二) 主要经验与教训

（1）不确定优化模型建立要以分析模型参数深刻的内在特征为基础，更加贴近实际。通过不确定参数的分布类型确定分布函数，然后使用分布函数的数学期望值而不是以前的简单算术平均值。在措施效果不确定处理方面，通过对历史效果数据的特点进行处理后，进行分布函数的回归分析，再经过相关检验确定分布函数类型，使用其函数的数学期望值代替原来的简单算术平均值作为单井措施效果，进行措施规划依据，从而更加准确地预测和决策。

（2）不同的规划模型其建模思路是不同。随机规划以描述随机现象的随机数学为基础，通过对以往措施效果进行概率统计分析，获取其分布，具有较为客观、细腻的特点，但是由于其完全以历史为依据，具有要求数据统计样本量大和难以添加对未来的主观认识的不足；相对地，模糊规划以描述模糊现象的模糊数学为基础，更加注重对未来的描述，相对较为主观、粗糙，但从另一方面也反映出其简便、经济的优点。因此，在数据信息贫乏、难以给出概率分布特征的情况下，可考虑使用模糊规划模型；在数据信息丰富、概率分布明显的情况下，可考虑采用随机规划模型或同时采用随机与模糊两种规划模型进行比较分析。

（3）4种基本模型（期望值模型、机会约束规划模型、机会约束目标规划模型和相关机会规划模型）根据实际需求是可以扩展的。一是模型约束可以扩展，如可以添加模拟利润或其他约束；二是模型目标可以扩展，如目标规划模型根据目标优先因子设定可以扩展为不同的形式，同样也可添加模拟利润的相应目标，或者其他类型的目标（如采用最大化悲观值、乐观值和悲观值等）；三是模型目标和约束均可扩展。实际中可灵活建立不确定规划模型。

（4）在产量分配方面，采取最大区间数的做法可以在最大可能范围内为规划产量的分配提供界限，建议在此基础上，加入专家经验值来进一步确定界限问题，会更贴近油田实际。利用4种基本模型实现不同目标下的产量分配，从原理上讲，建立的4个模型能适合大多情况的产量分配工作，但模型分配的产量是否合理，这里没有一个定性或定量的判别标准，而且4个模型中的参数选取也是制约产量分配结果可行与否的重要原因，如成本参数的选取，涉及到成本的合理分摊，通常情况下成本的分摊都是比较笼统的、组线条的，不可能分摊得很精确，造成产量分配误差就不足为奇了。另外，参数区间的设置一定情况下也有决策者主观的信息，另外，区间内是否包含可行解，值得应用时考虑和研究。

（5）在求解方面，随机模拟加神经元网络和遗传算法的混合智能算法在求解油田开发规划这样的复杂系统方面应能给出多组符合油田开发实际的满意解，一般不会产生确定性规划中存在的约束条件相互矛盾、不存在最优解的情形，这样能为决策者提供更加合理的决策选择。

（6）把油田开发规划中的开发指标当作随机变量处理，同时也应该兼顾随机规划方面和模糊规划方面，才能够更好地贴近油田实际。将随机变量都假设为服从正态分布，这是预先假定的，但在所取数据样本较少的情况下，这些随机变量可能还会服从其他分布类型，所以，还应根据随机变量的历史效果数据进行其他分布类型的检验。例如，总的增油量，在实际的油田开发中，不止是随机的，还有是非线性的，所以，既要考虑它的非线性因素，还要考虑它的随机性因素。直接将非线性随机函数直接设为服从正态分布，这个约束性比较强，应做进一步的处理．

（7）通常模型的决策变量一般都选取增油措施工作量，方便易行。除了选取部分工作量为决策变量外，还把整体产量部分构成的产量作为决策变量，这在目前已有的应用模型中更具有一定的现实意义。如在规划部署中，忽略产量某构成单元的具体部署过程，而只注重其产量的大小变化（或范围），也可以通过决策变量的形式在模型中进行控制，以实现不同的产量目标。

总之，油田开发规划优化矿场实际应用要比理论研究及例证复杂得多，含有更多尚没有探究的不确定性因素影响，真正实现不确定规划的辅助部署，目前看来还存在一定的难度，不确定性因素的分析、模型选择与建立以及针对模型的算法都有待做更加深入的探讨和研究，切忌在实际规划建模过程，盲目地跟从，一味地模仿，一定要从油田开发规划的实际出发，从解决具体原则、问题入手，从系统的整体性角度，综合考量建模。此外，随着不确定优化理论体系的日渐成熟，相信借助于不确定规划优化模型的油田管理决策也必能取得好的实际效果。

参考文献

[1] 李乃文．运筹学概率模型应用范例与解法［M］．北京：清华大学出版社，2007．

[2] 彭锦，刘宝碇．不确定规划的研究现状及其发展前景［J］．运筹与管理，2002，11（2）：1-10．

[3] 李太福，杨志，盛朝强，等．不确定性系统控制的相关问题分析［J］．重庆大学学报（自然科学版），2002，2：19-23．

[4] 赵瑞清．不确定规划现状与将来［C］//中国运筹学会．第六届学术交流会论文集（上卷）．清华大学数学科学系，2000：9．

[5] 刘宝碇，赵瑞清．随机规划与模糊规划［M］．北京：清华大学出版社，1998．

[6] 马小姝，李宇龙，严浪．传统多目标优化方法和多目标遗传算法的比较综述［J］．电气传动自动化，2010，32（3）：48-50，53．

[7] 高金伍．不确定多层规划模型与算法［D］．北京：清华大学，2005．

[8] 盖英杰，陈月明，范海军．油田措施配置多目标随机规划［J］．系统工程理论与实践，2002，2：131-134，139．

[9] 陈月明，刘亚平，袁士宝．油田开发中的不确定性问题及其求解方法［J］．中国石油大学学报（自然科学版），2007，3（4）：46-50．

[10] 宋杰鲤，张在旭，安贵鑫．油田增产措施配置的模糊机会约束目标规划模型［J］．石油天然气学报，2008（1）：145-147．

[11] 杨永青，李树荣．油田开发规划的机会约束妥协规划模型［J］．统计与决策，2008（7）：55-57．

[12] 康小军，李兆敏，刘志斌．随机油价下的油田开发规划优化模型［J］．石油勘探与开发，2007（6）：765-768．

[13] 李方义，李光耀，郑刚．基于区间的不确定多目标优化方法研究［J］．固体力学学报，2010，31（1）：86-93．

[14] 蒋峥，戴连奎，吴铁军．区间非线性规划问题的确定化描述及其递阶求解［J］．系统工程理论与实践，2005，1：110-116．

[15] 张勇，巩敦卫，张芹英，等.带区间约束不确定优化问题的确定化描述[J].系统工程理论与实践，2009，29（2）：127-133.

[16] 牛彦涛，黄国和，张晓萱，等.区间数线性规划及其区间解的研究[J].运筹与管理，2010，19（3）：23-29.

[17] 戌晓霞.不确定优化问题的若干模型与算法研究[D].济南：山东大学，2005.

[18] 李树荣，孙在冠，杨永青.油田开发的多目标随机规划模型及确定性转化[J].系统工程，2008（4）：124-126.

[19] 陈月明.水驱油田高含水期稳产措施宏观决策方法[M].北京：中国石油大学出版社，2006.

[20] 宋杰鲲.基于不确定优化理论的油藏经营管理系统决策研究[D].东营：中国石油大学（华东），2007.

[21] 杨永青.油田开发规划的随机规划模型及求解[D].东营：中国石油大学（华东），2008.

第四章　不确定优化在油田"十二五"开发规划中的应用

"十一五"以来，大庆油田产量构成由原来长垣水驱的单一结构发展到长垣水驱、三次采油、长垣外围、海塔盆地4大结构组成，驱替方式由单一的中高渗透油藏水驱发展到中高渗透油藏水驱、低渗透油藏水驱和化学驱等多种油藏类型、多种驱替方式并存。开发规划编制技术面临着4个方面的难点：（1）大庆主体喇萨杏油田进入特高含水期油田产量处于递减阶段，为了满足国家能源需求，每年产量下达的目标与实际预计产量之间差距增加；（2）长垣水驱、三次采油、外围油田开发对象逐渐变差，多元驱动方式的增加，影响产量的因素更加复杂，开发指标规律发生变化，原有的指标预测方法不适应；（3）聚合物驱大规模工业化推广后，水驱与化学驱之间相互干扰数据复杂，化学驱动态指标变化差异大；（4）外围不同类型油藏地质状况、油水关系、动态特点多样化、复杂化，开发效果差异性非常明显。同时，对各大区产量合理匹配关系优化、规划方案的储采平衡状况、产能平衡状况、措施平衡状况以及经济有效性评价等问题的研究，需要建立多目标的不确定性规划优化模型[1-2]，为实现系统的、全面的、科学的规划方案提供理论支持和指导。

第一节　面临的形势与规划编制主要内容

2008年初，大庆油田开发开始了重大转变，由产量有序递减调整到保持原油$4000×10^4$t持续稳产。面对新的形势和新的要求，需要深入分析当前面临的形势，及明确深化研究的规划编制内容。

一、面临的形势

"十一五"前4年，开发系统面对资源、技术、经济、管理等各方面的挑战，通力合作、艰苦努力，圆满完成了以原油产量为核心的各项开发指标，实现了原油$4000×10^4$t稳产的目标。

（一）发展现状

大庆油田主体位于松辽平原北部、黑龙江省西部的松嫩平原，包括大庆长垣、长垣外围等油田，还包括位于内蒙古自治区的海拉尔盆地及蒙古国的塔木察格盆地。截至2009年底，探明油田37个，气田油环3个，已开发油田34个，气田油环1个，已探明石油地质储量$65.21×10^8$t，动用地质储量$52.92×10^8$t。

可采储量 $24.43×10^8t$，标定采收率 46.2%，累计产油 $20.31×10^8t$，剩余可采储量 $4.12×10^8t$，已采出地质储量的 38.38%，采出可采储量的 83.14%。投产油水井 82975 口，年产油 $4000×10^4t$，综合含水率 91.4%（表 4-1-1）。

表 4-1-1 大庆油田 2009 年底开发状况

油田	动用储量（10^4t）	可采储量（10^4t）	剩余可采储量（10^4t）	累计产油（10^4t）	剩余可采储量采油速度（%）	采出程度（%）	可采储量采出程度（%）
长垣	442852	225453	30456	194997	9.67	44.03	86.49
长垣外围	73736	16492	8711	7781	6.27	10.55	47.18
海塔	12656	2351	2012	339	6.38	2.68	14.42
大庆	529244	244295	41176	203117	9.23	38.38	83.14

1. 储采平衡状况呈现好转趋势

"十一五"前四年，长垣油田通过进一步改善水驱和三次采油开发效果，外围油田不断加大新区储量动用程度，大庆油田年均新增动用可采储量 $2000×10^4t$ 以上，储采平衡状况保持平稳，储采平衡系数保持在 0.5 以上，扭转了进一步下滑的趋势。从新增可采储量的构成比例来看，长垣外围及海塔油田所占比例不断上升，2009 年达到 67.1%，成为大庆油田新增动用可采储量的主体（表 4-1-2）。

表 4-1-2 大庆油田新增可采储量状况

项目		"十五"平均	2006 年	2007 年	2008 年	2009 年
长垣水驱	可采储量（10^4t）	218	241	171	309	153
	比例（%）	9.2	12.2	6.8	12.4	6.2
三次采油	可采储量（10^4t）	607	672	640	456	658
	比例（%）	25.7	34.1	25.4	18.3	26.7
长垣外围	可采储量（10^4t）	1051	663	1435	1399	710
	比例（%）	44.5	33.6	57.0	56.2	28.8
海拉尔	可采储量（10^4t）	485	397	273	327	941
	比例（%）	20.5	20.1	10.8	13.1	38.3
大庆油田	可采储量（10^4t）	2361	1973	2519	2491	2462

2007 年开始油田储采平衡系数达到 0.60，并一直保持稳定。从构成上看，长垣油田储采不平衡状况依然严重，长垣外围及海塔盆地由于储量品质差，动用难度大，采油速度低，处于储大于采的状态（表 4-1-3）。

表 4-1-3 大庆油田储采平衡状况

项目	"十五"平均	2006年	2007年	2008年	2009年
大庆油田	0.58	0.45	0.60	0.63	0.62
长垣油田	0.41	0.24	0.21	0.24	0.24
长垣外围	2.13	1.34	2.70	2.67	1.33
海塔盆地	5.72	7.44	5.67	4.34	12.91

2. 圆满完成原油生产任务

"十一五"前4年，油田公司计划生产原油 16460×10^4t，实际完成 16530×10^4t，与计划对比多产油 70×10^4t。计划注水 230078×10^4m³、产液 184558×10^4t，实际完成注水 218798×10^4m³、产液 181974×10^4t，与计划对比少注水 11280×10^4m³、少产液 2584×10^4t。在比计划少注水、少产液的情况下，原油产量超计划完成任务（表 4-1-4）。

表 4-1-4 大庆油田开发指标完成情况

年份	年产油（10^4t）		年产液（10^4t）		年注水（10^4m³）	
	计划	实际	计划	实际	计划	实际
2006	4310	4340.5	42695	44886	55759	52995
2007	4150	4169.8	45207	44678	55930	53866
2008	4000	4020.1	47333	45869	58087	55054
2009	4000	4000.0	49323	46541	60302	56883
四年合计	16460	16530.4	184558	181974	230078	218798

（1）长垣水驱产量保持在长垣总产量的60%以上。

"十一五"前四年，长垣水驱累计产油 9576×10^4t，占长垣总产量的67.4%，2009年产量 2176.9×10^4t，占长垣产量比例64.2%，保持在60%以上。作为大庆油田产量的主体，长垣水驱集成成熟配套技术，加大精细挖潜、精细调整力度，有效控制了产量递减，产量年递减幅度由"十五"期间的 240×10^4t 控制到"十一五"的 140×10^4t。在新井产量保持平稳的情况下，主要是控制老井递减。一是加大以完善单砂体注采关系为核心的综合调整力度，"十一五"年均注采系统和注采结构工作量比"十五"增加 2000 口，每年末措施老井少递减产量 30×10^4t 左右；二是加大长关井治理力度，从 2006 年至 2009 年累计治理井数 1086 口，累计增油 74×10^4t。

（2）三次采油产量连续 8 年保持 1000×10^4t 以上。

一是针对开发对象转变为以二类油层为主，非均质性严重的现状，采取个性化方案设计，提高了聚合物驱开发效果；二是加大了高浓度聚合物驱应用力度，在聚合物用量达到 700mg/（L·PV）的区块中优选部分井组改注高浓度，3 个区块整体改注高浓度，改善了聚合物驱开发效果；三是优选了 10 个区块优化聚合物段塞，延长注聚合物时间，减缓了含水率上升速度；四是加大了分注、调剖、方案调整、油井压裂和三换等措施力度，2009 年措施工作量比 2005 年增加 5869 口，主要是针对二类油层加大了方案综合调整力度，增加井数4184口；五是三元复合驱进入工业化推广应用，推广区块达到4个，动用地质储量$2841×10^4$t。

（3）长垣外围油田产量保持在$530×10^4$t以上。

一是加大新区储量动用力度，在特低丰度葡萄花油层继续扩大水平井与直井联合开发规模，在特低渗透扶杨油层应用矩形井网与大型压裂相结合技术，难采储量得到动用。"十一五"前四年年均动用地质储量$5300×10^4$t以上，比"十五"年均多动用$2000×10^4$t，2003年以后提交探明储量动用率达到85%以上；二是已开发油田通过加大井网加密、注采系统调整力度，有效控制了老井产量递减，两年老井产量自然递减率由"十五"末的16.6%降低到2009年的15.5%。

（4）海塔盆地持续稳步上产。

自2002年投入开发以来，海塔盆地加快了勘探开发一体化进程，复杂断块、潜山油藏勘探开发技术有了新的突破，现场开发试验见到了良好的效果，到2009年底，动用地质储量$1.4×10^8$t，累计建成产能$148.84×10^4$t，年产油$72.91×10^4$t。

3. 长垣水驱含水率上升、产量递减得到有效控制

"十一五"期间，采取多项措施加大控含水率和控递减力度：一是继续推广应用周期注水、堵水及浅调剖等控水措施，并重点加大了堵水力度，"十一五"年均堵水井数187口；二是扩大了水井综合调整实施规模，"十一五"前四年年均调整井数3300口，比"十五"年均增加1000井次，连通未措施采油井受效后含水率下降0.21个百分点；三是继续加大注采系统调整实施力度，"十一五"前4年年均转注168口井，有效地提高了水驱控制程度；四是应用多学科油藏研究成果开展区块综合治理，完善单砂体注采系统，2009年治理的60个区块递减率降低1.82个百分点。含水上升率由"十五"末的0.83%降低到2009年的0.7%，自然递减率由"十五"期间的11%降低到2006年的9%，并连续4年控制在9%以内。

4. 油田套损井数控制在600口以内

2005年以来通过加大区块综合治理，完善注采系统，在深入研究套损形成原因的基础上，采取有效措施控制套损井比例。一是开展井层治理工作，每年平均治理600井次；二是加强钻关恢复，采取逐级恢复的做法调整了区块间的压力平衡，连续三年特低特高压井的比例控制在10%以内；三是加强油水井日常管理，严格执行企业技术规范《油水井套防护技术要求》（庆2006-67），最大限度降低套损概率；四是加强套管监测，及时发现，及时治理。通过上述措施连续四年套损井数控制在600口以内。百井作业套损率呈现逐年下降趋势，2009年控制在1.5%以内。

"十一五"期间，在油田公司上下的共同努力下，完成了以原油生产任务为核心的各项指标，油田开发处于良性循环，技术、管理水平在逐步向前迈进，但在开发的进程中也暴露了一些问题，制约了油田开发前进的步伐。困难与机遇同在，挑战与发展并存，深入分析油田开发面临的形势，明晰油田发展的优势与存在的问题，为油田的长远发展指方向。

（二）面临形势与挑战

1. 资源基础

在勘探上，"十二五"期间力争实现新增探明储量$4.8×10^8$t。其中，长垣过渡带及扶

余油层提交探明储量 $0.6×10^8t$，长垣外围葡萄花、扶杨油层提交 $0.9×10^8t$，海塔盆地提交 $3.3×10^8t$。

在开发上，努力增加可采储量 $1.31×10^8t$。其中长垣水驱依靠三次加密、"两三结合"以及过渡带扩边新增动用可采储量 $1876×10^4t$，三次采油依靠高浓度聚合物驱、扩大复合驱现场试验规模，新增动用可采储量 $4094×10^4t$，长垣外围通过老区加密、注采系统调整，新区储量动用新增动用可采储量 $3217×10^4t$，海塔盆地通过储量的大规模动用，新增动用可采储量 $3908×10^4t$。至 2009 年，大庆油田剩余可采储量 $4.12×10^8t$，到 2015 年预计增加可采储量 $1.31×10^8t$，"十二五"期间年共有 $5.43×10^8t$ 可采储量可供开发。

2. 技术优势

经过这些年的实践，大庆油田发展完善了一系列成熟技术：

一是以多学科集成化油藏研究为核心的特高含水期控水挖潜配套技术。通过开展精细三维地震和地质一体化研究，确定了层系井网演化的总体思路，形成了以完善单砂体注采关系为核心的薄差层注采井网调整技术及细分层开采技术；针对加密井调整对象层数多、油层厚度薄、隔层小、自然产能低，研究建立了定位平衡细分控制工艺技术；针对厚层内部低效无效循环严重、剩余油主要集中在厚油层顶部的实际，研究建立厚油层层内堵水技术；为解决水井调配效率低、测试成本高的问题，创新研制了地面直读、地下可调的机电一体化高效智能测调工艺技术。

二是以聚合物驱集成配套为主导的提高采收率技术。聚合物驱集成配套技术包括：聚合物驱方案设计优化技术，聚合物驱跟踪调整技术，聚合物驱分层注入技术，聚合物驱有杆泵举升及防偏磨技术，聚合物配制、注入及采出液处理技术。复合驱技术正在通过现场试验，攻关建立配套技术。

三是以非达西渗流理论为指导的井网优化、超薄油层水平井等外围油田开发技术。主要包括：开发地震技术，复杂油水层识别技术，天然裂缝及地应力描述技术，石油富集区块优选技术，开发方案优化设计，特低丰度超薄油层水平井开发技术，精细油藏描述及开发调整技术。这些技术不断进步成熟，为外围油田增储上产提供了技术支撑。

四是自海塔盆地开发以来，通过实施勘探开发一体化，深化复杂断块油田地质认识，建立了整体部署、分批实施、三角形井网灵活布井、边底部注水的开发模式，在强水敏砂砾岩、凝灰质、潜山油藏先后实现了注水开发。目前通过实施现场试验，积极探索特低渗透储层注气开发有效动用技术，国外油田注水开发技术，老油田井网加密提高油田采收率技术。

3. 管理优势

大庆油田经过 50 年的开发，形成了以 80000 多口油水井管理为对象，采油工程、地面工程系统配套的生产规模，在生产管理、人员管理、技术管理等方面积累了大量的经验，建立了一套科学的质量管理体系。推进"数字油田"建设，以 ERP 系统为重点，完善了管理信息系统平台，实现油田资产数据信息的网络化管理，进一步扩大了信息技术在生产经营领域的应用，加快了企业管理集约化、专业化、规范化进程。

4. 面临挑战

一是稳产基础的问题，即储采失衡与需要大幅度提高可采储量之间的矛盾。"十五"以来，油田新增动用可采储量的主体转向长垣外围及海塔盆地，2009 年外围油田新增动用可采储量占总储量的67.1%。受经济技术条件制约，在国际油价70~80美元/bbl情况下，为保证外围油田有效开发，2009年动用地质储量$3000×10^4$t，动用规模减小$2000×10^4$t左右，而且目前长垣老区的储采平衡系数在0.24，如何大幅度增加可采储量，稳固持续稳产的资源基础，是亟待解决的问题。

二是精细挖潜的问题，即剩余油高度分散与有效挖潜配套技术适应性的矛盾。2009年，长垣油田综合含水率达到92.47%，长垣水驱含水率大于80%的生产井比例达到92%，其产液量比例占96%，多层高含水、井井高含水的现象越加严重，剩余油挖潜难度也在逐年加大。按照长垣油田实现双60%目标来要求，需要进一步攻克精细挖潜及进一步提高采收率技术瓶颈。

三是开发效益的问题，即持续稳产与经济效益之间的矛盾。长垣老区进入特高含水期开发，外围油田储量品质在变差，每年投产井单井日产逐年下降，由2000年的4.7t下降到2.2t，致使建百万吨产能井数由1021口增加到2154口，增加了一倍。2008年油田百万吨产能投资57.84亿元（老区55.27亿元，外围63.99亿元），与股份公司计划相比存在很大缺口，因此，如何有效控制投资成本是实现持续稳产的关键问题；

四是海塔盆地快速上产的问题，即高效开发、快速开发与经济技术条件制约之间的矛盾。从资源潜力看，目前的勘探程度较低，除预测储量区块外，仅有零散的工业油流井，高品质储量很难达到规划目标；从开发技术看，快速上产阶段存在构造精细解释难、油水层识别难、渗流机理不清楚等技术难题，需要边研究、边认识、边调整；从开发政策看，海塔盆地快速上产工作的重点在国外，但由于塔木察格开发属于国际合作，受国际油价波动影响大于国内、单井产量经济界限高于国内，抗风险能力差，加之蒙古国法律政策制约，影响油田地面建设步伐，制约了储量快速动用、产量快速上升。

面对新形势下油田开发中的挑战，开发系统及时应对，明确了油田开发业务发展思路，长垣水驱确立实施"四个精细"的措施，即精细油藏研究、精细注采结构调整、精细注采系统调整、精细生产管理，并重点在注好水上下功夫，加细注水层段、加密测试周期、加大措施力度、加快细分井米。加快技术攻关、推广步伐，积极推广高效分采管柱，解决层间、平面、层内矛盾，努力控制产量递减；三次采油通过"四最"，即"最大限度地提高采收率、最小尺度的个性化设计、最及时有效的跟踪调整、最佳的经济效益"，提高聚合物驱开发效率，同时攻关研究复合驱技术、聚合物驱后进一步提高采收率技术；外围油田依靠"一套理论"，即非达西渗流理论，"三套技术"，即井网优化技术、水平井开发技术、注气开发技术，实施"三不"措施，即没有效益不钻井、没有效益不基建、没有效益不措施，实现经济有效开发。

（三）规划部署的指导思想、基本原则与产量目标

1. 指导思想

深入贯彻落实科学发展观，全面落实集团公司、油田公司的各项部署，按照油田公司确定的"立足长垣、稳定外围、加快海塔、夯实基础、突出效益"的指导思想，突出长垣的主体地位，突出水驱的支撑作用，以经济效益为中心，以提高采收率为目标，进一步优化产量结构，细化落实稳产措施，坚定不移地推进原油$4000×10^4$t持续稳产。

2. 基本原则

（1）立足优化、突出效益。以效益为中心，优化调整持续稳产方案，控制高成本的化学驱和外围低渗透油田产量规模。对于低效益的产量合理控制，高效益的产量深入挖潜，合理匹配产量关系。

（2）立足长垣、精细水驱。发挥长垣的主体作用，加大水驱的产量比重，增老区控外围，增水驱控三采，增措施控产能，确保经济有效开发。

（3）立足松辽、加快海塔。按照既定目标要求，实施"五个转变"，加快国外储量动用，实现快速上产。

（4）立足当前、着眼长远。全面加强开发基础工作，在实现原油稳产的同时，不断改善地下开发状况，发展完善现有配套技术，积极探索重大接替技术，为长远发展奠定基础。

3. 产量目标

（1）长垣水驱：自然递减率由2009年的8.5%降低到2015年的7%；综合递减率由2009年的5.5%降低到2015年的3%；2015年年产油达$1500 \times 10^4 t$以上。

（2）三次采油：一类油层提高采收率达到15个百分点，二类油层提高12个百分点，三类油层提高10个百分点；2015年年产油达$1380 \times 10^4 t$以上。

（3）外围油田：长垣外围2015年年产油保持在$520 \times 10^4 t$以上；海塔盆地2015年年产油量达到$300 \times 10^4 t$以上。

二、深化细化规划编制主要内容

面对开发规划数据纷繁复杂、开发对象逐年变差、开发单元不断增加的现状，为了保证预测指标的一致性，提高预测精度，研究建立开发规划编制技术流程，建立一套技术路线，深入研究水聚合物驱开发指标变化规律，研究建立指标预测方法，优化控制指标分配，加强规划的可操作性，从而提高开发规划编制的水平及效率。

（一）长垣水驱

大庆长垣油田属于典型的多层非均质油田，经过50年的开发，目前处于特高含水开发阶段。主要由于含水上升影响产量递减，目前弥补产量递减的主要措施，一是水驱三次加密，以差油层和表外储层作为开采对象，通过新建产能增加产量来弥补老井的递减。由于三次加密井对象较差，初产较低，递减较快，因此不能完全弥补老井，只能起到减缓的作用；二是压裂、三换等增产措施，减缓老井的自然递减（措施后的递减率称为综合递减）。从目前的措施构成情况看，措施的对象主要是二次加密井，而且目前措施对象的含水已经接近全区的平均含水水平，因此弥补递减的作用也在逐年减弱；三是注采系统的调整，起到减缓油井的自然递减的作用。

1. 规划编制技术路线

油田开发形势的分析是规划编制的前期评价，通过对油田开发的优势和挑战的分析，既能客观审视油田存在的主要矛盾和问题，又能以发展的眼光看到油田发展的前景和蕴含的各项潜力基础。开发潜力是油田开发规划的物质基础，长垣水驱经过50年的开发，经过一次调整、二次加密、三次加密，目前水驱主要潜力是井网加密、过渡带扩边、"二三结合"潜力，另外还有老井措施潜力。通过分析老区老井递减率、老区新井递率、新井产量贡献率、新井产量到位率给出整个方案的主要参数分析。规划方案完成后要给出原油产量、工作量、可采储量、储采状况分析、经济评价参数的相关匹配性分析，通过与目前实际相关参数的详细对比,分析规划方案的合理性及科学性(图4-1-1)。

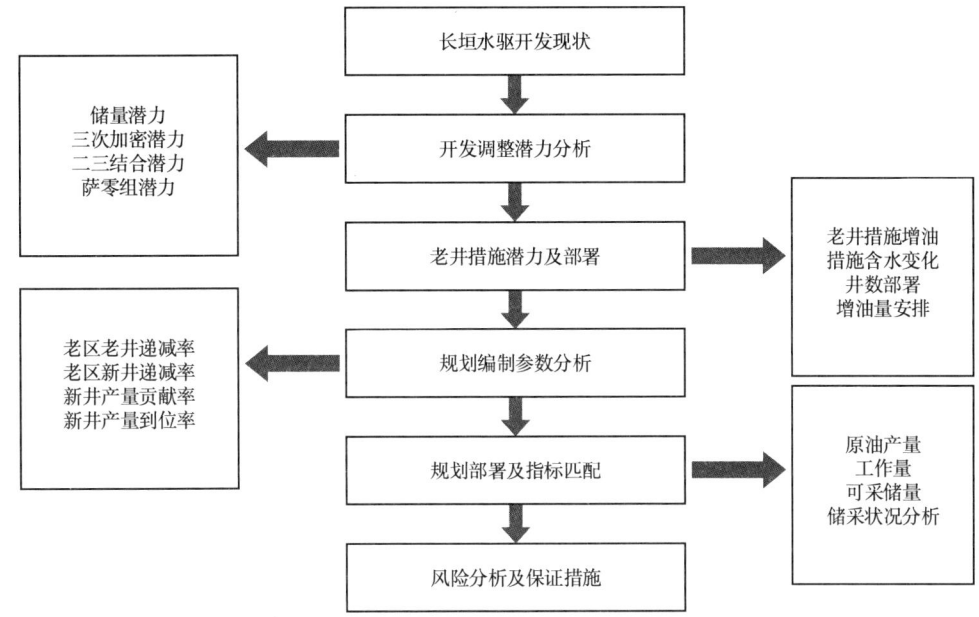

图 4-1-1　长垣水驱规划编制技术路线

2.规划编制技术流程

长垣水驱产量构成主要分为三个部分：老井未措施产量、老井措施产量、新井产量。各部分的产量构成分析如图4-1-2所示。

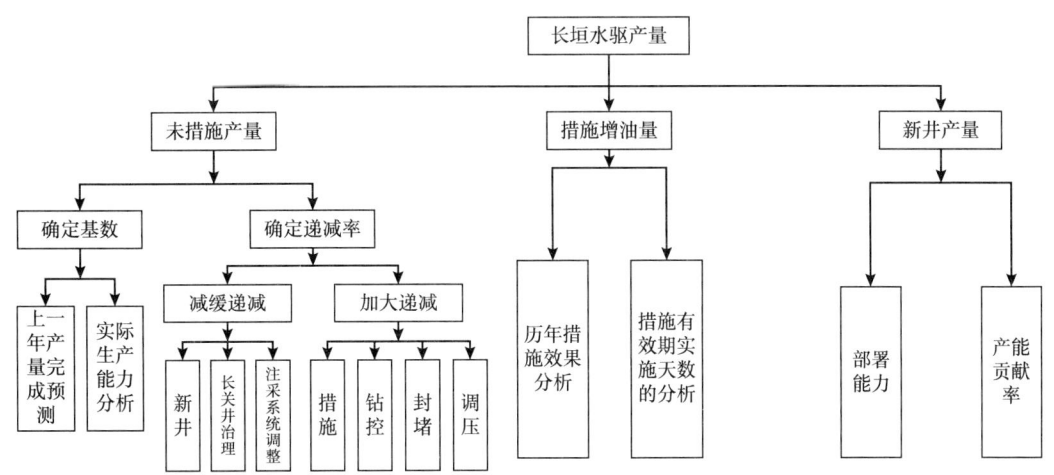

图 4-1-2　长垣水驱规划技术流程

3.指标预测方法

长垣水驱研究建立了一套指标预测方法,经过不断发展完善,能够适应目前指标预测的需求(表4-1-5)。

表 4-1-5 长垣水驱指标预测方法对比

方法	适用范围	优点
西帕切夫曲线法	长远规划、年度	（1）宏观把握指标变化趋势； （2）能够预测分类井指标
递减率分析法	年度规划、长远规划	（1）研究了相同井递减率变化趋势； （2）建立了递减率与各种影响因素之间的定量关系
水平预测法	年度规划	可以把握预测年月度产量变化趋势
产液能力恢复法	年度规划	（1）宏观控制预测单元的实际生产能力； （2）反映预测单元的潜力

西帕切夫曲线法：以长垣各开发区分井网数据作为预测单元，以规划期前两年以前老井产量（历史上扣除聚合物转移的产量）为基础数据，利用西帕切夫曲线法，预测老井年产量。

递减率分析法：以长垣各开发区作为预测单元，以规划期前两年老井产量（历史上扣除聚合物转移的产量）为基础数据，利用综合动态分析法，分析影响自然递减率的主要因素，确定老井规划年年递减率，预测老井规划年产量。

水平预测法：以规划年上一年底最后一个月各采油厂水驱日产量为基数，类比近三年水驱月递减幅度，确定一个相对合理的月递减幅度，运行到，预测到规划年每一个月，预测其他因素影响下的未措施老井产量，再考虑钻控、封堵、利用井影响的产量，预测出规划年未措施老井产量。

产液能力恢复法：分析近几年各开发区水驱注水、产液、含水率的变化趋势，考虑到规划年上一年影响的各种因素，确定一个相对合理的产液量增长率、含水上升率、注采比，恢复规划年上一年各开发区应该达到的生产能力，考虑到规划年含水率的变化，预测规划年产油能力。

（二）三次采油

从目前发展趋势看，"十二五"期间大庆油区的三次采油的战场还是在大庆长垣，并且以聚合物驱和化学复合驱为主。由于化学驱驱油机理与水驱有所不同，驱替过程指标变化规律、主要影响因素等方面有所不同，因此，在产量规划，开发指标预测等方面独立出来，不仅仅作为像压裂那样简单的增产措施。聚合物驱指标预测目前主要使用模式图方法，也兼顾了类比、经验判断等方法。

1. 规划编制技术路线

三次采油产量具有生产时间短、采油速度高的特点，在清晰分析油田开发形势的基础上，重点分析储量潜力，目前三次采油开发对象主要转到长垣北部的二类油层及南部的一类油层，油层性质变差，提高采收率值少于北部一类油层。因此在分析化学剂用量、可采储量、钻建井数、产量、提高采收率值、储采状况匹配关系以后，为进一步提高采收率，还需要通过现场试验，研究进一步提高采收率技术（图 4-1-3）。

2. 规划编制技术流程

由于三次采油的指标变化特点，规划编制的对象以区块为主，主要是通过研究产液量和含水率的变化规律，预测区块的产液量、含水率的变化趋势，从而预测区块的产量。通过对区块注入速度和注入能力的分析，规划方案部署结果要预测化学药剂用量，从而对化学药剂的生产规模、地面配置能力给出相应的要求（图 4-1-4）。

第四章 不确定优化在油田"十二五"开发规划中的应用

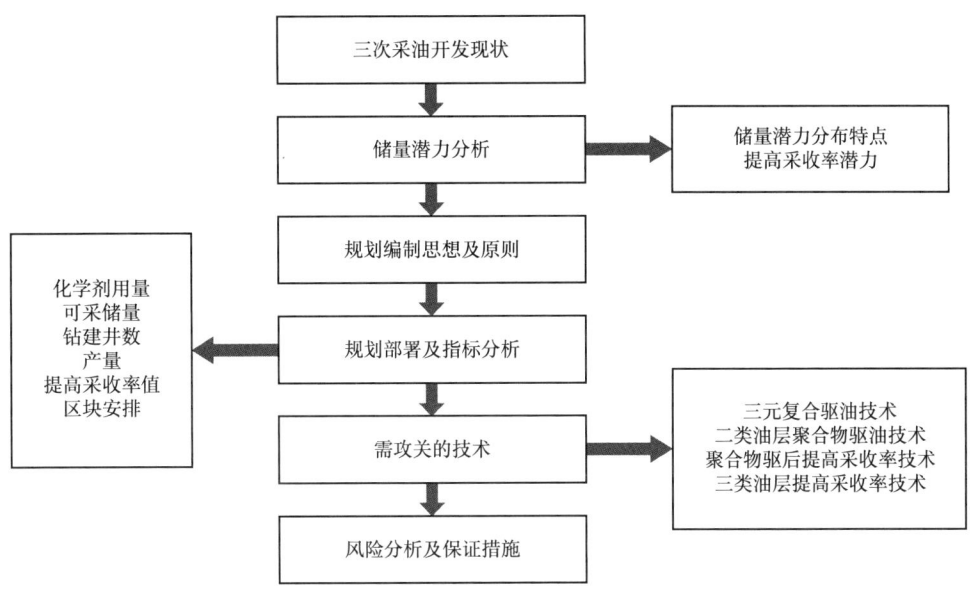

图 4-1-3 三次采油规划编制技术路线

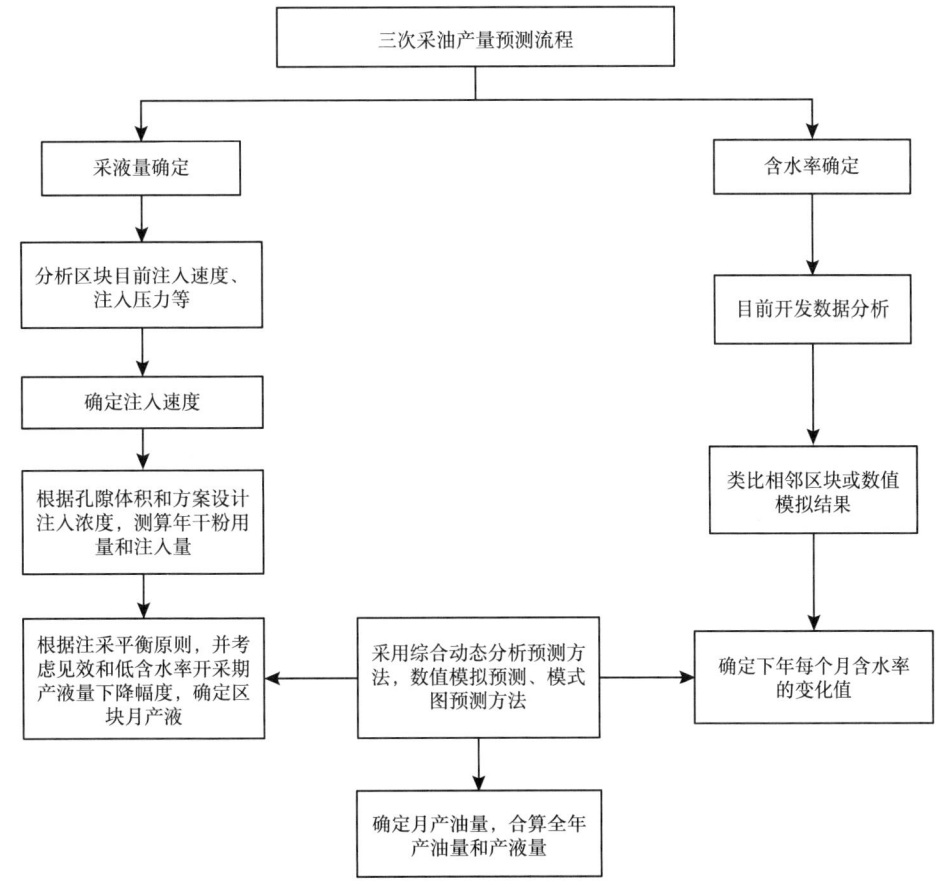

图 4-1-4 三次采油规划编制技术流程

3. 指标预测方法

由于三次采油的开发特点,将注入的区块分为不同的阶段进行预测,主要分为5部分:新钻井区块、新投注聚合物区块、空白水驱区块、已投注聚合物区块和后续水驱区块不同阶段采用的指标预测方法有所不同(表4-1-6)。综合目前所采用的指标预测方法,主要分为两类:一是模式图预测法,二是综合动态分析预测方法。此外还有数值模拟预测方法、神经网络模式图法。

表4-1-6 三次采油指标预测方法对比

已投注聚合物区块	后续水驱区块	将要注聚合物区块	空白水驱区块	新建产能区块
(1)模式图; (2)综合动态分析预测方法	综合动态分析预测方法。产液量考虑逐年油井含水率大于98%的生产井关掉的产液量	(1)采用模式图预测方法,总量控制、阶段类比; (2)数值模拟预测结果	(1)对于空白水驱时间较长的区块,按照年水驱递减法来预测; (2)对于上一年新井第二年按已投产井的单井实际平均产量乘上生产天数进行预测	按照聚合物驱布井方案设计的产能和当年计产时间计算出新井产量

模式图预测法:以总量控制聚合物驱全过程阶段产油量为原则,结合数值模拟研究结果,考虑预测区块地质条件、注聚合物前含水率、采出程度和注入速度等因素,采用确定主要指标关键点和类比方法,建立每个区块含水率和产液量预测模式,每年再根据实际动态情况,拟和、校正含水率和产液量预测曲线。主要应用于新投注聚区块产量预测。

综合动态分析预测方法:依据工业化注聚合物区块注聚合物过程中的动态变化规律,定量考虑油层地质因素、注聚合物前开发历史因素和注聚合物过程中的生产因素对聚合物驱油效果的影响,确定特征点,分阶段建立指标预测模型。并形成预测软件。

数值模拟预测方法:在聚合物驱开发指标预测中是一种比较好的方法,它考虑因素比较全面。但该方法必须在区块打完井,获取一定的动、静态资料后才能进行建模预测,因模拟工作量大,时间也较长,这种方法只能在已投注典型区块和刚投注区块上进行指标预测。

神经网络模式图法:利用神经网络预测原理,与模式图法结合,建立了神经网络模式图预测法。

(三)外围油田

外围油田属于低渗透油田开发,从1985年开始逐步投入开发。长垣外围油田显著的特点是低渗透、低产、低丰度,各类油层存在较大差异。一是埋藏较浅的萨葡油层渗透率和产能相对较高,但油层较薄、层数很少,部分区块油水分布复杂。二是埋藏较深的扶杨和高台子油层产能相对较低,窄条带河道砂体,渗透性差,部分区块裂缝发育。开发规律与指标预测方法与老区完全不同。

1. 规划编制技术路线

外围油田主要是油藏类型的复杂多样,加之不断有新储量的投入,使得对于潜力的分析围绕已开发油田井网加密盒注采系统调整、已探明未开发储量潜力、待探明储量潜力,并重点分析储采状况、经济评价状况(图4-1-5)。

第四章　不确定优化在油田"十二五"开发规划中的应用

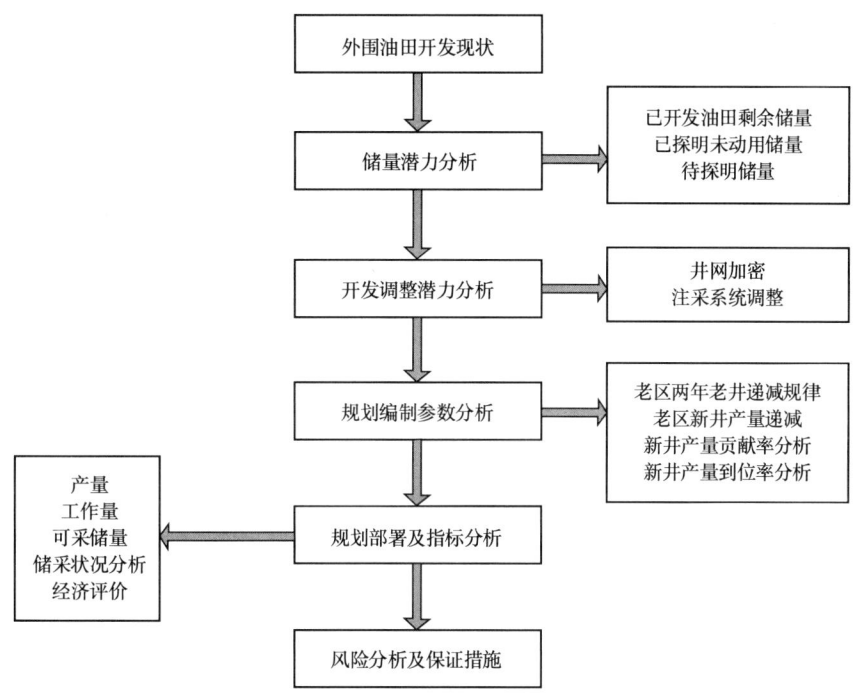

图 4-1-5　外围油田规划编制技术路线

2. 规划编制技术流程

外围油田产量主要是由未措施产量、措施产量以及新井产量构成。重点分析产能贡献率、产能到位率、老井递减率，外围油田规划编制技术流程如图 4-1-6 所示。

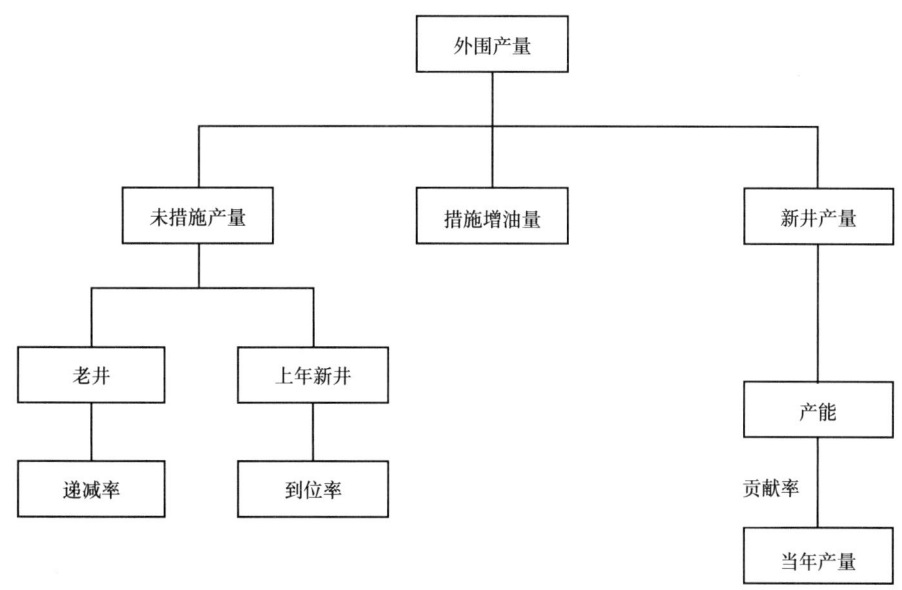

图 4-1-6　外围油田规划编制技术流程

3. 指标预测方法

外围油田大部分油田投产时间相对较晚,且油藏类型复杂,目前采用两种方法进行预测。对生产历史较长、规律性较明显的区块采用递减曲线法预测开发指标。统计投产较早的区块有 76% 符合双曲递减规律。

对于生产历史较短的油田、区块采用"三率"预测法,即两年老井递减率、产能到位率、产能贡献率,并研究了影响递减率的主要因素以及初始递减率的确定方法(图 4-1-7)。

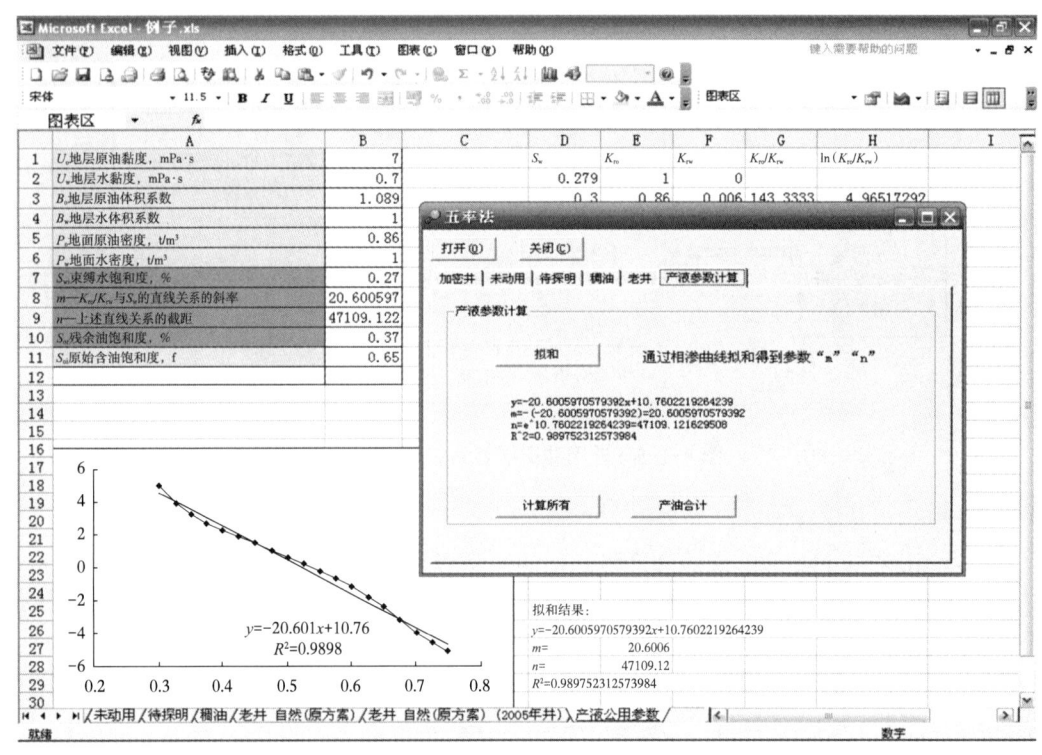

图 4-1-7 外围油田"三率"指标预测法程序图

第二节 不确定规划优化模型建立及求解算法

油田开发也是一个长期的过程,不能只考虑当下的经济利益,要考虑油田长期的可持续发展。尤其是随着我国加入 WTO 的逐步深入,原油生产日益市场化和国际化,油田开发越来越重视追求自身的经济效益,不仅要考虑产量规模,也要考虑相关的投入与成本,围绕"最少投入""最大产出""最好经济效益"等优化目标,开展规划优化决策方法研究。因此,在建立优化模型时,不仅要考虑最大化产油量,还要考虑最小化成本,最大化新增可采储量。总之,所要解决问题的实质是建立多目标的不确定规划优化模型,求解在约束条件下,使产油量最大化、成本最小化、新增可采储量最大化的工作量安排[3-6]。

一、不确定因素分析及量化

(一)油田开发不确定性分析

油田开发属于采掘工业，采出地下油气资源是不可再生的。油气在地下赋存的状态、性质、品位、埋藏量等受自然条件的绝对控制。油藏是深埋地下数千米，看不见、摸不着，是靠不确定信息反映的客体。油田开发对象的隐蔽性、地下油气的流动性和储层状态的变化性共同决定了油田开发不是一个确定性的过程，其中包含着各种不确定因素。

在石油开发过程中，会受到很多不确定因素的影响，这对开发规划工程有很大的影响。作为开发对象的油藏、气藏深埋地下，不可能直接观察和研究，人们对它的认识是间接的，只能靠预测，对于地质结构、原油的储量的认识是不完全的，具有很大的不确定性；石油开发还受政治经济因素的影响，使得油田的产量和价格上也存在很大的不确定性；技术效果也会有很大的不确定性，在不同的对象上（如好油层和坏油层）相同的技术产生的效果会有很大的不确定性，另外，新技术的投入使用，技术效果上也是不确定的。为了减小这些不确定性带来的影响，就要利用随机不确定性理论来分析，给出其不确定性指标的量化表征。

在油田开发规划所涉及的指标可以大体分为3类：地质指标、开发指标以及经济指标（表4-2-1）。

表4-2-1 开发规划的不确定指标

分类	指标名称	不确定性分析
开发指标	产油量	由施工工艺、设备、化学剂和人员技术和责任心等引起的措施实施过程的不确定性导致技术效果的不确定性
	剩余可采储量	
	递减率	
	采收率	
	注采比	
	采油指数	
	采液指数	
	产油量	
	吸水指数	
	采液速度	
	采油速度	
经济指标	油价	政治、经济等因素的影响
	内部收益率	
	吨油成本	
地质指标	储量	预测和认识上的不确定性

开发指标主要考虑产量、储量以及成本。由于地质储量是基础，在规划中的体现是产量和可采储量。因此先分析地质储量的不确定性。

地质储量是开发指标预测和规划安排的重要参数。计算地质储量主要为容积法，其计算公式为：地质储量等于含油面积、地层厚度、孔隙度、含油饱和度及体积系数的乘积。对含油面积，大庆长垣是构造油藏，确定性较强；外围总体上是以岩性因素控制为主的复合油藏，边界不清晰，不确定性较强。地层厚度主要是通过测井方法求解，下限的变化，使得地层厚度的值具有一定的不确定性；孔隙度通过岩心分析测井解释，根据发现井解释结果，具有很强的不确定性；含油饱和度，无论是新区新井，还是老区新井的含油饱和度具有很大的不确定性；体积系数由原油分析化验直接分析得到，不确定性相对较弱。由于公式中平均有效厚度、孔隙度、含油饱和度、原油密度、体积系数等参数都具有很大的不确定性，导致地质储量也具有很大的不确定性。这样根据容积法获得的地质储量也是不确定的。

而规划目标产量由老井新井产量、措施产量以及三次采油构成。新井产量等于单井产量与井数的乘积，而单井产量等于单井控制储量与采油速度的乘积。结合贡献率、到位率、稳产时间以及递减率得到产能。其中，单井控制储量具有很大的不确定性；而采油速度是利用统计方法和经验给出，因而也是不确定的；贡献率、到位率、稳产时间以及递减率是根据历史数据统计分析获得，也具有很大的不确定性，因此，单井产量具有很大的不确定性。措施产量等于单井措施增油与工作量（措施井数）的乘积，而单井措施增油是根据生产历史统计或者类比方法获得，由于技术工艺以及操作人员、预测方法等原因，由此获得的措施增油也是不确定的，因此措施产量具有很大的不确定性。三次采油产量等于投注储量与采油速度的乘积，采油速度在实际优化中，根据历史数据或者专家经验，获得不同区块的采油速度模式图，由于统计预测方法以及专家认识上不同，使得采油速度是不确定的，因此根据采油速度模式获得的产量具有不确定性。

综上，通过分析开发目标，开发规划方案编制过程中要考虑单井措施增油、新井产油以及采油速度等因素的不确定性所带来的影响，在建立优化模型时要将不确定性进行量化分析。

（二）大庆油田各大区不确定因素分析

按照产量构成，具体分析各大区的实际情况，可以看到各大区都受到多方面不确定因素的影响，通过对实际数据的统计研究以及相关专家的辅助，确定了每个产量构成中影响产量的关键指标。

水驱部分的不确定因素主要有递减率和措施增油效果两大类。需要在模型中进行分析，研究其对最终产油量的影响。长垣外围的不确定因素和水驱部分是一致的，同样包括递减率和新井单井日产油两大部分。水驱老井产量预测过程从原理上是一个统计过程，对未来的预测存在一个预测估计误差问题，由于估计误差的存在，使未来产量预测的值不再是一个确定的数，而是在符合一定规则的区间范围的变化。另一方面，考虑规划期间控制递减而进行的工作量，自然递减率是有变化的，规划期间控制措施部署多少，也存在着不确定性。受这些因素的综合影响，递减率需要作为一个不确定因素进行考虑。对新井单井日产油，受动用储层性质、钻采工艺等影响，新井单井日产油也是一个较为重要的不确定性因素。

三次采油部分的不确定因素和前两个大区有所不同，其最主要的不确定因素是聚合物驱采油速度高值。一方面从新投注区块规划部署上看，总是使得部署的区块产量峰值叠加更加合理，以达到完成产量目标；另一方面从模型计算与应用可行性上，三次采油规划优化模型不可能包括影响三采产油的各类因素，优化合理产量部署规模是优化建模的主要目的。因此，在区块产量预测已知的前提下，考虑三次采油优化过程的模式控制，把区块的采油速度高值作为三次采油规划优化建模的主要因素。对同一区块，产量模式是确定的，但产油模式高值是波动的，导致预测效果是变化的，通过高值的不确定体现出采油效果的不确定性。

考虑开发规划中存在的不确定性具有客观性，用随机变量来刻画指标的值，并借助于数理统计分析方法给出其表征。

针对有数据的不确定指标，主要分下面3种情形：

（1）随机变量分布的类型已知，需要由观测数据确定该分布的参数。

（2）由观测数据确定随机变量概率分布类型，并在此基础上确定其参数。

（3）由已有的观测数据难以确定该随机变量的理论分布形式，则定义一个实验分布。

没有数据的指标，可有专家给定其分布类型以及其参数。

（三）不确定指标的量化及表征

针对实际情况分析模型中涉及的不确定因素，以长垣水驱的老井措施单井月产油和三次采油的采油速度峰值为例。

1. 水驱油田

以长垣水驱为例进行说明，长垣水驱对措施井单井月产油进行分析，用SPSS软件分析数据绘制直方图（图4-2-1）。从直方图上来看具有比较显著的正态分布特征，数据对称，且中心概率密度大（图4-2-1中曲线即为正态分布曲线）。因此主要考虑采用正态分布形式进行拟合，也可考虑一些对称的分布形式，利用P-P图（Probability-probability Plot即概率散点图）观察是否符合。首先作出对于标准正态分布的P-P图（图4-2-2），统计软件给出的该量服从的正态分布的参数为：均值57.7，方差20.85。与此相比，其他具有对称性质的分布，其拟合效果均不优于正态分布。如学生分布的拟合P-P图（图4-2-3），散点并不与直线十分接近，因此选用正态分布进行拟合。

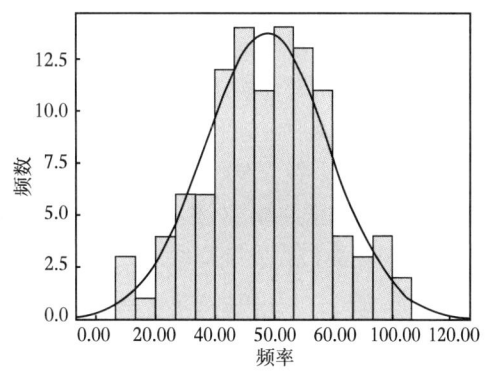

图4-2-1　措施单井月产油变化曲线

2. 三次采油

如前所述，对三次采油中的分析采油速度高值的量化表征。

（1）建立了采油速度高点值量化表达式。

由于不同地区地质条件差异，其聚合物驱效果不同，主要表现：油田北部地区油层非均值性比南部地区严重，有利于聚合物驱油；南部地区油层比北部均匀，水淹厚度比例大，剩余可采储量少，油层原油黏度低，也导致聚合物提高采收率幅度变小，聚合物驱效果差。所以为了确保采油速度高点值量化表征的合理性，在地质上划分为南部和北部两个地区，北部地区再细分为一类、二类两个油层。按照地区与油层分类的不同，采用多元回归方法，分别建立三个采油速度高点值量化表达式。

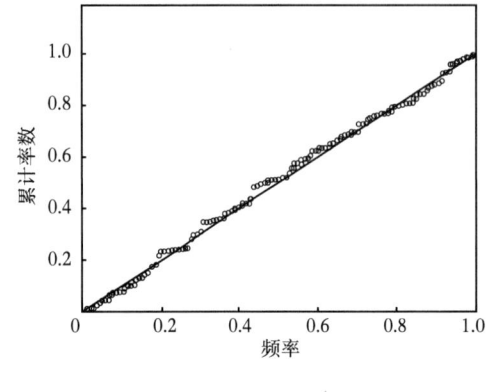

图 4-2-2　正态分布概率散点图

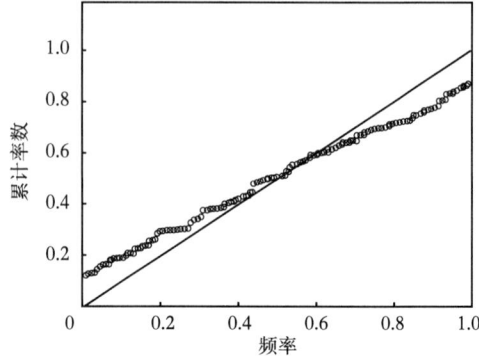

图 4-2-3　学生分布概率散点图

南部地区参加统计的区块 16 个，多元回归拟合相关系数为 94.15，经显著性 F 大于 $F_{0.05}$ 检验，线性关系显著，即所取因素对采油速度高值的影响是显著的，而其他随机因素对采油速度高值变化的影响并不显著，因此可以根据回归方程在一定可靠性要求下，利用给定的影响因素确定区块的采油速度高值。建立回归关系式如下：

$$H_v = 12.7398x_1 - 2.2294x_2 + 0.1148x_3 + 0.3797x_4 + 0.0003x_5 - 2.3485 \quad (4-2-1)$$

式中　x_1——注入速度，PV/a；

x_2——有效渗透率，μm^2；

x_3——阶段采出程度，%；

x_4——有效厚度，m；

x_5——注聚合物浓度，mg/L。

北部地区参加统计的区块共 33 个，其中 Ⅰ 类 23 个，Ⅱ 类 10 个，多元回归结果为：Ⅰ 类拟合相关系数为 94.51，Ⅱ 类拟合相关系数为 99.98，分别经显著性 F 大于 $F_{0.05}$ 检验，所取因素对采油速度高值的影响是显著的，可以根据建立的关系式确定区块的采油速度高值。

北部地区 Ⅰ 类回归关系式：

$$H_v = 30.4662x_1 + 0.729x_2 + 0.1964x_3 - 0.0013x_4 + 0.0007x_5 - 4.2426 \quad (4-2-2)$$

北部地区 Ⅱ 类回归关系式：

$$H_v = 3.9205x_1 - 7.7667x_2 + 0.1235x_3 + 0.0999x_4 + 0.0023x_5 + 1.5954 \quad (4-2-3)$$

区块拟合对比分析表明，相对误差在可接受范围。

（2）建立采油速度模式图。

采油速度模式图是描述新投注区块在聚合物驱阶段产油量变化趋势预测的图版，利用建立的模式图版，通过区块类比及专家经验，可以很快确定出新注区块的采出指标的预测趋势，为三次采油规划的编制与宏观决策提供依据。

通过对已注区块采油速度的统计分析，确定不同地区、不同油层（指北部地区 Ⅰ 类、

Ⅱ类)采油速度高值的均值,并计算出各年采油速度与高值的比例关系,建立采油速度模式图,同时给出模式图高点值取值的变化范围。

①采油速度高点均值。

从南部、北部采油速度与时间的关系曲线看(图4-2-4和图4-2-5),采油速度达到高点值都出现在投注第2年和第3年,为了减少出现采油速度高点值的时间对齐而产生的误差和不合理性,分别按第2年和第3年进行统计。

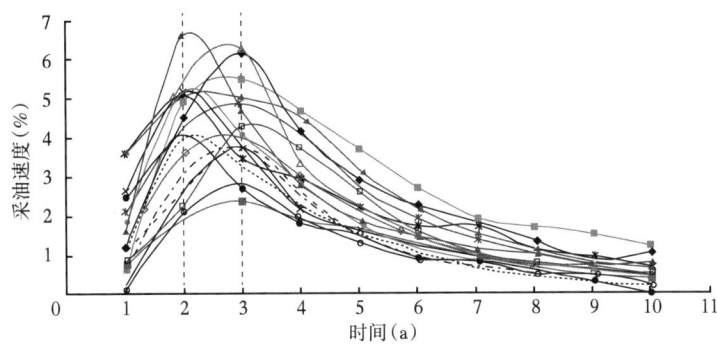

图4-2-4　南部地区采油速度曲线

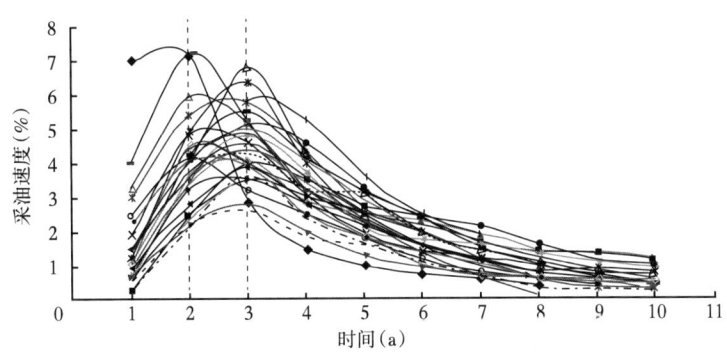

图4-2-5　北部地区采油速度曲线

统计表明,南部地区采油速度在第2年达到高值的区块7个,高点均值为5.02,第3年达到高点的区块11个,高点均值为4.33;北部地区Ⅰ类第2年达到高值的区块5个,高点均值为5.29,第3年高点区块16个,均值4.65,Ⅱ类第2年达到高值的区块2个,高点均值为4.29,第3年高点区块8个,均值4.31。统计结果见表4-2-2。

表4-2-2　采油速度高点均值统计表

地区		第2年达到峰值			第3年达到峰值		
		区块数	累计值	均值	区块数	累计值	均值
南部地区采油速度(%)		7	35.13	5.02	11	47.66	4.33
北部地区采油速度(%)	Ⅰ类	5	26.43	5.29	16	74.33	4.65
	Ⅱ类	2	8.58	4.29	8	34.47	4.31

②各年采油速度与高值比例关系的确定

考虑规划今后的应用，统计年限定为 10 年（为保证采油速度变化趋势的合理性，对没有结束的区块 2012 年后的产量按规划方案取值）。通过统计分析处理，分别建立两个投注时间点的三个采油速度变化模式图（表 4-2-3 和表 4-2-4）。

表 4-2-3　采油速度高值与各年比例表

地区		高值	生产年（第 2 年达到峰值）									
			1	2	3	4	5	6	7	8	9	10
南部地区采油速度（%）		5.02	0.48	1.00	0.77	0.55	0.39	0.28	0.22	0.16	0.12	0.10
北部地区采油速度（%）	Ⅰ类	5.60	0.45	1.00	0.88	0.58	0.39	0.28	0.21	0.16	0.12	0.09
	Ⅱ类	4.29	0.42	1.00	0.83	0.66	0.51	0.39	0.28	0.21	0.15	0.14

表 4-2-4　采油速度高值与各年比例表

地区		高值	生产年（第 3 年达到峰值）									
			1	2	3	4	5	6	7	8	9	10
南部地区采油速度（%）		4.33	0.21	0.78	1.00	0.72	0.50	0.35	0.26	0.19	0.15	0.11
北部地区采油速度（%）	Ⅰ类	4.65	0.20	0.74	1.00	0.75	0.55	0.38	0.28	0.19	0.14	0.11
	Ⅱ类	4.31	0.16	0.74	1.00	0.81	0.60	0.46	0.34	0.26	0.22	0.18

按照确定的采油速度与高值的比例关系，绘制各部分模式图（图 4-2-6 至图 4-2-8）。对于新投注区块，可以根据区块的油层属性、生产过程、全过程控制方面的参数，通过对应地区的拟合公式类比求出区块的采油速度高点值，利用建立的地区模式图，就可以确定出区块规划各年的产油量变化趋势，为三次采油不确定优化模型的建立提供了技术支持与依据。

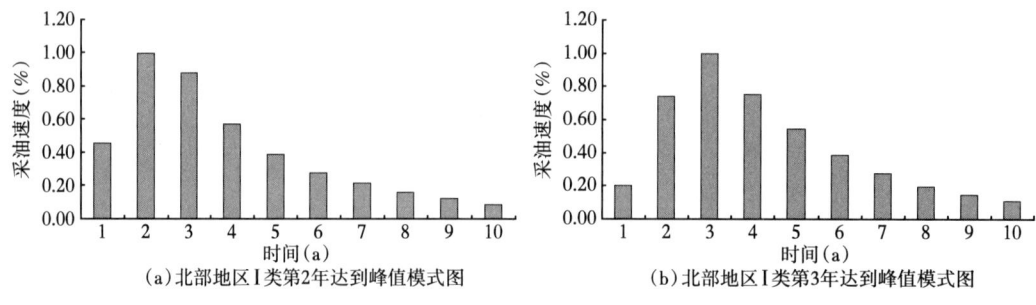

图 4-2-6　北部地区Ⅰ类不同年采油速度模式图

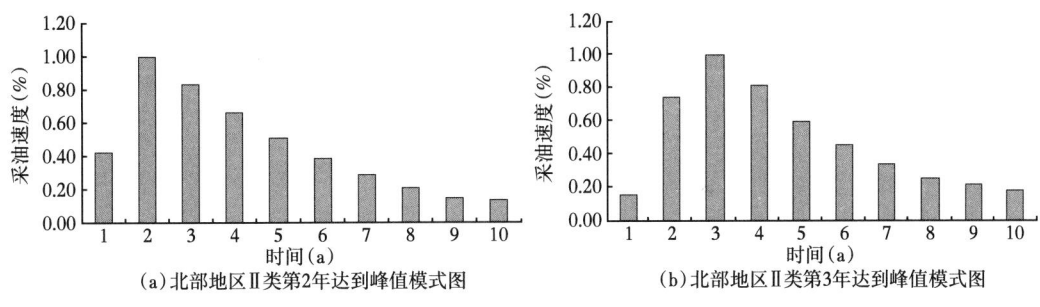

图 4-2-7　北部地区Ⅱ类不同年采油速度模式图

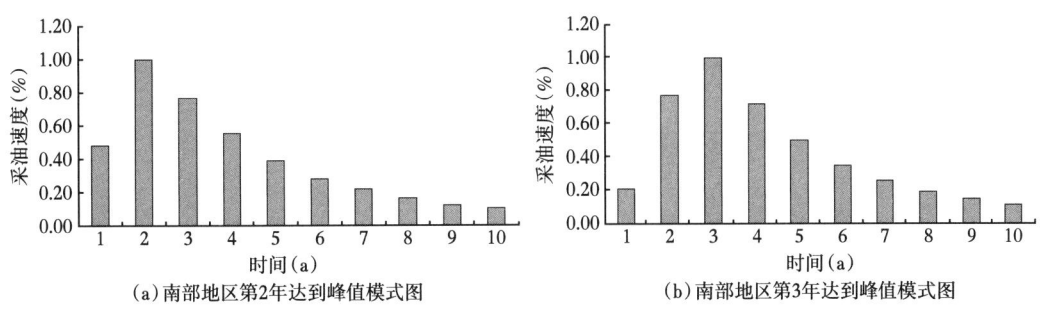

图 4-2-8　南部地区不同年采油速度模式图

二、产量分配系数

为了给定各个单元的产量任务，采用两步法给定分配系数：

第 1 步：给出各个单元规划期各年产量范围：根据长垣水驱、三次采油、长垣外围以及海塔盆地的历年产量数据，利用数理统计方法，建立预测模型。统计模型给出的预测值是一个估计值，具有很大的不确定性，因此，规划期各年产量在一个范围内变化，因此，根据统计模型预测值的置信区间给出这个范围。

第 2 步：由专家根据实际情况，在此范围内分配任务，可给出不同的分配方式，即给出不同组产量分配系数。

（一）长垣水驱

长垣区域是大庆油区的主力油田，随着开发年限的延续，其水驱产量是逐年递减的。表 4-2-5 为长垣水驱的历年产量，根据历史动态数据，采用统计分析方法，预测出规划期内的产量。由于该产量只是估计值，因此可以给出估计区间，即置信区间，其置信水平可由专家给定。

（1）长垣水驱开发现状。

到 2009 年底已投产油水井 40510 口，累计产油 15.87×10^8t，综合含水率 92.45%，采出地质储量 44.32%。目前含水率大于 90% 的区块产油比例达到 94% 以上，储量比例达到 91% 以上（表 4-2-5）。平均单井日产油由 2000 年的 5t 下降到目前的 2.5t。形成了多井低产的形势。

表 4-2-5 长垣水驱不同含水分级情况

含水分级	区块（个）	产油比例（%）	储量比例（%）
<85%	2	1.8	0.9
85%~90%	7	3.8	7.3
90%~95%	44	85.2	78.8
>95%	3	9	13

（2）产量拟合分析。

分别利用线性回归、指数模型、三次曲线、复合、增长模型等进行拟合。根据拟合度以及残差的分析，增长型曲线拟合最好。拟合结果如图 4-2-9 所示。

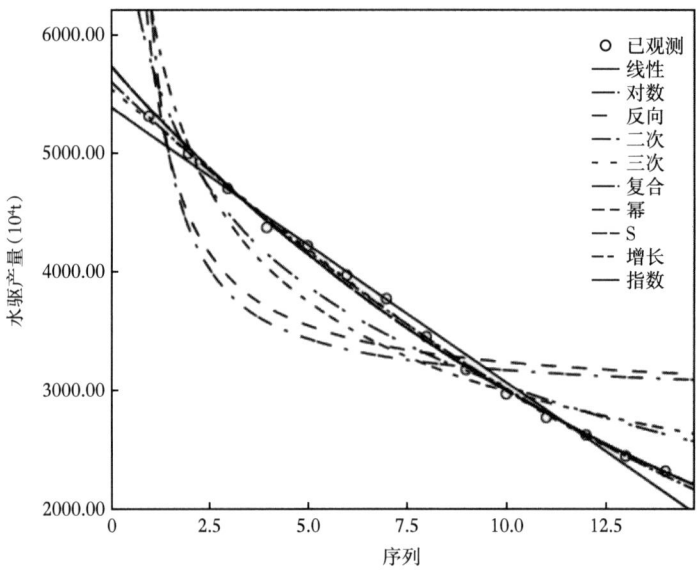

图 4-2-9 长垣水驱产量拟合分析结果图

（3）产量预测。

根据拟合结果，采用增长型曲线进行预测，即

$$Q = \exp(8.65 - 0.064t) \tag{4-2-4}$$

式中 Q——产量，10^4t；

t——开发延续时间，年。

通过式（4-2-4）可以预测出 2011—2015 年的产量，由于为预测数据，存在一定的不确定性，因此每年的产量通过给出其产量的 90% 置信区间，可得出产量范围，供专家给定任务时参考。预测结果见表 4-2-6。

第四章 不确定优化在油田"十二五"开发规划中的应用

表 4-2-6 长垣水驱产量预测表

年份	预测值（10^4t）	产量下限（10^4t）	产量上限（10^4t）	系数下限	系数上限
2011	1923.69	1876.61	1971.65	0.4692	0.4929
2012	1804.43	1759.93	1849.76	0.4400	0.4624
2013	1692.56	1650.45	1735.46	0.4126	0.4339
2014	1587.63	1547.75	1628.26	0.3869	0.4071
2015	1489.21	1451.40	1527.72	0.3628	0.3819

（二）长垣外围

近年来，随着钻采工艺的提高，长垣外围一些品质较差的油藏逐渐投入开发，其总体产量呈逐年上升趋势，有效地弥补了主力油田的产量递减影响。

（1）长垣外围历年产量。

到 2009 年，已经动用地质储量 $7.37×10^8$t，总投产井数 25081 口，综合含水率 48.95%，采出程度 11.18%。从产量构成上看，长垣外围产量可以分为老区和新区两部分。老区通过加密、压裂和注采系统调整等工作减缓产量递减，新区则通过钻井新建产能实现上产。两部分可以分别进行开发指标预测和产量规划。图 4-2-10 列出了长垣外围产量变化趋势。

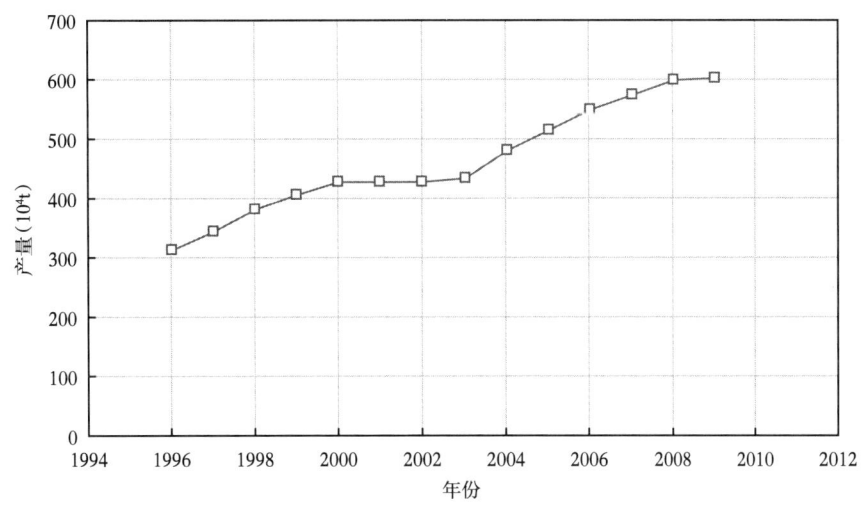

图 4-2-10 长垣外围产量曲线

（2）产量拟合分析。

分别利用线性回归、指数模型、三次曲线、复合、增长模型等进行拟合。根据拟合度以及对残差的分析，采用多项式曲线拟合最好，如图 4-2-11 所示。

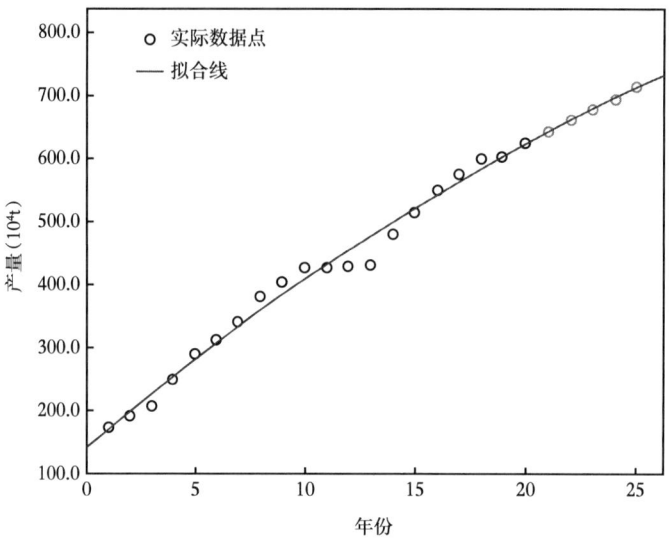

图 4-2-11　长垣外围产量拟合分析结果图

（3）产量预测。

采用多项式曲线进行预测，即

$$Q = 142.837 + 28.878t - 0.243t^2 \quad (4\text{-}2\text{-}5)$$

式中　Q——产量，10^4t；

　　　t——开发延续时间，a。

通过式（4-2-5）可以预测出 2011—2015 年的产量，由于为预测数据，存在一定的不确定性，因此每年的产量给出其产量的 90% 置信区间，可得出产量范围，供专家给定任务时参考。预测结果见表 4-2-7。

表 4-2-7　长垣外围产量预测表

年份	产量预测值（10^4t）	产量预测值下限（10^4t）	产量预测值上限（10^4t）	系数下限	系数上限
2011	642.11	613.21	671.02	0.1533	0.1678
2012	660.54	631.30	689.79	0.1578	0.1724
2013	678.48	648.70	708.27	0.1622	0.1771
2014	695.94	665.37	726.51	0.1663	0.1816
2015	712.91	681.27	744.54	0.1703	0.1861

（三）三次采油

三次采油产量主要包括注聚合物强化开采和三元复合驱替高采收率部分，是近年来大庆油区老油田缓解递减的主要手段。

（1）三次采油历年产量。

大庆油田三次采油规模已经成为世界之最，到 2009 年底，三采工业化区块累计产油量

1.38×10⁸t，已经连续 8 年产量保持在 1000×10⁴t 以上。三次采油的主要对象已由"十五"期间的一类储层向二类储层转变，油层非均质性在加大，油水井各种综合调整措施工作量在逐年加大，有着不同于水驱的调剖、分注等措施，效果分析方法也有所不同。加之聚合物驱后储量逐渐加大，进一步提高采收率工作应予以考虑。图 4-2-12 列出了三次采油产量变化趋势。

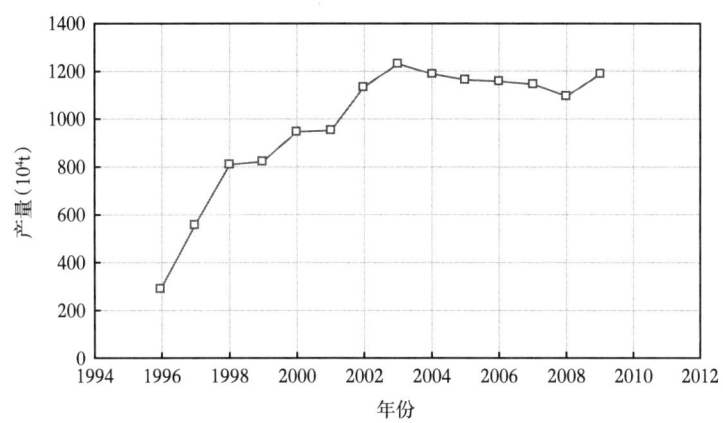

图 4-2-12　三次采油产量变化曲线

（2）产量曲线拟合。

依据三次采油历史开发数据，分别利用线性回归、指数模型、三次曲线、复合、增长模型等进行拟合。根据拟合度以及对残差的分析，采用 S 曲线拟合最好，结果如图 4-2-13 所示。

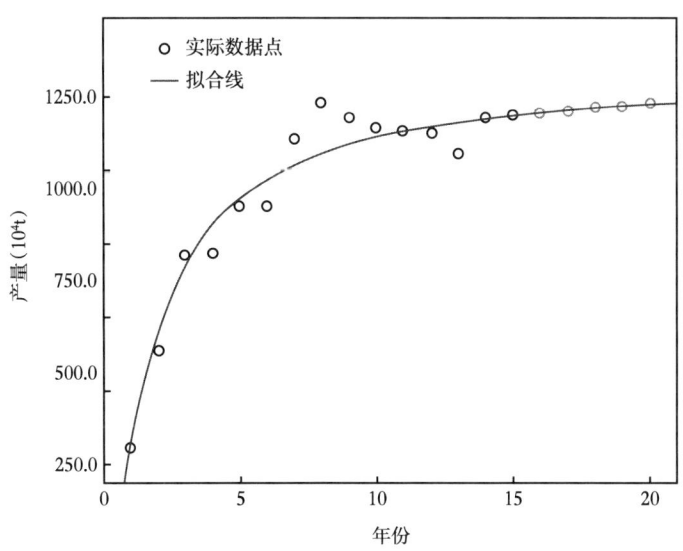

图 4-2-13　三次采油产量拟合分析结果图

（3）产量预测。

根据拟合分析结果，采用 S 曲线进行预测，公式为

$$\ln Q = 7.191 - 1.550/t \tag{4-2-6}$$

式中　　Q——产量，10^4t；

　　　　t——开发延续时间，a。

根据式（4-2-6），可以预测出 2011—2015 年的产量，预测结果见表 4-2-8。由于为预测数据，存在一定的不确定性，因此每年的产量可以给出其产量的 90% 置信区间，可得出产量范围，供专家给定任务时参考。

表 4-2-8　三次采油产量预测表

年份	预测值 （10^4t）	预测值下限 （10^4t）	预测值上限 （10^4t）	系数下限	系数上限
2011	1206.00	1093.64	1328.99	0.2734	0.3322
2012	1212.89	1099.85	1336.65	0.2750	0.3342
2013	1219.06	1105.39	1343.49	0.2763	0.3359
2014	1224.60	1110.38	1349.65	0.2776	0.3374
2015	1229.61	1114.89	1355.22	0.2787	0.3388

三、不确定优化模型建立及求解算法

（一）规划优化模型建立

对水驱油田和三次采油规划优化模型的建立，详见第二章第二节中"油田实际不确定优化模型"部分，在此不再赘述。下面简要介绍模型求解算法设计。

（二）模型求解算法

由于考虑多个分区、多年规划，因此变量多、参数多，计算量大、算法复杂。针对一复杂的优化问题求解，遗传算法是一种通过模拟自然进化过程搜索最优解的有效方法。不确定优化模型涉及模型非常复杂，目标函数很难求解密度函数，通过数学分析对其进行分析，在此情况下，选择遗传算法进行全局搜索就是一种很好的选择。

算法设计中的另一个难点是对于不确定变量的处理。以水驱为例，不确定变量包括递减率和措施增油效果，分别包括 5 年的递减率参数，和压裂、三换、补孔、其他和新井 5 个措施 5 年增油效果参数，共 30 个不确定参数。外围区块模型中因为更多的措施种类和不同的油层区分，需要涉及的不确定参数更多。不确定参数数量众多，简单的通过产随机数的方式很难处理。

综上分析，针对整型多目标规划不确定规划模型，采用非支配排序遗传算法和蒙特卡洛模拟相结合的方法进行算法设计，用 C++ 编程实现对模型的求解。

算法包括几大部分的内容：

遗传算法，这是搜寻多目标优化模型 Pareto 解的核心部分，基于带精英策略的非支配排序的遗传算法，进行全局随机搜索，寻找最优解。

蒙特卡洛模拟，模型中的不确定参数包括递减率和措施增油，两者均服从相应的分布模型，依照分布类型，对随机变量进行抽样，带入后面的计算，为求解概率、均值做准备。

寻找 Pareto 解，对模型中的优化目标的值进行比较，两个解 A 和 B 比较时，只要不是所有的目标值都是 A 相应的优于 B 或 B 优于 A，A 和 B 就都被保留下来，否则保留均更优的一方。

计算目标函数值，依据模型公式，将各项参数代入计算，得出最终的函数值。

判断是否满足约束条件，将随机产生的值代入模型中的约束条件，计算是否满足。

算法流程图如下图所示（图4-2-14）：

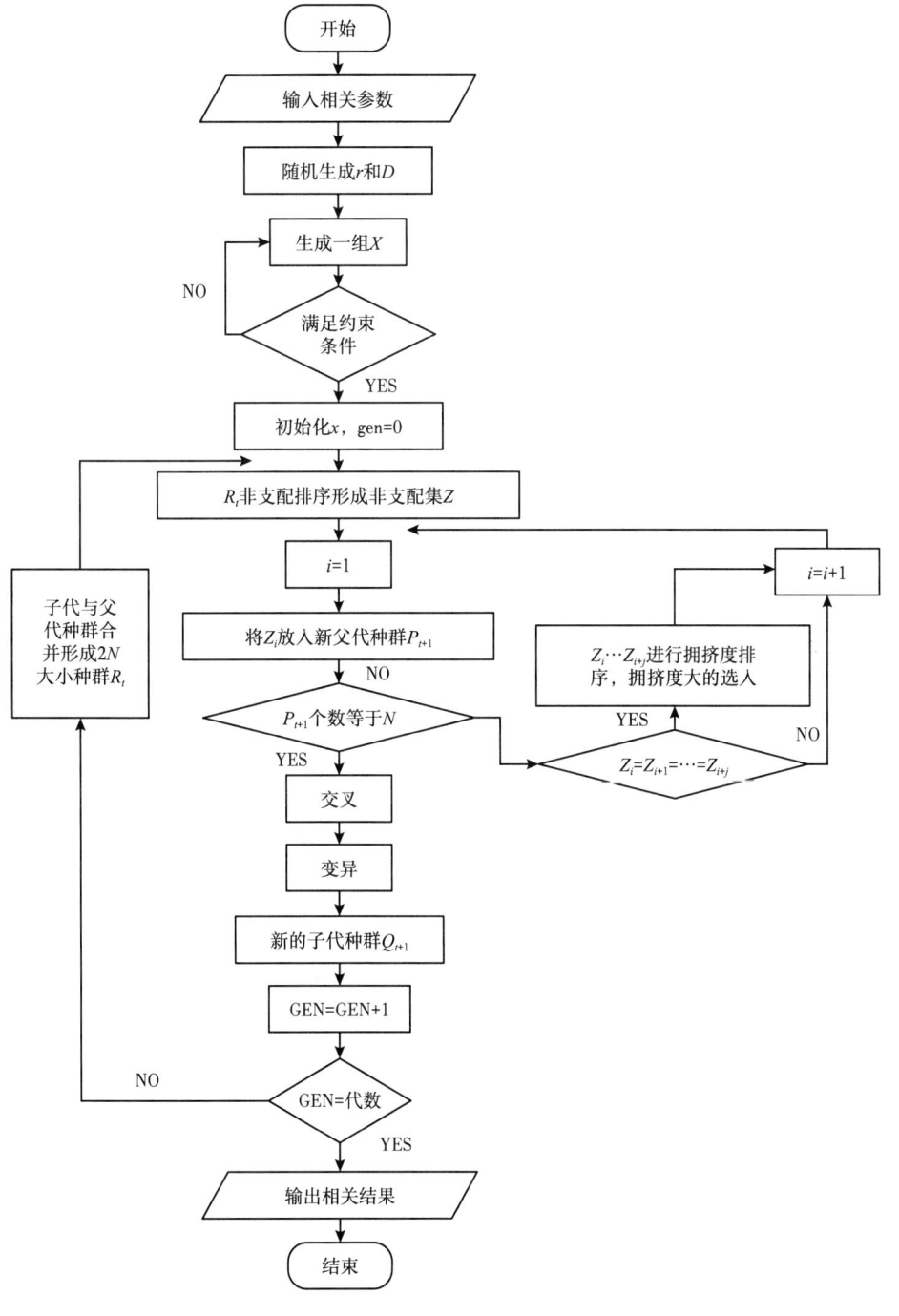

图4-2-14 算法流程图

第三节 油田"十二五"产量规划优化

一、产量分配

依据前面不同开发区产量分配系数,得到大庆油田各开发区规划期间(2011—2015年)每年分配的产量目标值。见表4-3-1。

表4-3-1 大庆油田产量分配表

年份		2011	2012	2013	2014	2015
油田产量目标(10^4t)		4000	4000	4000	4000	4000
长垣水驱	分配系数	0.542	0.508	0.476	0.446	0.418
	产量(10^4t)	2168	2032	1904	1784	1672
长垣外围	分配系数	0.1475	0.1542	0.1586	0.1604	0.1654
	产量(10^4t)	590	616.8	634.4	641.6	661.6
三次采油	分配系数	0.297	0.299	0.301	0.303	0.304
	产量(10^4t)	1188	1196	1204	1212	1216
海塔盆地	分配系数	0.0135	0.0388	0.0644	0.0906	0.1126
	产量(10^4t)	54	155.2	257.6	362.4	450.4

二、长垣水驱规划优化

在长垣水驱中,增油措施(加密井、压裂、三换)3类,决策变量为15个(3×5=15),优化参数为64个。考虑长垣水驱中压裂、三换措施的后效性(当年实施的措施对后续年份的产量影响)。

(一)数据准备

(1)未措施产量预测。

2011—2015年未措施产油量(10^4t):1803.6,1659.3,1526.6,1404.4,1292.1。

(2)加密井。

①油水井数比:0.6429。

②全规划期新井总计上下限(口):8500,8000。

③每年新井总量均值上做±30%浮动,即规划期间各年钻新井界限为:上限=均值×(1+30%),下限=均值×(1-30%)。

④2011—2015年加密井单井年产油(表4-3-2):

表 4-3-2 长垣水驱井网加密产量预测　　　　　　　　　　单位：10^4t

年份	2011	2012	2013	2014	2015
2011	0.012	0.057	0.0524	0.0482	0.0444
2012		0.012	0.057	0.0524	0.0482
2013			0.012	0.057	0.0524
2014				0.012	0.057
2015					0.012

（3）老井措施产量预测。

①每年老井压裂、三换措施工作量上下限（10^4t）。

$$\begin{vmatrix}800\\500\end{vmatrix} \leqslant \begin{vmatrix}压裂\\三换\end{vmatrix} \leqslant \begin{vmatrix}1000\\700\end{vmatrix}$$

② 2011—2015 年老井压裂单井年产油（10^4t）（表 4-3-3）。

表 4-3-3 长垣水驱压裂增产产量预测　　　　　　　　　　单位：10^4t

年份	2011	2012	2013	2014	2015
2011	0.0533	0.0453	0.0385	0.0327	0.0278
2012		0.0533	0.0453	0.0385	0.0327
2013			0.0533	0.0453	0.0385
2014				0.0533	0.0453
2015					0.0533

③长垣水驱其他措施规划期间年产量均为：10×10^4t。

（二）计算结果

根据长垣水驱优化模型进行计算，优化出长垣水驱 2011—2015 年增产措施工作量最优安排及相应开发数据见表 4-3-4。

表 4-3-4 长垣水驱规划结果表

项目		2011 年	2012 年	2013 年	2014 年	2015 年
工作量（口）	加密井	2073	1583	1325	1120	1899
	压裂	1000	1000	807	800	800
	三换	700	677	500	500	500
产油量（10^4t）		1899.76	1886.75	1839.59	1783.99	1730.95

三、长垣外围规划优化

在长垣外围中，决策变量为 25 个（加密井、未动用、待探明、压裂、三换 5 种增产措施，5 年规划），优化参数为 47 个。

（一）数据准备

（1）老井产量预测。

2011—2015 年未措施产油量（10^4t）: 436.7194, 384.7338, 341.5067, 305.1758, 274.3484。

（2）老井措施

①每年老井压裂、三换措施工作量上下限（口）: [500, 300], [150, 100]。

②长垣外围老井措施不考虑后效性，2011—2015 年老井压裂、三换单井年产油（10^4t）: 0.025, 0.0095。

（3）加密井。

①油水井数比: 0.75。

②每年新井加密工作量上下限（口）: [500, 300]。

③2011—2015 年加密井单井年产油（表 4-3-5）。

表 4-3-5　长垣外围加密井产量预测　　　　　单位: 10^4t

年份	2011	2012	2013	2014	2015
2011	0.0113	0.0338	0.0236	0.0165	0.0116
2012		0.0113	0.0338	0.0236	0.0165
2013			0.0113	0.0338	0.0236
2014				0.0113	0.0338
2015					0.0113

（4）未动用、待探明。

①未动用、待探明单井控制储量（10^4t）: 2, 2。

②钻井成功率: 0.97。

③未动用、待探明年度储量上下限（10^4t）: [3500, 3000], [1500, 1000]。

④2011—2015 年未动用单井年产油（表 4-3-6）。

表 4-3-6　长垣外围未动用储量产量预测　　　　　单位: 10^4t

年份	2011	2012	2013	2014	2015
2011	0.0113	0.0338	0.0236	0.0165	0.0116
2012		0.0113	0.0338	0.0236	0.0165
2013			0.0113	0.0338	0.0236
2014				0.0113	0.0338
2015					0.0113

⑤2011—2015 年待探明单井年产油（表 4-3-7）。

表 4-3-7　长垣外围待探明储量产量预测　　　　　单位: 10^4t

年份	2011	2012	2013	2014	2015
2011	0.0098	0.0293	0.0205	0.0143	0.01
2012		0.0098	0.0293	0.0205	0.0143

续表

年份	2011	2012	2013	2014	2015
2013			0.0098	0.0293	0.0205
2014				0.0098	0.0293
2015					0.0098

(二)计算结果

根据长垣外围优化模型进行计算,优化出长垣外围2011—2015年增产措施工作量最优安排及相应开发数据见表4-3-8。

表4-3-8 长垣外围规划结果表

项目		2011年	2012年	2013年	2014年	2015年
工作量 (口)	加密井	498	500	499	499	323
	未动用	1749	1750	1750	1750	1508
	待探明	750	750	750	739	687
	压裂	492	409	479	399	364
	三换	106	125	131	105	115
产油量(10^4t)		474.03	490.76	497.81	495.90	484.25

四、三次采油规划优化

在三次采油单元中,决策变量为10个(复合驱、聚合物驱两种增产措施,五年规划),优化参数为55个。

(一)基础参数

(1)每年投注动用地质储量上下限(10^4t):8000,4000。
(2)2011—2015年已注聚合物区块产油量(10^4t):1118.6,915.7,662.7,482,351.7。
(3)2011—2015年新井产量(10^4t):301.2,341.4,375.7,379.8,321.3。
(4)复合驱方式、聚合物方式吨油成本(万元/10^4t):609.5,483.9。
(5)产量偏差目标、成本目标权重:0.7,0.3。
(6)复合驱方式采油速度见表4-3-9。

表4-3-9 三次采油三元复合驱采油速度预测

年份	2011	2012	2013	2014	2015
2011	0.0217	0.0403	0.0392	0.0342	0.0214
2012		0.0217	0.0403	0.0392	0.0342
2013			0.0217	0.0403	0.0392
2014				0.0217	0.0403
2015					0.0217

(7)聚合物驱方式采油速度见表4-3-10。

表4-3-10　三次采油聚合物驱采油速度预测

年份	2011	2012	2013	2014	2015
2011	0.0144	0.0304	0.0201	0.0187	0.0132
2012		0.0144	0.0304	0.0201	0.0187
2013			0.0144	0.0304	0.0201
2014				0.0144	0.0304
2015					0.0144

（二）计算结果

根据三次采油优化模型进行计算，三采油区2011—2015年动用储量最优安排及相应开发数据见表4-3-11。

表4-3-11　三次采油规划结果表

项目		2011年	2012年	2013年	2014年	2015年
地质储量（10^4t）	三元复合驱	6977.49	6885.08	5710.06	3761.83	3205.99
	注聚合物驱	1022.01	1114.72	2289.72	2477.03	2232.62
产油量（10^4t）		1205.93	1304.14	1383.62	1426.57	1445.76

建立的方法和得到的结果已应用于油田"十二五"开发规划方案编制，在产能区块优化部署、三次采油区块合理投注储量规模确定、不同构成产量保持均衡以及措施工作量有序安排等方面发挥了重要的指导作用，并对油田中长期开发战略制定与决策部署等起到了有力的理论指导作用，并进一步大幅提升了开发规划编制工作的效率和质量。

参考文献

[1] 刘宝碇，赵瑞清．不确定规划及应用[M]．北京：清华大学出版社，2003．

[2] 刘志斌，丁辉，高珉，等．油田开发规划产量构成优化模型及其应用[J]．石油学报，2004，25（1）：62-65．

[3] 刘志斌，张锦良．油田开发规划多目标产量分配优化模型及其应用[J]．运筹与管理，2004，13（1）：118-121．

[4] 马立平，任宝生，刘志斌．最优化方法及其在油田开发规划中应用综述[J]．石油规划设计，2009，20（5）：10-14．

[5] 彭锦，刘宝碇．不确定规划的研究现状及其发展前景[J]．运筹与管理，2002，11（2）：1-10．

[6] 尚明忠，盖英杰，李树荣，等．油田开发规划非线性多目标优化模型研究[J]．石油钻探技术，2003，31（4）：59-61．

第五章　方案风险评估方法及应用

"风险"是指在一定条件下和一定时期内可能发生的各种结果的变动程度，或是事件本身的不确定性，具有客观性。简单地说，风险就是一个事件产生所不希望后果的可能性，这种差异越大，风险就越大。对风险的认识，一般认为需把握4个关键点：第一，不确定性——风险是事件的未来不确定性；第二，危险损失——风险是可能发生的危险和损失；第三，结果差异性——风险是未来实际结果与预期结果之间的偏差，特别是不利结果差异及其危害；第四，风险可以被认知和识别，可以被测算，甚至可表示为事件的可能结果及其概率的函数。分析、评价方案风险过程中所涉及的不确定因素（或指标），其随机变化一般都用分布来描述，但其采用的主要方法也是基于蒙特卡洛模拟抽样的方法，因此，在模拟抽样前，首要工作就是确定不确定因素（或指标）的分布概型，进而确定该分布的随机抽样。本章主要论述不确定因素分布概型的确定、随机抽样基础及风险评估的应用工具[1-3]及案例。

第一节　风险评估方法及分布概型的确定

一、风险评估方法

无论是人工编制，还是模型求出确定型还是不确定型的方案，都会由于主观因素和不确定性因素的存在，使方案存在一定的风险。如何确定方案的风险，是完成目标、规避风险、调整规划部署思路的一个关键环节。油田最早进行风险分析工作开始于油田建设项目经济评价不确定性分析，常用的方法是盈亏平衡分析与敏感性分析，之后基于概率统计原理发展了蒙特卡洛法、乐观法、悲观法等，研究与应用范围较广。而在油田规划方案的风险评估方面，多集中在经济因素的不确定分析上，对方案整体的不确定性方面的研究不多。

（一）项目经济评价中分析方法

目前在投资项目不确定性分析中，常用的方法有盈亏平衡分析法和敏感性分析法。

1. 盈亏平衡分析

盈亏平衡分析也称量、本、利分析，是一种在一定的市场、生产能力以及经营管理条件下，研究项目成本与收益的平衡关系的方法。它表明项目的生产水平或销售水平达到这一点时，既不盈利也不亏损。盈亏平衡分析法的缺点在于只能从整体上反映出项目的抗风险能力，而不能反映各个不确定因素的影响程度。并且盈亏平衡分析以若干假设条件作为前提，而在实际经济活动中，尤其是在市场竞争日益激烈的环境下，这些条件并不一定成立。

2. 敏感性分析

敏感性分析是研究项目的主要不确定因素发生变化时，项目的经济效益评价指标发生变化的程度。敏感性分析通过寻找对项目最有影响的不确定因素，分析各敏感性因素对项目的影响。敏感性分析法的缺点在于：假定各个不确定因素以同等概率出现，假定各个不确定因素之间都是相互独立的，则一个因素的变动幅度、方向与其他因素无关。因此，这影响了分析结论的实用性和准确性。

（二）蒙特卡洛随机模拟

上述基于经济评价的不确定分析方法，选择的因素相对来说是"确定"的，因素的变化都是通过其离散状态出现的，都是在一个同等变化概率这个假设前提下。而在实际的投资或方案整体评价活动中，通常影响因素是多个并存的，且影响的不确定因素的变化规律往往可用概率分布来描述，那么投资项目或方案的评价也必然是一个随机变量在对不确定因素进行概率估计的基础上，可以使用投资效果或方案某项指标累计概率、期望值、标准差等来反映方案的风险程度。常用的方法就是蒙特卡洛（MonteCarlo）随机模拟法[4]。

1. 蒙特卡洛模拟原理

蒙特卡洛模拟又称统计试验法，是一种通过对每一随机变量进行抽样，将其代入数据模型中，确定函数值的模拟技术。独立模拟试验 N 次，得到函数的一组抽样数据，由此可以决定函数的分布类型、期望、方差等概率分布特征，进而得到其风险程度。

蒙特卡洛法的理论基础是概率论中的大数定律和中心极限定理。大数定律反映了大量随机数之和的性质，即随机数的均值收敛于函数期望值。中心极限定理是指无论单个随机变量的分布如何，多个独立随机变量之和服从正态分布。以这两个定理为基础，蒙特卡洛法的基本原理可以表述如下：

假定随机变量函数 $Y=f(X_1, X_2, \cdots, X_n)$，其中 $X_1, X_2, \cdots, X_n$ 为 n 个相互独立的随机变量，并且各自具有一定的概率分布。蒙特卡洛法利用一个随机数发生器通过直接或间接抽样取出每一组随机变量 $X_1, X_2, \cdots, X_n$ 的值（$x_{1i}, x_{2i}, \cdots, x_{ni}$），然后按 Y 对于 $X_1, X_2, \cdots, X_n$ 的关系式确定函数 Y 的值 $y_i=f(x_{1i}, x_{2i}, \cdots, x_{ni})$。反复独立抽样（模拟）$N$ 次，便可得到函数 Y 的一批抽样数据 $y_1, y_2, \cdots, y_N$，这批数符合正态分布的特征。当模拟次数 $N \to \infty$ 时，便可给出与实际情况相近的函数 Y 的概率分布与其数字特征。根据 y 的概率分布，就可得到其期望值、方差等参数，引出如下风险评价方法。

2. 伪随机数的产生

蒙特卡洛模拟的关键是生成优良的随机数。在模拟中，需要产生各种概率分布的随机数，而大多数概率分布的随机数产生均基于均匀分布 $U(0,1)$ 的随机数。$U(0,1)$ 随机数的产生方法采用乘同余法：

$$\begin{cases} x_{n+1} \equiv \alpha x_n \pmod{m} \\ r_{n+1} = x_{n+1}/m \end{cases} \quad (5\text{-}1\text{-}1)$$

其中 α、m 和 x_n 都是整数，α 是乘子系数，先通过 αx_n 除以 m 的余数赋给 x_{n+1} 的类推方法产生 $\{x_n\}$ 的序列，其中种子 x_0 为认为给的可以变化的数；再通过 $r_{n+1}=x_{n+1}/m$ 产生 $\{r_n\}$ 序列的数。由于 x_n 是除数为 m 的除法中的余数，所以 $0 \leqslant x_n \leqslant m$，$0 \leqslant r_n \leqslant 1$，可知 $\{r_n\}$

序列是位于(0,1)上的均匀分布伪随机数序列。

(三)风险评价方法

根据函数 y 的概率分布特征,可以对产量方案的风险进行分析。分析判别的方法主要有:

1. 期望值分析

期望值 $E(x)$,也称均值,反映随机变量重复发生时结果的平均值,是指一个随机变量几种可能后果以其各自概率进行加权平均所得到的平均数。从风险衡量的角度,产量的期望值反映了产量目标任务的完成情况。产量任务完成情况与目标之间的偏离程度反映该产量方案的风险程度,该偏离程度越大,说明产量方案的风险程度也越大。针对产量方案,产量期望值 $E(x)$ 越大越好。

2. 风险度评价

风险度是一个重要评价指标,它是描述变量偏离期望值的离散程度的指标,风险度越大,说明决策者对产量方案未来的完成期许越没有把握,风险也就越大,反之越小。风险度 R_D 一般用标准差 $S(x)$ 和均值 $E(x)$ 来共同衡量。

$$R_D = \frac{S(x)}{E(x)} = \frac{\sqrt{\frac{1}{n}\sum_{i=1}^{n}(y_i - \bar{y})^2}}{\frac{1}{n}\sum_{i=1}^{n}y_i} \quad (5\text{-}1\text{-}2)$$

当 $E(x)$ 一定时,标准差 $S(x)$ 越大,说明有关数值分布的离散程度越大,这就意味着产量方案包含的风险越大;$S(x)$ 越小说明各种可能值的分布越靠近于期望值,实际发生数将会更接近于期望值,这就意味着产量方案包含的风险越小。如标准差相同时,期望值越小,风险度也越大。风险度越大,说明决策者对产量未来的完成情况越没有把握,风险也就越大,反之越小。通常把产量方案标准差的大小,看作是其所含风险大小的具体标志。

3. 直方分布图

直方分布图是对产量出现频率的概率描述,通过模拟结果得到的产量直方图可以表现产量完成的最可能区间;并且能从曲线中可以看出产量目标完成总的风险的变化规律。比如,可以通过产量累积概率分布图来观察产量完成概率大小,而概率大小可以反映方案的风险程度,该概率值越接近1,说明方案的风险越大;反之,方案的风险越小。

二、分布概型确定

确定一个随机变量的分布,并不是一件简单的事情,这属于数理统计的内容。可以采用抽样的方式,根据抽样结果提出理论分布类型,再使用非参数检验方法确定变量的分布。在概率论部分经常要假设分布已知,是因为在分布已知的情况下,可以全面掌握随机变量取值的概率。

随机变量是随机试验结果即随机事件的定量描述。随机变量常用大写字母 X,Y,Z 等表示,它们的具体取值常用小写字母 x,y,z 来表示。随机变量具有两个特点:一是取值的随机性,即事先不能确定取哪个值;二是取值的统计规律性,即随机变量取值的可能性大小(概率)是完全可以确定的。

随机变量 X 的所有可能取值与其对应的概率 $P(X)$ 构成的概率分布规律，称为随机变量的概率分布。概率分布的重要作用是，知道概率分布就可以求得随机试验中任一事件的概率。由于连续型随机变量的取值是某个区间，无法一一列举，因此不能用分布列来描述这类随机变量的统计规律。通常用数学函数的形式或分布函数的形式来描述（图 5-1-1）。

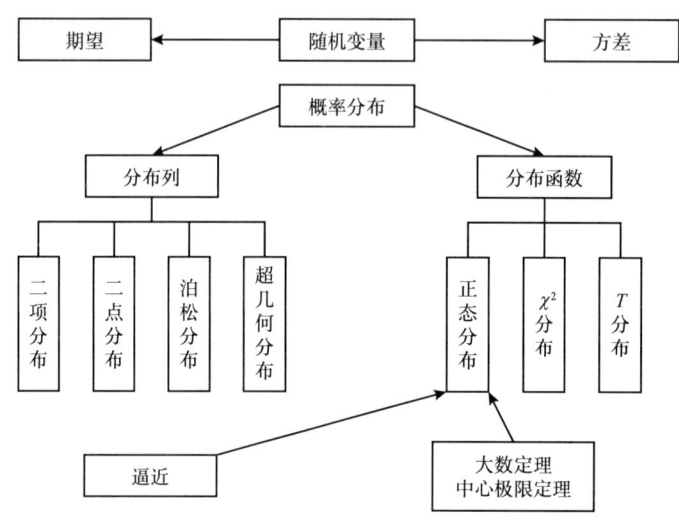

图 5-1-1 分布类型

（一）几种重要的离散型概率分布

1. 两点分布（也称 0-1 分布）

一个离散型随机变量 X 只取 0 和 1 两个可能的值，它们的概率分布为

$$P(X=1)=p$$
$$P(X=0)=1-p=q \tag{5-1-3}$$

它的数学期望和方差分别为

$$\mu = p \text{和} \sigma^2 = pq \tag{5-1-4}$$

2. 二项分布

随机变量 X 的分布列为

$$P(X=k)=C_n^k P^k q^{n-k}, \quad k=1,2,\cdots,n \tag{5-1-5}$$

这种概率分布便称为二项分布。记作 $X \sim B(n, p)$。

二项分布的数学期望和方差分别为

$$\mu = np \text{和} \sigma^2 = npq \tag{5-1-6}$$

3. 泊松分布

若随机变量 X 具有如下分布列

$$P(X=k)=\frac{\lambda^k}{k!}e^{-\lambda}, \quad k=1,2,\cdots,n \tag{5-1-7}$$

（其中 $\lambda > 0$，e=2.7183 是个常数）则称 X 服从参数为 λ 泊松分布。记为：$X \sim P(\lambda)$
泊松分布的数学期望和方差分别为

$$\mu = \lambda \text{ 和 } \sigma^2 = \lambda \tag{5-1-8}$$

4. 超几何分布

设一批产品共 N 件，其中有 M 件不合格，从中任意取出 n 件，其中不格品数 X 是一个随机变量，它的可能取值是 0，1，2，…，$\min(n, N)$，可以导出 X 的分布列为

$$P(X = k) = \frac{C_M^k C_{N-M}^{n-k}}{C_N^k}, \quad k = 1, 2, \cdots, \min(n, N) \tag{5-1-9}$$

这种概率分布称为超几何分布。

超几何分布的数学期望和方差分别为

$$\mu = np \text{ 和 } \sigma^2 = np(1-p)\left(\frac{N-n}{N-1}\right) \tag{5-1-10}$$

当 N 很大，n 相对较小时，超几何分布近似于二项分布。

（二）几种重要的连续型概率分布

1. 均匀分布

概率密度为

$$f(x) = \begin{cases} \dfrac{1}{b-a}, & a < x < b \\ 0, & \text{其他} \end{cases} \tag{5-1-11}$$

则称 X 服从区间 (a, b) 上的均匀分布，记作：$X \sim U(a, b)$。

2. 指数分布

概率密度为

$$f(x) = \begin{cases} \dfrac{1}{\theta} e^{-\frac{1}{\theta}x}, & x \geqslant 0 \\ 0, & x < 0 \end{cases} \tag{5-1-12}$$

则称 X 服从参数为 θ 的指数分布。常简记为 $X \sim E(\theta)$

3. 正态分布

如果连续随机变量 X 的概率密度函数为

$$f(x) = \frac{1}{\sigma\sqrt{2\pi}} e^{-\frac{(x-\mu)^2}{2\sigma^2}} \quad (-\infty < x + \infty) \tag{5-1-13}$$

其中 $\sigma > 0$，则称 X 服从参数为 μ，σ^2 的正态分布，记作：$X \sim N(\mu, \sigma^2)$，其中 μ 为随机变量的均值，σ^2 为随机变量的方差。

4. 标准正态分布

特别当 $\mu=0$，$\sigma=1$ 时，称随机变量 X 服从标准正态分布，记为：$N(0, 1)$。此时 X 的密度函数记为 $\varphi(x)$，即

$$\varphi(x) = \frac{1}{\sqrt{2\pi}} e^{-\frac{x^2}{2}} \quad (-\infty < x < +\infty) \tag{5-1-14}$$

5. λ^2（卡方）分布

设随机变量 $X_1, X_2, \cdots, X_n$ 皆服从 $N(0, 1)$ 分布，且相互独立，则随机变量 $X = \sum X_k^2$ 所服从的分布称为 λ^2 分布，并记为 $X \sim \lambda^2(n)$。其中参数 n 称为自由度，它表示 $X = \sum X_k^2$ 中独立随机变量的个数。

$\lambda^2(n)$ 分布的数学期望和方差分别为

$$\mu = n \text{ 和 } \sigma^2 = 2n \tag{5-1-15}$$

6. t 分布

设随机变量 $X \sim N(0, 1)$，$Y \sim \lambda^2(n)$，且 X，Y 相互独立，则随机变量 $T = \dfrac{X}{\sqrt{Y/n}}$ 的分布称为自由度为 n 的 t 分布，记为 $T \sim t(n)$。

t 分布的数学期望和方差分别为

$$\mu = 0 \text{ 和 } \sigma^2 = n/(n-2) \tag{5-1-16}$$

第二节 已知分布的随机抽样

对于经常涉及到的分布抽样问题，这里重点介绍了几种常用分布的抽样方法，为不确定因素的蒙特卡洛等随机模拟提供依据。本节所叙述的由任意已知分布中抽取简单子样，是在假设随机数为已知量的前提下，使用严格的数学方法产生的。

一、随机抽样及其特点

由已知分布的随机抽样指的是由已知分布的总体中抽取简单子样。随机数序列是由单位均匀分布的总体中抽取的简单子样，属于一种特殊的由已知分布的随机抽样问题。

抽样分布的概念：样本平均数 $\bar{x}$ 和样本方差 S^2 是描述样本特征的两个最重要的统计量，总体平均数 μ 和总体方差 σ^2 是描述总体特征的两个最重要的参数。因此，研究总体和样本的关系，实际就是研究：

$$\bar{x} \leftrightarrow \mu, \quad S^2 \leftrightarrow \sigma^2 \tag{5-2-1}$$

（1）就总体而言，μ 和 σ^2 都是常量。

（2）从总体中随机地抽取若干个体所组成的样本，即使每次抽取的样本容量都相等，每一个样本所得到的样本平均数也不可能都相等，同时也不可能就等于总体平均数 μ。

样本统计量将随样本的不同而有所不同,因而样本统计量也是随机变量,也有其概率分布。

(1)样本统计量的概率分布称为抽样分布(sampling distribution)。

(2)样本统计量与总体参数之间的差异称为抽样误差(sampling error)。

为方便起见,用 X_F 表示由已知分布 $F(x)$ 中产生的简单子样的个体。对于连续型分布,常用分布密度函数 $f(x)$ 表示总体的已知分布,用 X_f 表示由已知分布密度函数 $f(x)$ 产生的简单子样的个体。另外,在抽样过程中用到的伪随机数均称随机数。

二、直接抽样方法

对于任意给定的分布函数 $F(x)$,直接抽样方法如下:

$$X_n = \inf_{F(t) \geqslant \xi_n} t, \quad n = 1, 2, \cdots, N \tag{5-2-2}$$

其中,ξ_1,ξ_2,$\cdots$,ξ_N 为随机数序列。为方便起见,将式(5-2-2)简化为

$$X_F = \inf_{F(t) \geqslant \xi} t \tag{5-2-3}$$

注:若不加特殊说明,今后将总用这种类似的简化形式表示,ξ 总表示随机数。

(一)离散型分布的直接抽样方法

1. 离散型分布

对于任意离散型分布:

$$F(x) = \sum_{x_i < x} P_i \tag{5-2-4}$$

其中 x_1,x_2,$\cdots$,x_i 为离散型分布函数的跳跃点,P_1,P_2,$\cdots$,P_i 为相应的概率,根据前述直接抽样法,有离散型分布的直接抽样方法如下:

$$X_F = x_I, \quad 当 \sum_{i=1}^{I-1} P_i < \xi \leqslant \sum_{i=1}^{I} P_i \tag{5-2-5}$$

该结果表明,为了实现由任意离散型分布的随机抽样,直接抽样方法是非常理想的。

2. 典型分布抽样应用

(1)二项分布的抽样。

二项分布为离散型分布,其概率函数为

$$P(x = n) = P_n = C_N^n P^n (1-P)^{N-n} \tag{5-2-6}$$

其中 P 为概率。对该分布的直接抽样方法如下:

$$X_F = n, \quad 当 \sum_{i=0}^{n-1} P_i < \xi \leqslant \sum_{i=0}^{n} P_i \tag{5-2-7}$$

(2)泊松(Possion)分布的抽样。

泊松（Possion）分布为离散型分布，其概率函数为

$$P(x=n) = P_n = e^{-\lambda} \frac{\lambda^n}{n!} \tag{5-2-8}$$

其中 $\lambda>0$。对该分布的直接抽样方法如下：

$$X_F = n, \quad 当 \sum_{i=0}^{n-1} \frac{\lambda^i}{i!} < \xi e^{\lambda} \leqslant \sum_{i=0}^{n} \frac{\lambda^i}{i!} \tag{5-2-9}$$

（3）掷骰子点数的抽样。

掷骰子点数 $X=n$ 的概率为

$$P(X=n) = \frac{1}{6} \tag{5-2-10}$$

选取随机数 ξ，如 $\frac{n-1}{6} < \xi \leqslant \frac{n}{6}$，则：

$$X_F = n \tag{5-2-11}$$

在等概率的情况下，可使用如下更简单的方法：

$$X_F = [6\xi] + 1 \tag{5-2-12}$$

其中 [ ] 表示取整数。

（二）连续型分布的直接抽样方法

对于连续型分布，如果分布函数 $F(x)$ 的反函数 $F^{-1}(x)$ 存在，则直接抽样方法是

$$X_F = F^{-1}(\xi) \tag{5-2-13}$$

典型分布抽样：

（1）均匀分布的抽样。

设在 $[a, b]$ 上均匀分布的分布函数为

$$F(x) = \begin{cases} 0, & x<a \\ \frac{x-a}{b-a}, & a \leqslant x \leqslant b \\ 1, & x>b \end{cases} \tag{5-2-14}$$

则

$$X_F = a + (b-a)\xi \tag{5-2-15}$$

（2）β 分布。

β 分布为连续型分布，作为它的一个特例是

$$f(x) = 2x, \quad 0 \leqslant x \leqslant 1 \tag{5-2-16}$$

其分布函数为

$$F(x) = \int_{-\infty}^{x} f(t)dt = \int_{0}^{x} 2t dt = x^2, \quad 0 \leqslant x \leqslant 1 \quad (5-2-17)$$

则

$$X_F = \sqrt{\xi} \quad (5-2-18)$$

（3）指数分布。

指数分布为连续型分布，其一般形式如下：

$$f(x) = ae^{-ax}, \quad x \geqslant 0 \quad (5-2-19)$$

其分布函数为：

$$F(x) = \int_{-\infty}^{x} f(t)dt = \int_{0}^{x} ae^{-at}dt = 1 - e^{-ax}, \quad x \geqslant 0 \quad (5-2-20)$$

则

$$X_F = -\frac{1}{a}\ln(1-\xi) \quad (5-2-21)$$

因为 $1-\xi$ 也是随机数，可将式（5-2-21）简化为：

$$X_F = -\frac{1}{a}\ln\xi \quad (5-2-22)$$

三、挑选抽样方法

连续性分布函数的直接抽样方法对于分布函数的反函数存在且容易实现的情况，使用起来是很方便的。但当出现下面特殊情况，连续性分布函数的直接抽样方法就显得不合适。

（1）分布函数无法用解析形式给出，因而其反函数也无法给出。
（2）分布函数可以给出其解析形式，但是反函数给不出来。
（3）分布函数即使能够给出反函数，但运算量很大。

为了克服上述 3 种情况带来的困难，给出了新的抽样方法——挑选抽样方法。

为了实现从已知分布密度函数 $f(x)$ 抽样，选取与 $f(x)$ 取值范围相同的分布密度函数 $f(x)$，如果：

$$M = \sup_{-\infty < x < \infty} \frac{f(x)}{h(x)} < \infty \quad (5-2-23)$$

则挑选抽样方法为

$$\xi \leqslant \frac{f(X_h)}{Mh(X_h)} \quad \overset{>}{\underset{\leqslant}{}} \quad (5-2-24)$$

$$X_f = X_h$$

即从 $h(x)$ 中抽样 x_h，以 $\dfrac{f(x_h)}{Mh(x_h)}$ 的概率接受它。

使用挑选抽样方法时，要注意以下两点：选取 $h(x)$ 时要使得 $h(x)$ 容易抽样且 M 的值要尽量小。因为 M 小能提高抽样效率。抽样效率是指在挑选抽样方法中进行挑选时被选中的概率。按此定义，该方法的抽样效率 E 为

$$E = P\left(\xi \leqslant \frac{f(X_h)}{Mh(X_h)}\right)$$
$$= \int_{-\infty}^{\infty} \frac{f(X_h)}{Mh(X_h)} h(X_h) \mathrm{d}X_h = \frac{1}{M} \tag{5-2-25}$$

所以，M 越小，抽样效率越高。

当 $f(x)$ 在 $[0,1]$ 上定义时，取 $h(x)=1$，$x_h=\xi$。

$$M = \sup_{0 \leqslant x \leqslant 1} f(x) \tag{5-2-26}$$

此时挑选抽样方法为

$$\xi' \leqslant \frac{f(\xi)}{M} \quad > \quad$$
$$\downarrow \leqslant$$
$$X_f = \xi \tag{5-2-27}$$

如圆内均匀分布抽样例，令圆半径为 R_0，点到圆心的距离为 r，则 r 的分布密度函数为

$$f(r) = \begin{cases} \dfrac{2r}{R_0^2}, & 0 \leqslant r \leqslant R_0 \\ 0, & \text{其他} \end{cases} \tag{5-2-28}$$

分布函数为

$$F(r) = \frac{r^2}{R_0^2} \tag{5-2-29}$$

容易知道，该分布的直接抽样方法是

$$r_f = R_0 \sqrt{\xi} \tag{5-2-30}$$

由于开方运算在计算机上运行很费时间，直接抽样方法不是好方法。下面使用挑选抽样方法，取：

$$h(r) = \frac{1}{R_0}, \quad \frac{f(r)}{h(r)} = \frac{2r}{R_0}, \quad M = 2, \quad r_h = R_0 \xi \tag{5-2-31}$$

则抽样框图为：

$$\begin{matrix} & \downarrow \\ \xi_1 \leqslant \xi_2 & \xrightarrow{>} \\ & \downarrow \leqslant \\ r_f = R_0 \xi_2 & \end{matrix} \qquad (5\text{-}2\text{-}32)$$

显然，没有必要舍弃 $\xi_1 > \xi_2$ 的情况，此时，只需取 $r_f = R_0 \xi_1$ 就可以了，亦即

$$r_f = R_0 \max(\xi_1, \xi_2) \qquad (5\text{-}2\text{-}33)$$

四、复合抽样方法

在实际问题中，经常有这样的随机变量，它服从的分布与一个参数有关，而该参数也是一个服从确定分布的随机变量，称这样的随机变量服从复合分布。

例如，分布密度函数 $f(x) = \sum_{n=1}^{\infty} P_n f_n(x)$ 是一个复合分布，其中 $P_n \geqslant 0$ 且 $f_n(x)$ 为与参数 n 有关的分布密度函数，参数 n 服从如下分布 $F(y) = \sum_{n<y}^{y} P_n$。

复合分布的一般形式为

$$f(x) = \int f_2(x/y) \mathrm{d} F_1(y) \qquad (5\text{-}2\text{-}34)$$

其中 $f_2(x/y)$ 表示与参数 y 有关的条件分布密度函数，$F_1(y)$ 表示分布函数。

复合分布的抽样方法为：首先由分布函数 $F_1(y)$ 或分布密度函数 $f_1(y)$ 中抽样 Y_{F_1} 或 Y_{f_1}，然后再由分布密度函数 $f_2(x/Y_{F_1})$ 中抽样确定 $X_{f_2(x/Y_F)}$。

$$X_f = X_{f_2(x/Y_{F_1})} \qquad (5\text{-}2\text{-}35)$$

如例：指数函数分布的抽样。

指数函数分布的一般形式为

$$E_n(x) = \begin{cases} n \int_1^{\infty} \dfrac{\mathrm{e}^{-xy}}{y^n} \mathrm{d} y & , x \geqslant 0 \\ 0 & , \text{其他} \end{cases} \qquad (5\text{-}2\text{-}36)$$

引入如下两个分布密度函数：

$$\begin{aligned} f_1(y) &= \begin{cases} n y^{-n-1} & , y \geqslant 1 \\ 0 & , \text{其他} \end{cases} \\ f_2(x/y) &= \begin{cases} y \mathrm{e}^{-xy} & , x \geqslant 0 \\ 0 & , \text{其他} \end{cases} \end{aligned} \qquad (5\text{-}2\text{-}37)$$

则

$$E_n(x) = \int_1^\infty f_2(x/y) f_1(y) \mathrm{d}y \tag{5-2-38}$$

使用复合抽样方法，首先从 $f_1(y)$ 中抽取 y：

$$Y_{f_1} = \frac{1}{\sqrt[n]{\xi}} = \frac{1}{\max(\xi_1, \xi_2, \cdots, \xi_n)} \tag{5-2-39}$$

再由 $f_2(x/Y_{F_1})$ 中抽取 x：

$$\begin{aligned} X_f &= \frac{-\ln \xi_{n+1}}{Y_{f_1}} \\ &= -\max(\xi_1, \xi_2, \cdots, \xi_n) \ln \xi_{n+1} \end{aligned} \tag{5-2-40}$$

五、复合挑选抽样方法

考虑另一种形式的复合分布如下：

$$f(x) = \int H(x,y) f_2(x/y) \mathrm{d}F_1(y) \tag{5-2-41}$$

其中 $0 \leq H(x,y) \leq M$，$f_2(x/y)$ 表示与参数 y 有关的条件分布密度函数，$F_1(y)$ 表示分布函数。抽样方法如下：

$$\begin{array}{c} \xi \leq \dfrac{H\left(X_{f_2(x/Y_{F_1})}, Y_{F_1}\right)}{M} \xrightarrow{>} \\ \downarrow \leq \\ X_f = X_{f_2(x/Y_{F_1})} \end{array} \tag{5-2-42}$$

六、替换抽样方法

为了实现某个复杂的随机变量 y 的抽样，将其表示成若干个简单的随机变量 $x_1, x_2, \cdots, x_n$ 的函数：

$$y = g(x_1, x_2, \cdots, x_n) \tag{5-2-43}$$

得到 x_1，x_2，$\cdots$，x_n 的抽样后，即可确定 y 的抽样，这种方法叫作替换抽样，即

$$Y_f = g(X_1, X_2, \cdots, X_n) \tag{5-2-44}$$

下面以整体分布和 β 分布为例，进行说明。

（一）正态分布的抽样

标准正态分布密度函数为

$$f(x) = \frac{1}{\sqrt{2\pi}} \mathrm{e}^{-x^2/2} \tag{5-2-45}$$

引入一个与标准正态随机变量 X 独立同分布的随机变量 Y，则 (X, Y) 的联合分布密度为：

$$f(x,y) = \frac{1}{2\pi} e^{-(x^2+y^2)/2} \qquad (5\text{-}2\text{-}46)$$

作变换：

$$x = \rho\cos\phi$$
$$y = \rho\sin\phi$$

则 (ρ, ϕ) 的联合分布密度函数为

$$f(\rho,\phi) = \frac{\rho}{2\pi} e^{-\rho^2/2} \qquad (5\text{-}2\text{-}47)$$

由此可知，ρ 和 ϕ 相互独立，其分布密度函数分别为

$$f_1(\rho) = \rho e^{-\rho^2/2}$$
$$f_2(\phi) = \frac{1}{2\pi} \qquad (5\text{-}2\text{-}48)$$

分别抽取 ρ 和 ϕ：

$$\rho = \sqrt{-2\ln\xi_1}$$
$$\phi = 2\pi\xi_2 \qquad (5\text{-}2\text{-}49)$$

从而得到一对服从标准正态分布的随机变量 X_f 和 Y_f：

$$X_f = \sqrt{-2\ln\xi_1}\cos(2\pi\xi_2)$$
$$Y_f = \sqrt{-2\ln\xi_1}\sin(2\pi\xi_2) \qquad (5\text{-}2\text{-}50)$$

对于一般的正态分布密度函数 $N(\mu, \sigma_2)$ 的抽样，其抽样结果为

$$\tilde{X}_f = \mu + \sigma X_f$$
$$\tilde{Y}_f = \mu + \sigma Y_f \qquad (5\text{-}2\text{-}51)$$

（二）β 分布的抽样

β 分布密度函数的一般形式为

$$f(x) = \frac{n!}{(k-1)!(n-k)!} x^{k-1}(1-x)^{n-k} \quad 0 \leqslant x \leqslant 1 \qquad (5\text{-}2\text{-}52)$$

其中 n，k 为整数。

为了实现 β 分布的抽样，将其看作一组简单的相互独立随机变量的函数，通过这些简单随机变量的抽样，实现 β 分布的抽样。设 $x_1, x_2, \cdots, x_n$ 为一组相互独立、具有相同分布 $F(x)$ 的随机变量，ζ_k 为 $x_1, x_2, \cdots, x_n$ 按大小顺序排列后的第 k 个，记为

$$\zeta_k = R_k(x_1, x_2, \cdots, x_n) \quad (5\text{-}2\text{-}53)$$

则 ζ_k 的分布函数为

$$F_{\zeta_k}(x) = \sum_{i=k}^{n} C_n^i [F(x)]^i [1-F(x)]^{n-i} \quad (5\text{-}2\text{-}54)$$

当 $F(x) = x$ 时，

$$F_{\zeta_k}(x) = \sum_{i=k}^{n} C_n^i x^i (1-x)^{n-i} \quad (5\text{-}2\text{-}55)$$

不难验证，ζ_k 的分布密度函数为 β 分布。因此，β 分布的抽样可用如下方法实现：选取 n 个随机数，按大小顺序排列后取第 k 个，即

$$X_f = R_k(\xi_1, \xi_2, \cdots, \xi_n) \quad (5\text{-}2\text{-}56)$$

七、随机抽样的一般方法

（一）加抽样方法

加抽样方法是对如下加分布给出的一种抽样方法：

$$f(x) = \sum_{n=1}^{\infty} P_n f_n(x) \quad (5\text{-}2\text{-}57)$$

其中 $P_n \geq 0, \sum_{n=1}^{\infty} P_n = 1$，且 $f_n(x)$ 为与参数 n 有关的分布密度函数，$n=1, 2, \cdots$。

由复合分布抽样方法可知，加分布的抽样方法为：首先抽样确定 n'，然后由 $f_{n'}(x)$ 中抽样 x，即：

$$X_f = X_{f_{n'}}, \quad \text{当} \sum_{n=1}^{n'-1} P_n < \xi \leq \sum_{n=1}^{n'} P_n \quad (5\text{-}2\text{-}58)$$

（二）减抽样方法

减抽样方法是对如下形式的分布密度所给出的一种抽样方法：

$$f(x) = A_1 f_1(x) - A_2 f_2(x) \quad (5\text{-}2\text{-}59)$$

其中 A_1, A_2 为非负实数，$f_1(x)$, $f_2(x)$ 均为分布密度函数。

减抽样方法分为两种形式：$f_1(x)$ 和 $f_2(x)$。

（三）乘抽样方法

如下形式的分布称为乘分布：

$$f(x) = H(x) f_1(x) \quad (5\text{-}2\text{-}60)$$

其中 $H(x)$ 为非负函数，$f_1(x)$ 为任意分布密度函数。

令 M 为 $H(x)$ 的上界，乘抽样方法如下：

$$\xi \leqslant \frac{H(X_{f_1})}{M}$$

$$X_f = X_{f_1}$$

(5-2-61)

抽样效率为：$E = \frac{1}{M}$。

（四）乘加抽样方法

在实际问题中，经常会遇到如下形式的分布：

$$f(x) = \sum_{n=1}^{\infty} H_n(x) f_n(x) \quad (5\text{-}2\text{-}62)$$

其中 $H_n(x)$ 为非负函数，$f_n(x)$ 为任意分布密度函数，$n=1,2,\cdots$。不失一般性，只考虑 $n=2$ 的情况：

$$f(x) = H_1(x) f_1(x) + H_2(x) f_2(x) \quad (5\text{-}2\text{-}63)$$

将 $f(x)$ 改写成如下的加分布形式：

$$f(x) = P_1 \frac{H_1(x)}{P_1} f_1(x) + P_2 \frac{H_2(x)}{P_2} f_2(x)$$
$$= P_1 f_1^*(x) + P_2 f_2^*(x)$$

(5-2-64)

其中

$$P_1 = \int H_1(x) f_1(x) \mathrm{d}x$$

$$P_2 = \int H_2(x) f_2(x) \mathrm{d}x$$

$$f_1^*(x) = \frac{H_1(x)}{P_1} f_1(x)$$

$$f_2^*(x) = \frac{H_2(x)}{P_2} f_2(x)$$

乘加抽样方法为

$$\xi_1 \leqslant P_1$$

$$\xi_2 \leqslant \frac{H_1(X_{f_1})}{M_1} \qquad \xi \leqslant \frac{H_2(X_{f_2})}{M_2}$$

$$X_f = X_{f_1} \qquad\qquad X_f = X_{f_2}$$

(5-2-65)

该方法的抽样效率为

$$E_1 = P_1 \frac{P_1}{M_1} + P_2 \frac{P_2}{M_2} = \frac{P_1^2}{M_1} + \frac{P_2^2}{M_2} \qquad (5\text{-}2\text{-}66)$$

这种方法需要知道 P_1 的值（$P_2=1-P_1$），这对有些分布是很困难的。

（五）乘减抽样方法

乘减分布的形式为

$$f(x) = H_1(x)f_1(x) - H_2(x)f_2(x) \qquad (5\text{-}2\text{-}67)$$

其中 $H_1(x)$，$H_2(x)$ 为非负函数，$f_1(x)$，$f_2(x)$ 为任意分布密度函数。

（六）对称抽样方法

对称分布的一般形式为

$$f(x) = f_1(x) + H(x) \qquad (5\text{-}2\text{-}68)$$

其中 $f_1(x)$ 为任意分布密度函数，满足偶函数对称条件，$H(x)$ 为任意奇函数，即对任意 x 满足：

$$\begin{aligned} f_1(x) &= f_1(-x) \\ H(x) &= -H(-x) \end{aligned} \qquad (5\text{-}2\text{-}69)$$

对称分布的抽样方法如下：取 $\eta = 2\xi - 1$。

$$\overset{\leqslant}{\underset{X_f = X_{f_1}}{\downarrow}} \quad \eta \leqslant \frac{H(X_{f_1})}{f_1(X_{f_1})} \quad \overset{>}{\underset{X_f = -X_{f_1}}{\downarrow}} \qquad (5\text{-}2\text{-}70)$$

（七）积分抽样方法

如下形式的分布密度函数

$$f(x) = \frac{\int_{-\infty}^{H(x)} f_0(x,y)\mathrm{d}y}{\int_{-\infty}^{\infty}\int_{-\infty}^{H(x)} f_0(x,y)\mathrm{d}x\mathrm{d}y} \qquad (5\text{-}2\text{-}71)$$

称为积分分布密度函数，其中 $f_0(x,y)$ 为任意二维分布密度函数，$H(x)$ 为任意函数。该分布密度函数的抽样方法为

$$\begin{aligned} & Y_{f_0} \leqslant H(X_{f_0}) \overset{>}{\longrightarrow} \\ & \qquad \downarrow \leqslant \\ & X_f = X_{f_0} \end{aligned} \qquad (5\text{-}2\text{-}72)$$

第三节 灵敏度分析

近年来灵敏度分析技术在工程结构的动态设计、优化设计、控制理论和动态修改方面得到了广泛的运用。而长期以来工程上一般采用局部灵敏度分析方法，如微分法、差分法和摄动法等。局部法概念明确，计算方便，但其只适用于线性和非线性不强的系统，对于非线性较强或非单调系统，必须采用全局法。这里的灵敏度分析都是基于随机模拟前提下的，与项目的敏感性分析有本质上的区别。

采用适当的优化算法确定模型参数固然重要，评估这些参数的相对重要性同样不可或缺。对于那些相对重要的参数，在确定参数取值范围时必须更加慎重，因为这些参数对模型性起着决定性的作用。

一、基于蒙特卡洛法的有限元灵敏度分析

蒙特卡洛（MonteCarlo）法是一种全局灵敏度分析法，是一种依据统计抽样理论，从已知的模型输入的概率分布随机抽样构造随机变量，然后根据随机变量计算结果确定输出的不确定因素，从而得到响应量的数字特征。

假设空间域 Ω 中，系统响应函数 A 可表示为函数 f 的积分，并存在一个任意的非零概率密度函数 p 使得

$$A = \int_\Omega f(t,x;\lambda) \mathrm{d}x = \int_\Omega \frac{f(t,x;\lambda)}{p(t,x;\lambda)} p(t,x;\lambda) \mathrm{d}x$$
$$= E\left[\frac{f(t,x;\lambda)}{p(t,x;\lambda)}\right] = E(W) \quad (5\text{-}3\text{-}1)$$

式中：$W = \frac{f(t,x;\lambda)}{p(t,x;\lambda)}$；$t$ 为时间；$X=(x_1, x_2, \cdots, x_K)$ 为一组由概率密度函数 p 决定随机输入变量向量；K 为输入变量数；λ 为系统参数。

令 $\omega_i = \frac{f(t,x_i;\lambda)}{p(t,x_i;\lambda)}$，则 A 可由 N 个随机抽样样本产生的统计量 ω_i 的均值近似估计，即

$$A \approx \frac{1}{N} \sum_{i=1}^{N} \omega_i \quad (5\text{-}3\text{-}2)$$

则系统响应函数 A 随参数 λ 的灵敏度表示为

$$\partial_\lambda A \approx \frac{1}{N} \sum_{i=1}^{N} \partial_\lambda \omega_i \quad (5\text{-}3\text{-}3)$$

二、基于 LHS 的不确定性和敏感性分析方法

LHS 是由 Iman，Conover 和 Bechmant 首先提出的，它是一种有效的分层 MonteCarlo 抽样方法，抽样次数较少，可以有效地避免直接 MonteCarlo 法大量反复抽样工作。基于 LHS 的不确定性和敏感性分析方法的实质是考虑不确定参数的条件下生成一系列的模型输

出,然后对不确定模型输出及不确定参数与输出的关系进行分析。利用 LHS 进行不确定性和敏感性分析的步骤如下。

假设所研究模型为:

$$Y = y(X) = f(X) \tag{5-3-4}$$

其中 $X=[x_1, x_2, \cdots, x_{nX}]$ 为模型输入参数样本向量,nX 为输入参数的个数;$Y=[y_1, y_2, \cdots, y_{nY}]$ 为模型输出结果向量,nY 为输出结果个数。

首先,根据 nX 个输入参数 $x_1, x_2, \cdots, x_{nX}$ 所对应的分布函数 $D_1, D_2, \cdots, D_{nX}$,将每个变量 x_i($i=1, 2, \cdots, nX$)的取值范围分为等概率的 nS 个区间,每个区间的概率为 $1/nS$,从每个区间随机提取一个样本,nS 表示样本量。

然后,对所有变量 x_i 的样本按照随机编号顺序进行排列,从而形成 nX 个随机向量,将 nS 个随机向量组合一个 $nS \times nX$ 矩阵,即得变量的输入样本:

$$\begin{bmatrix} x_{11} & x_{12} & \cdots & x_{nX1} \\ x_{12} & x_{22} & \cdots & x_{nX2} \\ \cdots & \cdots & \cdots & \cdots \\ x_{1nS} & x_{2nS} & \cdots & x_{nXnS} \end{bmatrix} \tag{5-3-5}$$

输入样本的第 j($j=1, 2, \cdots, nS$)行包含第 j 个输出结果所需要的 nX 个输入变量值,将输入样本矩阵代入模型进行计算可得到映射关系。

$$[x_j, y(x_j)], \quad j=1,2,\cdots,nS \tag{5-3-6}$$

根据 LHS 的方法和步骤,在不确定输入参数的分布形式和取值范围内对不确定参数进行抽样,将抽样样本代入模型计算输出结果。利用统计方法对输出结果和输入变量进行不确定性和敏感性分析。不确定性分析可以通过计算不确定输出结果的均值、方差、概率密度函数(PDF)、累积概率密度函数(CDF)以及补充累积概率密度函数(CCDF)等来考查不确定输入参数所造成输出结果的不确定性。

对于敏感性分析,一般用相关分析来考查不确定输入参数对输出结果影响程度的大小,即敏感性大小。较常用的是 pearson 相关系数(Correlation Coefficient,CC),又称积差相关系数,它表示两个变量的线性相关性的大小,其计算公式见式(5-3-7):

$$R_{xy} = \frac{\sum_{i=1}^{n}\left[(x_i - \overline{X})(y_i - \overline{Y})\right]}{\sqrt{\sum_{i=1}^{n}(x_i - \overline{X})^2 \sum_{i=1}^{n}(y_i - \overline{Y})^2}} \tag{5-3-7}$$

其中,R_{xy} 为变量 x 与 y 的相关系数;n 为样本数;$\overline{X}$ 为变量 x 的均值;$\overline{Y}$ 为变量 y 的均值。CC 数值在 –1~1 之间,当两变量呈线性相关时,其值为 -1 或 1,正负号表示相关的方向,如果两变量完全无关,则取值为 0。

但是,作为参数方法,积差相关分析有一定的适用条件:

（1）积差相关系数适用于线性相关的情形，对于曲线相关等更为复杂的情形，积差相关系数的大小并不能代表相关性的强弱。

（2）样本中存在的极端值对积差相关系数的影响极大，因此应对极大值进行剔除或加以变换，以避免因为一两个数值导致错误结论。

（3）积差相关系数要求相应变量呈双变量正态分布，即要求服从一个联合的双变量正态分布，而不是简单地要求 x 变量和 y 变量各自服从正态分布。

当数据不能满足上述条件时，应考虑使用 Spearman 等级相关系数（Rank Correlation Coefficient，RCC）来考查其相关性。Spearman 等级相关系数，又称为秩相关系数，首先将原始数据转换成相应的秩，最小值的秩为 1，第二小的值的秩为 2，依次类推，最大值的秩为 N，N 为样本数，然后利用两变量的秩次大小作线性相关分析。这样做的目的是将两个变量之间的非线性但单调的相关关系转换成线性关系来考查。RCC 的计算对原始变量的分布没有要求，属于非参数统计方法。因此它的适用范围比 CC 要广的多，其计算公式与 CC 类似，只是把式（5-3-7）中的 x 和 y 变量换成 x 和 y 的秩即可。

无论是 CC 还是 RCC 都是考查两变量在其他变量相互作用的影响下的相关关系，有时并不是这两个变量本身的内在联系所决定的，有可能由另外其他变量的媒介作用而形成的相关关系。在实际应用中，往往关注的是单个自变量与因变量之间的"纯"相关关系，此时要准确地反映两个变量之间的内在联系，除要考查其相关系数外，还需要考虑其偏相关系数。

偏相关系数（Partial Correlation Coefficient，PCC）是在对其他变量的影响进行控制的条件下，衡量某两个变量之间的线性相关程度的指标，用偏相关系数来描述两个变量之间的内在相关关系更合理、更可靠。其计算公式如下：

$$R_{xy.z} = \frac{R_{xy} - R_{xz}R_{yz}}{\sqrt{(1-R^2_{xz})(1-R^2_{yz})}} \tag{5-3-8}$$

其中，R_{xy}，R_{xz}，R_{yz} 分别表示变量 x 与变量 y、变量 x 与变量 z、变量 y 与变量 z 的相关系数。$R_{xy.z}$ 为将变量 z 固定后变量 x 与变量 y 的偏相关系数。在多变量相关的场合，由于变量之间存在错综复杂的关系，因此，PCC 与 CC 在数值上可能相差很大，有时甚至符号都可能相反。

与 RCC 类似，将式（4-4-5）中 x、y、z 变量换成它们相应的秩后便可计算秩偏相关系数（Rank Partial Correlation Coefficient，RPCC），用其来考查在控制其他变量的情况下，两变量之间的非线性但单调的相关关系。

利用相关系数判断相关关系的密切程度一般遵循表 5-3-1 所示的原则。

表 5-3-1　根据相关系数大小判断相关关系强弱准则

相关系数范围	相关关系密切程度
$|R|=0$	完全不相关
$0<|R|\leq 0.3$	微弱相关
$0.3<|R|\leq 0.5$	低度相关

续表

相关系数范围	相关关系密切程度
$0.5<|R|\leq 0.8$	显著相关
$0.9<|R|<1$	高度相关
$|R|=1$	完全相关

三、多参数灵敏度分析

多参数灵敏度分析（MPSA：Multi-Parameter Sensitivity Analysis）则是基于MonteCarlo模拟同时变化所有参数的取值，综合考虑多次（如N次）模型运行结果同时给出每个参数的灵敏度。而且，灵敏度的度量不是对比输出变量变化值与参数变化值，而是根据定义的目标函数值（例如误差平方和），通过给定的指标对N次模拟的目标函数值进行分类，然后计算两组的累积频率，据此对每个参数的灵敏度作出判断。

多参数灵敏度分析（MPSA）包括以下步骤（图5-3-1）：

（1）选择试验参数。

（2）根据野外和室内实验测量值，设置每个参数的取值范围。

（3）对于每个选取的参数，生成一个序列，如在取值范围内生成N个均匀分布的独立随机数。

（4）应用生成的N个随机数运行模型，并计算相应的目标函数值。

（5）将目标函数值与给定的指标（R）进行比较，确定N个参数值中，哪些是"可接受的"，哪些是"不可接受的"。

（6）评价参数灵敏度：对每个参数，比较"可接受的"与"不可接受的"两组参数值的分布情况（计算累计频率，绘制累计频率曲线图），如果两种分布形式相同，则表明该参数不敏感，反之，则该参数较敏感。两条累计频率曲线分离的程度代表了参数的灵敏度，"目标函数值"采用模拟值与实测值误差平方和表示（图5-3-1）。

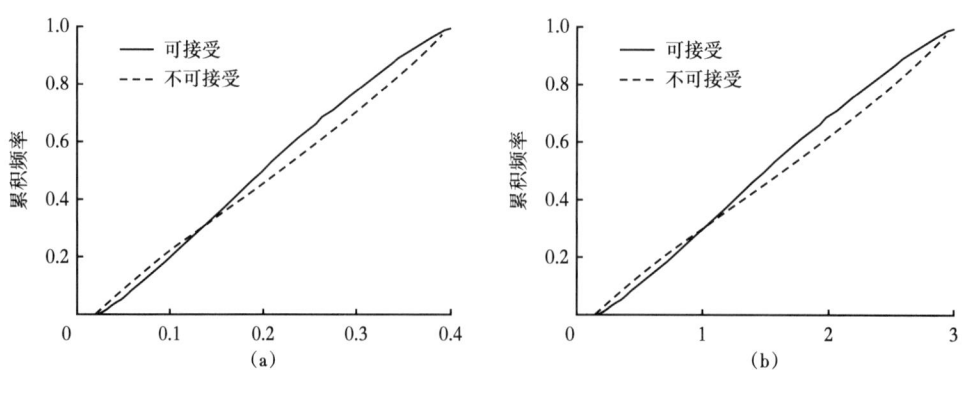

图5-3-1 累积频率曲线图

第四节　风险分析常用工具及应用

检索了石油行业现用的以及中国科学软件网、Palisade 公司中文官网公布的目前常用的风险评价软件，可分为以下几类：

一、Crystal Ball（水晶球工具）

Crystal Ball 是美国 Decisioneering 公司开发的、加载在微软公司（Microsoft®）电子表格 Excel 上的风险分析和评估软件，包括蒙特卡洛模拟（水晶球）、时间序列预测（水晶球预言家）、最优选择（优化查询）和用来构造定制界面和程序的开发工具箱。它可以帮助分析与电子表格模型相关的风险和不确定性。

Crystal Ball 是 Microsoft Excel 的增益工具，采用 Monte Carol 仿真功能协助分析风险与不确定模型。功能包含敏感度分析、相关性分析、tornado 分析、精确控制及历史数据的分配。

由于该程序完全是集成于 Microsoft Excel 电子表格的附加模块，所以它也很好地拓展了 Excel 电子数据表库模型及功能。是目前公认的应用最广泛、使用最方便的数据模拟、分析软件包，可以应用于市场销售分析与预测、实物期权分析和预测、成本估算科学化、项目管理、投资组合分析和工程技术等领域。

（1）模拟的意义。

当使用模拟这个字时，代表利用分析模型来仿真现实生活的系统。过去仿真软件过于偏重复杂数学造成操作困难。Crystal Ball 工作表风险分析结合工作表呈现方式与自动分析模拟，可以清楚地展现因为变量变异造成模型产出的各种情况。如果没有增加仿真功能，那工作表充其量只是揭示单一结果与最一般化的情境。工作表模拟最常用的方法就是蒙地卡罗法，他可随机产生变量在不同情况下的模型结果。

（2）蒙特卡洛模拟。

蒙特卡洛模拟是由学者蒙地卡罗所提出，一开始主要运作于分析赌博游戏。诸如轮盘、骰子等。蒙地卡罗可以模拟这些赌博中的随机行为。当掷骰子时，共有 1 至 6 的数字可能会出现，但是你不知道其规则。他就像企业主面对问题时，可能知道问题引发的结果与过程，却无法了解每一个变量的严重程度。（例如：利率、员工、股价、存货及来电率）。

（3）即时可见的优点。

如果 Crystal Ball 的用户熟悉 Microsoft，Excel，那么他们中的绝大多数都能在 30min 内熟悉操作。另外，授予的文件资料可以使用户立即就能看到其各种优点。由于该程序完全是 Microsoft Excel 的附加模块，很好地拓展了 Excel 电子数据库模型。

（4）增加风险运算的可能性。

什么是达到一个特殊目标的可能性？什么是影响风险要素的可能性？所有这些问题以及其他一些假设问题的答案都是由未知情况发生的可能性决定的。Crystal Ball 通过运用蒙特卡洛模拟系统对某个特定状况预测所有可能的结果，从而自动完成各种假设过程。该程序在定义许可的范围内生成随机值，然后经过成百上千次的严格运算，再将每种结果分别赋给每种可能性，这个过程减少了必须由人工输入各种不同可能性的工作量，从而节约了时间。

（5）操作高级功能。

对于高级用户来说，Crystal Ball 可以提供关联假设，敏感度分析，数据分布相称性分析以及预测控制等功能。这些特点可以提供更精确的分析。由于拥有如此之多的功能，使得 Crystal Ball 可以引导用户经过少许努力就可以获得更有用的信息。

（6）容易上手。

Crystal Ball 的可视化与获奖设计可以让商业界的使用者非常容易上手。通过专有的工具栏与选单，Crystal Ball 可以借由鼠标与键盘执行。专业的 Excel 用户更发觉本软件增加了过去所没有的先进功能。

二、The Decision Tools Suite（风险评估和决策分析工具）

Palisade 公司致力于风险管理和决策分析的软件产品的研发，其产品 The Decision Tools Suite 软件包包含 @RISK、Precision Tree、Nerual Tools、Stat Tools、Evolver、Top Rank、Risk Optimizer 7 大功能组件，分别对应风险分析、决策树分析、神经网络、高级统计分析、遗传算法最优化、灵敏度分析和不确定性最优化的研究。可应用于教育、农业、建筑、环境、财政、金融、保险、医药、制造、能源、交通等各个领域。这些产品以其强大的功能、优异的性能和简单易用的人机接口，得到了全球用户的认可。

@RISK 作为 Palisade 完善的风险与决策分析工具套件 Decision Tools Suite 的组成部分提供。Decision Tools Suite 由用于决策树的 Precision Tree、用于假设分析的 Top Rank 及用于数据分析的 Neural Tools 和 Stat Tools 等产品组成。@RISK 与所有 Decision Tools 程序完全兼容，并且可以相互结合以进行更深入的了解和分析。

（一）@RISK

@RISK（读作"atrisk"）使用蒙特卡洛模拟执行风险分析，用来显示电子数据表模型中的可能结果，并告诉其发生的可能性。它可以客观地自动计算并跟踪众多不同的未来方案，然后告知与各个方案有关的可能性和风险。这表示使用用户可以判断要承担和要避免的风险，从而允许存在不确定因素的情况下做出最好的决策。

1. @RISK 的工作原理

使用 @RISK 运行分析涉及以下 3 个简单步骤：

（1）建立自己的模型。

首先，使用 @RISK 概率分布函数替换电子表格中的不确定值，概率分布函数包括 Normal（正态）、Uniform（均匀）等，总数超过 35 个。这些 @RISK 函数只代表在一个单元格中出现的不同可能值的范围，而不是将此单元格限制为只有一种情况。从图形化分布库中选择分布，或者使用特定输入项的历史数据定义分布。使用用户甚至可以将分布与 @RISK 的复合函数结合。此外，还可以与其他使用 @RISK 库的用户共享特定分布函数，或者针对没有 @RISK 的同事将 @RISK 函数换出。

（2）轻松定义不确定性。

@RISK 提供 40 个分布函数。这些函数是真正的 Excel 函数，其行为方式与 Excel 的基本函数相同，提供了全方位的建模灵活性。选择要使用的 @RISK 函数非常方便，因为 @RISK 提供了一个图形化分布库，可以在选择之前对分布进行预览和比较。也可以使用百分位数和标准参数建立自己的分布，并且可以叠加不同的分布图以进行比较。可以使用

历史或行业数据和 @RISK 的集成数据拟合工具来选择最佳分布函数和正确的参数。此外，还可以选择要拟合的数据类型（例如，连续、离散或累计）、筛选数据、指定要拟合的分布类型和要使用的卡方分块。经过拟合的分布根据 3 次统计检验进行排名，也可以按图形方式进行比较，并叠加多个已拟合分布的图表。拟合结果可以链接到 @RISK 函数，因此在输入数据更改时函数将会自动更新。

输入分布可以分别或按时间序列进行相互关联。可以在通过 Excel 弹出的矩阵中快速定义相关，并且可以通过一次单击添加相关的时间序列。根据多时间段范围创建的相关的时间序列包含一组在每个时间段中类似的分布。

@RISK 在仪表盘风格的"模型"窗口中采用缩略图方式对所有 @RISK 函数和相关性进行汇总，并且可以在浏览电子表格中的单元格时观察弹出的分布图（图 5-4-1）。

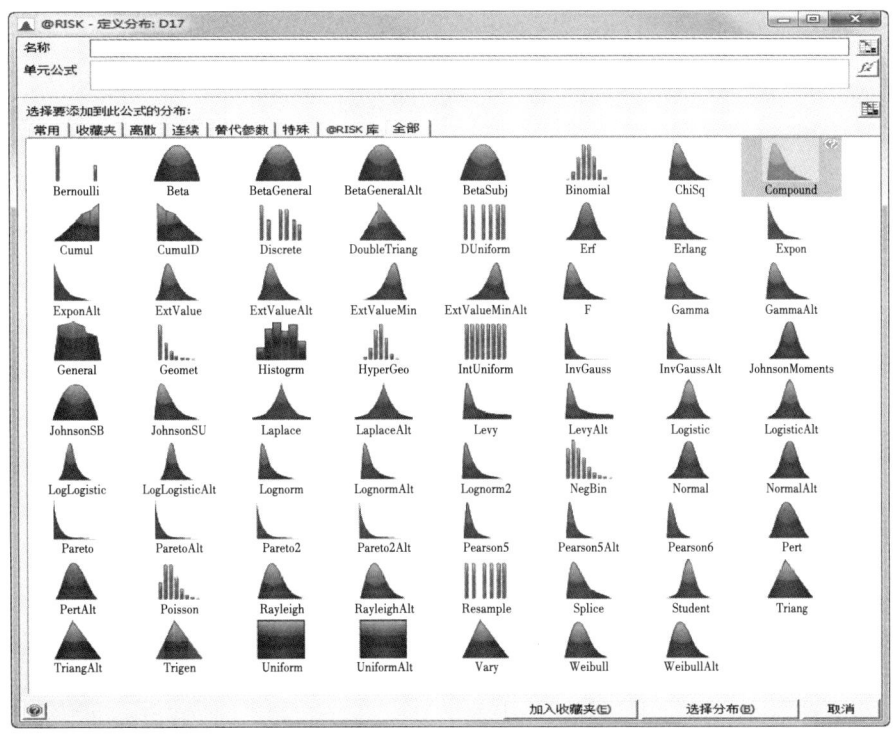

图 5-4-1　常用分布图例

（3）与其他用户共享模型。

①简要说明。@RISK 函数可以存储在 @RISK 库中（一个与其他 @RISK 用户共享的 SQL 数据库）。您也可以使用"函数交换"功能移除 @RISK 函数，从而可以与没有安装 @RISK 的同事共享您的模型。@RISK 将跟踪在"换出"@RISK 函数后电子表格中出现的任何变化。您可以控制在 @RISK 发现模型中发生变化时其更新公式的方式。此外，您可以在保存并关闭工作簿时让 @RISK 自动换出函数，并且在打开工作簿时自动换入函数（如果需要）。

②运行模拟。单击"模拟"按钮并观察。@RISK 对您的电子表格模型进行数千次重新计算。在每次重新计算过程中，@RISK 从您输入的 @RISK 函数中进行随机值抽样，然后

将这些值放在模型中,并记录生成的结果(图 5-4-2)。通过使用演示模式运行模拟和随模拟运行实时更新的图表和报表来向他人说明此过程(图 5-4-3)。

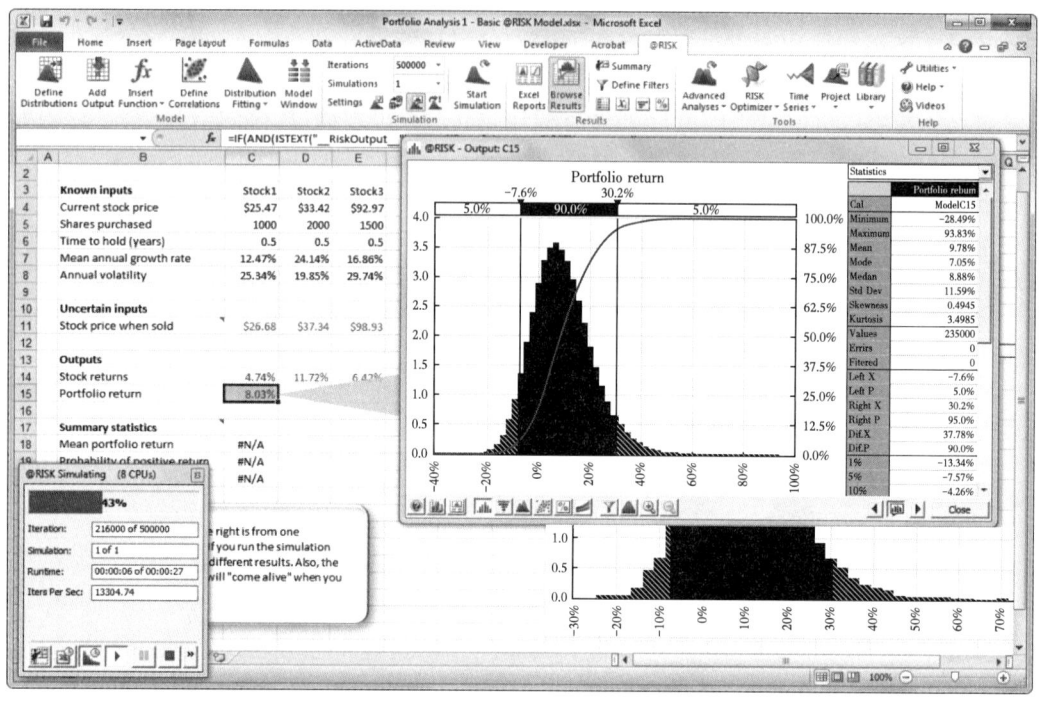

图 5-4-2 @RISK 运行结果

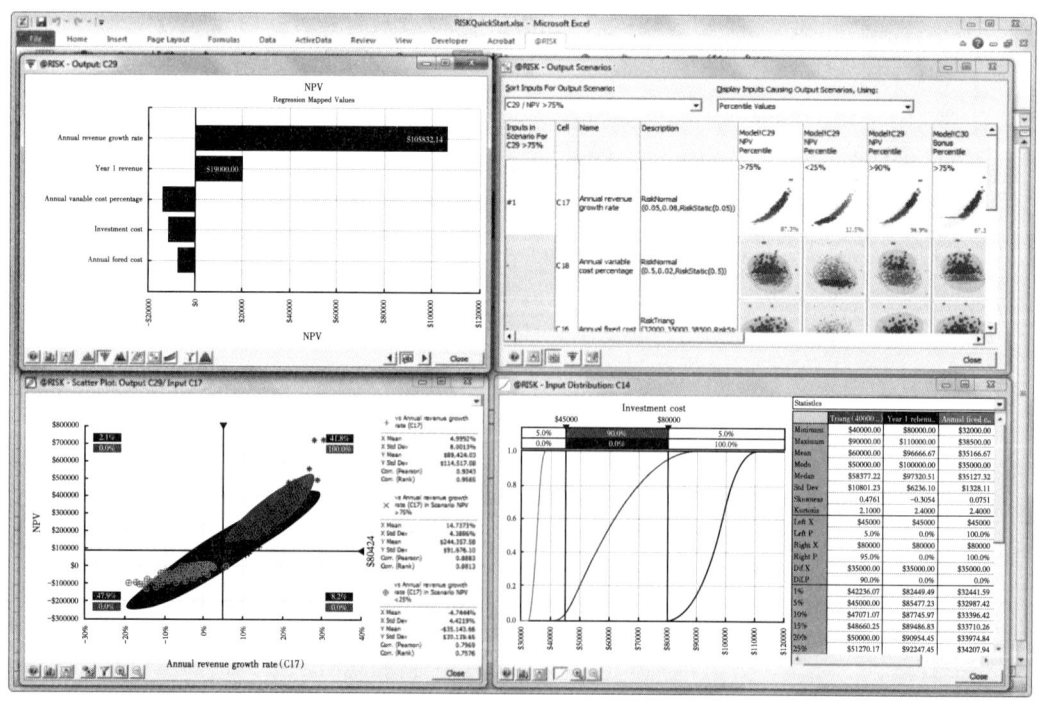

图 5-4-3 @RISK 风险分析结果

③理解风险。模拟的结果反映出可能结果的完整范围，包括它们出现的概率。使用直方图、散点图、累积曲线、箱线图等来绘制结果的图表。使用龙卷风图和灵敏度分析来确定关键因素。将结果粘贴至 Excel、Word 和 Power Point 中，或者放在 @RISK 库中供其他 @RISK 用户使用。您甚至可以将结果和图表保存在 Excel 工作簿中。

④明确且易于理解的结果

@RISK 提供各种图表，用于向他人解释和展示您的结果。直方图和累积曲线显示不同结果出现的概率。使用叠加图表对比多个结果，并使用摘要图和箱线图查看随时间或随范围发生变化的风险和趋势。右键菜单和方便易用的工具栏使您可以进行快速浏览。所有图表均可以完全自定义，包括标题、轴、比例和颜色等，并且可以随时导出到 Excel、Word 或 PowerPoint。您可以在浏览电子表格中的单元格时观察弹出的结果图表。

@RISK 提供了灵敏度分析和方案分析，以确定模型中的关键因素。使用灵敏度分析根据分布函数对输出项的影响对其进行排名。使用易于理解的龙卷风图清楚地查看结果，或使用散点图揭示复杂的关系。灵敏度分析根据输入项在公式中对模型中输出项的优先顺序来对所有输入项进行预筛选，从而减少不相关数据。此外，您可以使用 @RISK 的 Make Input 函数来选择要将其值视为灵敏度分析中 @RISK 输入项的公式。这样一来，多个分布可以合并至单个输入项，从而简化了灵敏度报表。

@RISK 在仪表盘风格的"结果摘要"窗口中采用缩略图方式对输出项和输入项的所有模拟结果进行汇总。模拟结果可以直接保存在 Excel 工作簿中，也可以放在与其他 @RISK 用户共享的 @RISK 库中。

（二）Evolver

Evolver 尤其适合于解决其他算法无法求解的非线性、复杂问题，从而获得全局最优解。Evolver 的遗传算法经常尝试新的不同的解法以期达到可能的最优解答。金融、分配、行程安排、资源分配、最优投资组合、生产和预算，这些都还仅仅是 Evolver 可解决的问题类型的一小部分。

诸如 Excel 的 Solver 之类的标准最优化程序适用于查找最佳"局部"解法，或确定可以使具有特定约束条件的简单电子表格模型的结果最大化或最小化的最佳数值组合。这些程序找到一种看似会生成较佳结果的解法并在此基础上继续运行，而不是尝试新的解法。这称为"登山"。但是，这些程序不支持处理更复杂的非线性问题，其中的最佳局部解法可能不是最佳绝对答案。使用创新性"突变"和解法组合或"组织"的 Evolver 特别适用于通过研究可能答案的整个领域查找最佳整体答案。

Evolver 的 3 个简单使用步骤：

1. 建立自己的模型

Evolver "模型"窗口为所有优化问题提供了一站式设置（图 5-4-4）。您可以在此处指定目标单元格，确定要调整的单元格及定义约束条件。可调整单元和约束条件支持单元格范围进行简便设置和改变，而目标单元格可以进行最大化和最小化，也可以接近特定目标。

（1）定义范围和停止条件。

定义可调整单元格时，您可以直接在 Excel 中指定单元格范围的最大和最小边界，这极大简化了设置，并使更改变得非常简便。例如，您可以要求 Evolver 调整单元格 B1：B5，其中每个单元格的最小值位于 A1：A5 中，每个单元格的最大值位于 C1：C5 中。您可以指定多组单元格，每组可以具有多个范围。

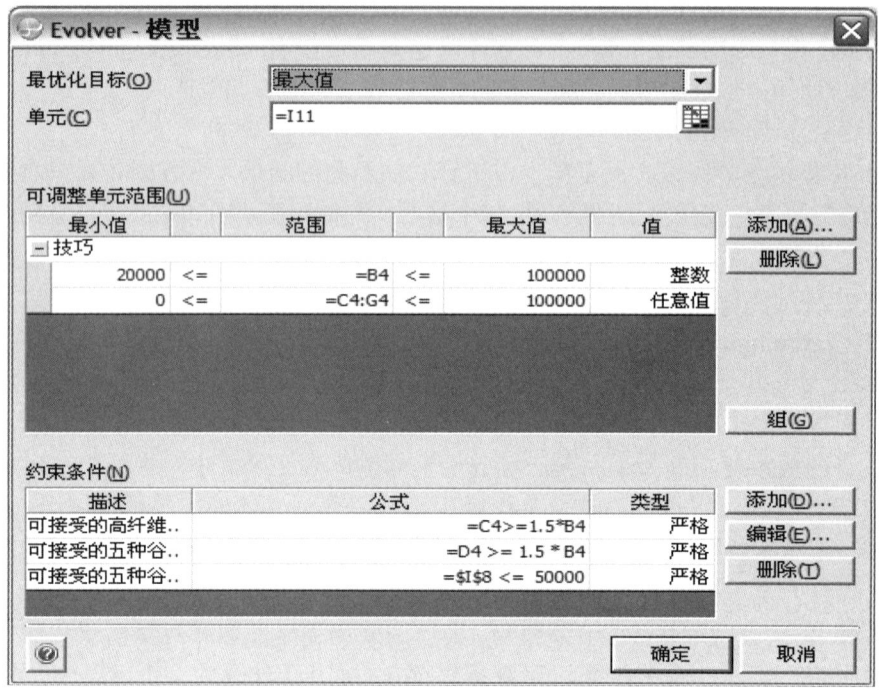

图 5-4-4　Evolver 模型界面

您也必须定义模型中的约束条件。例如，必须建立模型的资源可能很有限。在定义约束条件（严格或宽松）时，您也可以为单元格范围指定最大值和最小值。

最后，请针对最优化设置停止条件，告知 Evolver 最优化的停止时间。

（2）求解方法。

Evolver 利用您可以指定的 6 种不同求解方法确定可调整单元格的最佳组合。不同方法用于解决不同类型的问题。这 6 种求解方法是：

①菜单——可独立改变的一组变量。

②分组——要放置在组中的一组元素。

③顺序——元素的有序列表。

④预算——菜单算法，但全部为常量。

⑤项目——顺序算法，但一些元素排在其他元素之前。

⑥日程安排——组算法，但在满足约束条件时将元素分配到时间块。

Evolver 也使您可以在最大限度上控制其执行最优化的方式。您可以在"Evolver 设置"对话框中设置最优化参数、运行时间设置和控制宏等。

2. 运行最优化

单击"开始"图标，以开始最优化。Evolver 将开始生成试验解法，以实现第一步中设置的目标。Evolver "进度"窗口出现，显示最优化状态和到目前为止所获得的最佳答案。此窗口允许您利用回放控制暂停、停止和运行最优化。您也可以使用"Evolver 观察器"监测详细进度。分页报表显示了所获得最佳答案的实时更新、已尝试的所有解法和要尝试的解法的多样性等。

3. 查看最优化结果

最优化完成后，Evolver 可以显示关于整个模型的初始、最佳和最新解法结果，单击后它会根据每个方案进行更新。这就使确定最佳行动方案变得非常容易。您也可以直接在 Excel 中针对最优化摘要、所有模拟的日志和进度条步进日志生成报表。

（三）RISK Optimizer

传统的最优化方法忽视了这种不确定性，这是一种充满风险的做法。而 RISK Optimizer 就不同了，它不仅为您提供最佳的输入值组合，还可指明隐藏在每个策略背后的风险。您将能够找到可彻底减少风险之余，又可助您实现目标的策略。

RISK Optimizer 结合了 @RISK 的蒙特卡洛模拟技术、Palisade 的风险分析插件和最新的求解技术，可以对包含不确定值的 Excel 电子表格模型进行最优化。选取任意一个最优化问题，并且用表示一组可能值的 @RISK 概率分布函数替换不确定值。RISK Optimizer 对最优化过程中尝试的每种试验解法都运行蒙特卡洛模拟，找到具有最佳模拟结果的可调整单元格的组合。

RISK Optimizer 已完全集成到 @RISK 正式版的工具功能导航栏分组中（可单独购买 @RISK 正式版，也可购买包含该功能的 Decision Tools Suite 正式版）。

RISK Optimizer6 已完全翻译为中文。所有菜单、对话框、帮助文件和示例文件都是以中文显示。同时，Evolver 还提供英语、西班牙语、德语、法语、葡萄牙语、日语和中文等多种版本。

（四）TopRank

TopRank 在 Microsoft Excel 电子表格自动"假设"灵敏度分析。您可以定义任何输出项或"结果"单元格，而且 TopRank 将自动找到并更改影响您的输出项的所有输入单元格。最终结果是确定影响您的结果的所有输入因素，并对这些因素进行排名。

（五）PrecisionTree

PrecisionTree 决策树使您能够使用一种连续的、有组织的方式可视地策划复杂的多阶段决策——例如，一个油田的发展或者一种新药品的发现。这些帮助您识别所有可能的选择并选择最优选项。决策、概率事件和目标结果分别由节点表示并由分支扩展连接。

1. 构建决策树

决策树提供了一个正式结构，决策和机会事件在其中按照从左到右的顺序链接。决策、机会事件和最终结果以节点表示，并通过分支连接。结果为一个树结构，其中"根"显示在左侧而各种支付显示在右侧。将事件的发生概率以及事件和决策的支付添加到树中的每个节点上。在 PrecisionTree 中，您将通过决策树看到每种可能路径的支付和概率（图 5-4-5）。

2. 分析结果

PrecisionTree 确定要在每个决策节点上制定的最佳决策，并将此决策的分支标记为 TRUE。决策树完成后，PrecisionTree 的决策分析将为要制定的最佳决策创建完整的统计量报表，并与其他决策进行比较。

PrecisionTree 会创建一个比较不同决策选择的支付和风险的"风险剖析"图。风险剖析图显示概率和累积图表，以说明不大于某个值的不同结果和一个结果的概率（图 5-4-6）。

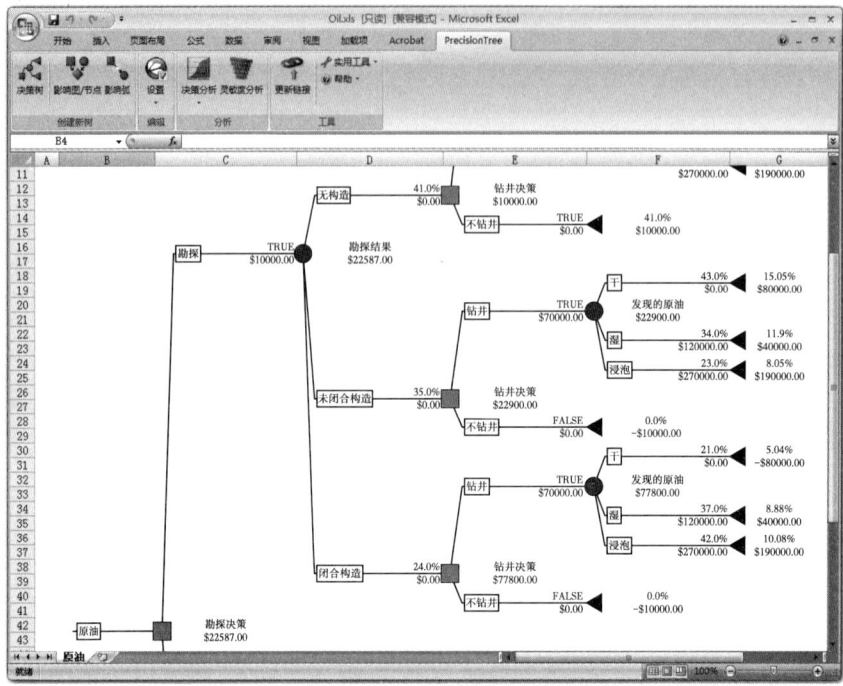

图 5-4-5 决策树界面

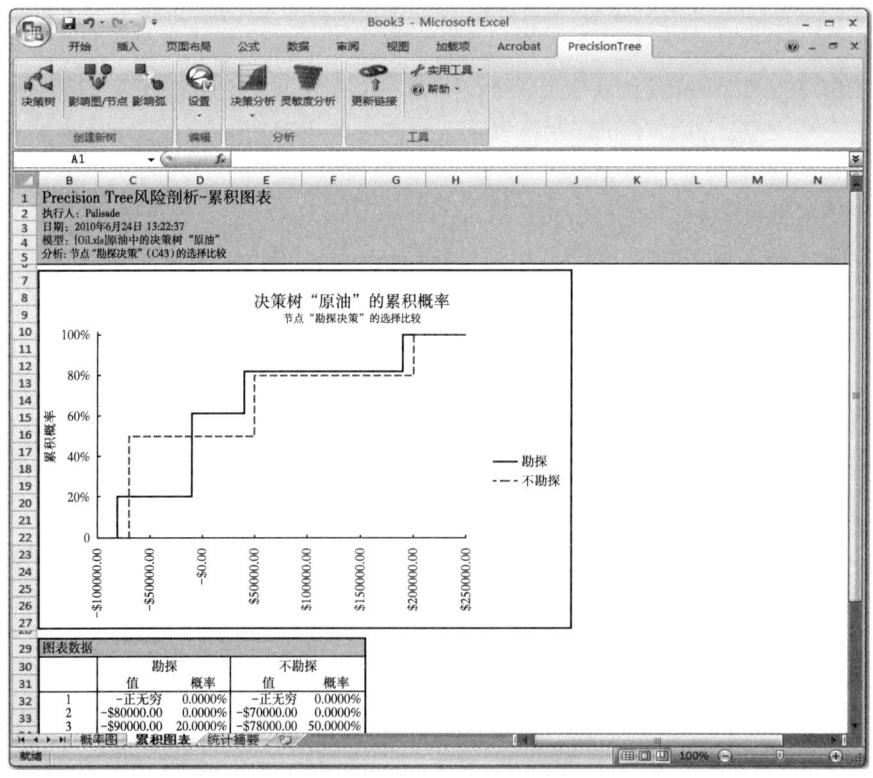

图 5-4-6 累积风险剖析图

PrecisionTree 也可以通过修改您指定的变量的值并记录决策树预期值中的变化来执行灵敏度分析。您一次可以更改一个或两个变量。结果包括灵敏度图、龙卷风图、蛛网图和战略区域图。

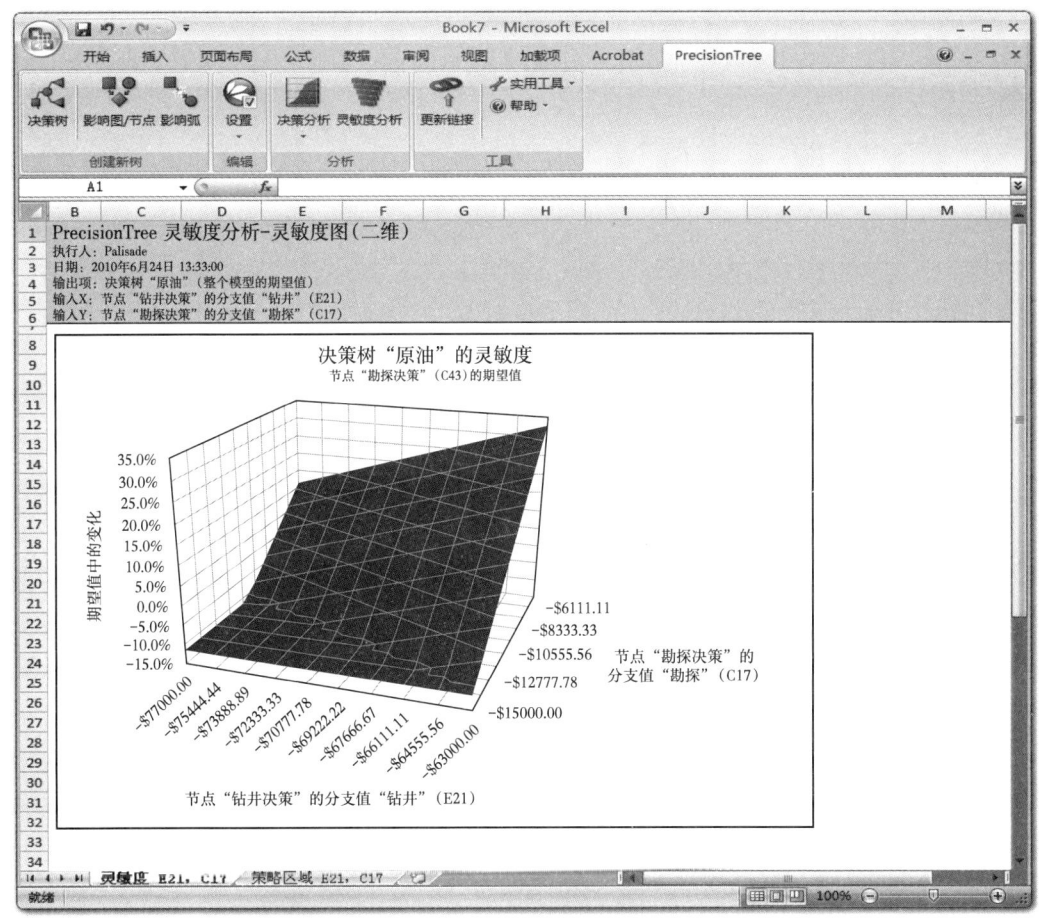

图 5-4-7　二维灵敏度图

策略建议报表——只显示模型中最佳决策的简化版本的决策树。该报表包括"策略建议表"，其列出了模型中的所有决策、实现决策的概率，以及做出有关此决策的正确选择的受益。

3. 高级功能

贝叶斯修正——这样您就可以通过"翻转"模型中的一个或多个机会节点来显示使用贝叶斯法则计算出的概率。当模型的概率无法显示在直接使用的表格中时，这就显得非常有价值。例如，如果提供了特定测试的多种结果，那么您可能需要了解其中某一种结果发生的概率。测试的准确性可能是已知的，但是确定您所寻求概率的方法只有一种，即使用贝叶斯法则"翻转"传统的决策树。

逻辑节点——一种特殊类型的节点，其中根据用户定义的条件选择最佳分支。逻辑节点的行为方式与决策节点一样，但作为逻辑（最佳）决策时，逻辑节点选择分支逻辑公式评估为 TRUE 的分支。

引用节点——用于引用子树。子树可以位于工作簿的任何工作表中。使用引用节点简化树，多次引用树中的相同子树，或构建因太大而无法容纳在一个电子表格中的树。

链接树——允许将决策树的分支值链接到树外部的 Excel 模型的单元格中。每个节点均可链接到 Excel 单元格引用或范围名称。终端节点支付可以通过详细的电子表格模型进行计算。这一强大功能将决策树用于描述决策情况的优势与传统电子表格模型用于计算结果的优势结合起来。

使用 VBA 宏计算支付——PrecisionTree 可以通过自定义 VBA 公式计算决策树路径的支付值。使用此方法，您可以大大简化模型。

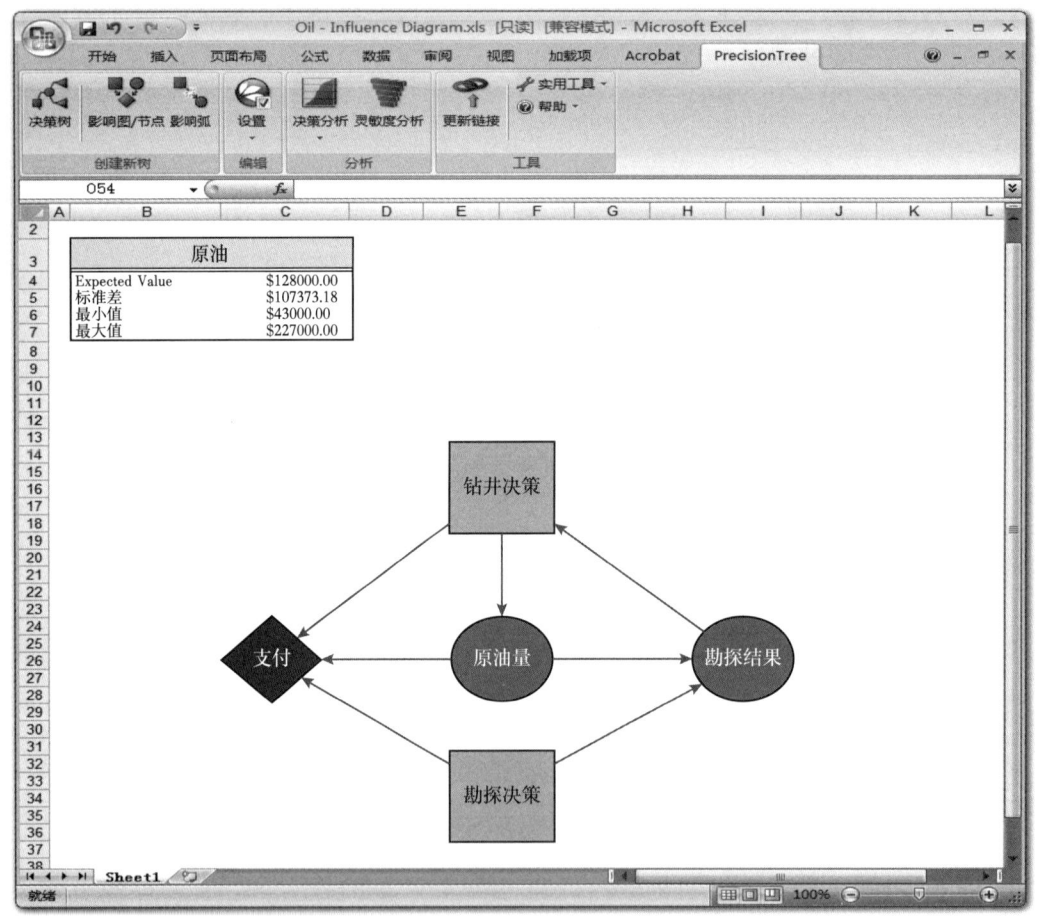

图 5-4-8 PrecisonTree 影响图

自定义效用函数——将模型的货币支付转换成"效用"，以考虑决策制定者对待风险的态度，这会影响最佳决策选择。PrecisionTree 提供默认的指数效用函数，但您可以使用 VBA 自定义函数轻松构建自己的自定义效用函数。

PrecisonTreeDeveloperKit——内置编程语言允许您使用 ExcelVBA 自动化处理 PrecisionTree。

影响图——使用节点和弧的影响图用于概述决策的一般结构。影响图也可以表示不对称的树。您可以将影响图转换成决策树。

三、RISKSIMULATOR（风险模拟）

RISKSIMULATOR是一个功能强大嵌于Excel的软件，可用于对现有的Excel电子表格模型进行仿真、预测、统计分析和优化。RISKSIMULATOR非常容易使用。例如，运行风险分析就和数1、2、3这样简单：设置输入变量，设置输出变量然后运行。进行预测分析也非常简单，只需点击鼠标两三次，软件会自动进行计算和分析，然后生成详细的报告，图表和数字结果。

（1）蒙特卡洛仿真。

45种概率分布函数、简易使用界面、高速仿真运行（千次/s）、Copulas、拉丁超立方和蒙特卡洛模拟。

（2）分析工具。

自举法、模型检查、聚类分割、综合报告、数据提取和统计报告、数据导入、去季节因素和去趋势化、数据诊断、分布选择（一元、多元、分布概率（PDF、CDF、ICDF）、假设检验、覆盖率、主成分分析、敏感性分析、情景分析、统计分析、结构突变、飓风图和蛛网图。

（3）预测。

Box-JenkinsARIMA、AutoARIMA、基础计量经济学、自动计量经济学、组合模糊逻辑、三次样条法、自定义分布、GARCH模型、J曲线、S曲线、马尔科夫链、极大似然法、多元回归、神经网络、非线性外推、随机过程、时间序列分解、趋势线。

（4）优化。

连续、离散、整数变量的静态优化、动态优化和随机优化、有效前沿、遗传算法、线性非线性优化、单变量目标搜索。

四、ModelingToolkit（Excel平台建模工具包）

RealOptionsValuation公司推出最新创新成果——ModelingToolkit（高级版）。该工具箱涵盖了风险分析、模拟、预测、BaselII风险分析、信用违约风险和计量模型等相关领域的800多个分析模型、公式和工具以及300多个Excel/SLS分析模板和实例试算表。该工具箱是将一系列复杂的数学模型通过C++编译后嵌入到Excel表格中。

这1100个模型、公式、表格和SLS模板主要包括：（1）分析；（2）银行模型；（3）信用分析；（4）债务分析；（5）决策分析；（6）预测；（7）优化；（8）风险分析等。

五、SAFETI-量化风险评价软件简介

挪威船级社（DET NORSKE VERITAS）简称DNV，在多年积累的安全管理与技术评价领域工程经验的基础上，开发了应用于石化行业量化风险分析的SAFETITM系列软件，至今已经拥有超过20年的历史，在全球同类软件中具有领先地位，尤其是PHASTRISK（原名SAFETI，现在更名为PHASTRISK）量化风险分析软件，是目前全球同类软件中最全面，应用最广泛的。该软件被中国国家安全生产监督管理总局所认可，并且被写进

AQ 8002—2007《安全预评价导则》作为推荐的评价方法。

PHASTRISK 软件主要由事故后果定量计算模块和风险计算模块组成，其中事故后果计算子模块名称为 PHAST，用户可以单独购买此模块用于计算化学物质泄漏后产生的事故后果。以下是 PHAST 后果计算模块以及 PHASTRISK 完整版风险计算软件功能的简要介绍。

（1）LEAK 软件简介。

LEAK 软件是用来计算工艺厂区和装置泄漏频率的专业软件。通过 LEAK 软件计算得到的泄漏频率可以输入到量化风险评价软件（PHASTRISK）中用于进行量化风险评价。

LEAK 软件采用了碳氢化合物泄漏的历史失效数据库（HCRD），这个数据库包括了可用于进行定量风险评价和可靠性分析的通用风险和可靠性数据。

用户可以在 LEAK 软件中将整个装置划分为不同的区域，在每个区域下还可以划分不同的工艺段，而每个工艺段中则包括不同的设备。LEAK 软件可以计算出总体的泄漏频率，也可以计算出各个区域、工艺段和设备对风险的贡献。

（2）PHASTRISK 软件简介。

PHASTRISK（包含 PHAST 软件）是对岸上石油化工工艺装置实施量化风险评价（QRA）的专业软件。PHASTRISK 软件可以通过计算得到各种类型风险的排序，从而把有限的物力人力集中投入到降低高风险的活动中。

（3）适用范围。

PHAST、PHASTRISK 及 LEAK 适用领域广泛，尤其适用于石油天然气、石油化工、海洋工程等行业领域。

六、CougarFlow 不确定性分析与辅助历史拟合软件

CougarFlow 是一个基于试验设计和优化方法研究油藏认知过程中不确定参数的影响，实现参数敏感性分析、快速历史拟合和风险评价的软件。

CougarFlow 为判别影响油藏不确定性和生产预测的可能影响因素，计算概率分布和经济预测以及优化油藏开发方案提供了工具。为盆地模拟、地质建模、数值模拟等油藏研究过程提供不确定性和敏感性分析的解决方案。

（一）主要功能及技术优势

CougarFlow 应用于油藏研究过程中，其功能主要有：

1. 敏感性分析

目的：定性和定量的得到不确定性参数与响应参数的关系。筛选敏感性强的参数，进行重点调整；判断参数调整方向，正相关还是负相关。

方法：测试不确定参数的多个模拟结果。

算法：试验设计方法——用最少的数据覆盖不确定参数范围。

2. 辅助历史拟合

目的：通过拟合油藏生产历史，确定准确的地质模型，进行生产预测。

方法：调整油藏模型参数（静态、动态）。

算法：优化算法、全局搜索。

（1）高效，同时优化多个不确定参数。

（2）拟合多个目标函数，可以设置各参数的权重。

（3）通过历史拟合，整合地质模型与数模模型，实现地质模型的优化。

3. 风险评价

（1）油藏预测不确定性分析——不确定性参数的影响。

目的：定性和定量的理解不确定参数对油藏预测产量的影响。

方法：对预测产量作敏感性分析。

算法：响应面模型、蒙特卡洛采样。

①不确定参数范围对应的响应目标值的分布。

②帮助识别影响响应目标值的关键参数。

③分析不确定参数变化引起的不利结果。

④评估受不确定参数变化的是否影响项目决策。

⑤优选项目决策，减少不确定参数变化产生的不利影响。

（2）开发方案优化——可控参数的优化。

目的：优选最优开发生产方案。

方法：最大化某一预测时间点的累计产油或者最小化含水率。

算法：试验设计方法、优化算法。

①井相关参数（井型、井位、长度、井斜、射孔等）。

②生产策略（产量、注水量、措施时间等）。

（二）CougarFlow 采用的技术优势

①试验设计方法。

② Pareto 图。

③响应面模型。

④蒙特卡洛采样。

⑤优化算法。

⑥全局搜索。

七、RMS 不确定分析——全周期的风险评价工具

RMS 提供了强大的风险评估管理系统，可以评价建模数模一体化流程中任一环节的不确定性，总结出对油田开发影响最大的因素。其特点体现在如下几个方面。

（1）量化不确定性。迅速识别和量化整个地下不确定性，从而得到完整的建模工作流程中哪个因素对油藏评价的影响最大。

（2）降低风险。关键的不确定因素量化可用于管理项目的风险，促成合理的油藏开发方案得以实施。明确最大的不确定因素后，可以指导要较完整地理解该油藏仍需要收集和分析哪些相关资料。

（3）改善决策。更完整地了解油藏的不确定性和风险使可靠的决策成为可能。

八、风险评估应用概况

（一）在原油产量、产能、投资和效益优化配置中的应用

针对石油开发建设项目具有许多特殊性，地下情况复杂，地质条件差异大。由于采用

滚动开发，项目经济评价采用基础数据都是来自于预测，因而总有一定程度的不确定性，给项目决策带来风险。为对新建、改扩建的项目投资决策提供更可靠和全面的依据，以评估、预测项目可能承担的风险，大庆油田对评价的产能建设项目进行了综合评价与不确定分析，并给出了评价与风险分析的方法（此处风险分析是采用单指标的方式，只对利润一项指标进行风险评估）。

风险分析是研究、预测各种不确定因素发生的可能机会及其对项目评价指标的影响的一种定量分析方法。在石油勘探开发建设项目的风险分析中主要采用离散型概率分析和连续型概率分析两种分析方法。在离散型概率分析中主要采用组合产生样本的方法，连续型概率分析则采用蒙特卡洛模拟抽样的方法。

对某方案以利润总额为风险评价指标做风险评价分析。方案常规分析结果见表5-4-1。

表 5-4-1 某方案基本参数表

油价 （元/t）	成本费用 （元/t）	原油商品量 （10^4t）	税金 （万元）	利润总额 （万元）
1233	712.36	316.93	63401.47	101739.52

利润总额计算模型可用式(5-4-1)表示：

$$P = \left(P_c - C_f\right)Q_0 - S_j \tag{5-4-1}$$

式中　P——利润总额；

　　　P_c——油价；

　　　C_f——单位成本费用；

　　　S_j——税金。

考虑到原油价格由国家统一规定，在项目的风险分析中不作为风险因素考虑，税金主要与价格有关，因此也不视为风险因素。影响利润总额指标的风险因素主要是成本费用和原油商品量。这里风险因素变化幅度取 20%。

（1）成本费用 C_f。

统计资料表明，油田成本费用服从正态分布，根据表 5-4-1 数据可知，成本最可能值为 712.36，则

$$a = 712.36 \times (1 - 20\%) = 569.89 \tag{5-4-2}$$

$$b = 712.36 \times (1 + 20\%) = 854.83 \tag{5-4-3}$$

按照抽样可求出：

$$\mu = \frac{a+b}{2} = 712.36, \quad \sigma = \frac{b-a}{8} = 142.47 \tag{5-4-4}$$

随机抽样公式：

$$x = 712.36 + 142.47\sqrt{-2r_1}\cos(2\pi r_2) \tag{5-4-5}$$

（2）原油商品量 Q_0。

采用对数正态分布，最大可能值为 $316.93 \times 10^4 t$，则

$$a = 316.93 \times (1-20\%) = 253.544 \qquad (5\text{-}4\text{-}6)$$

$$b = 316.93 \times (1+20\%) = 380.316 \qquad (5\text{-}4\text{-}7)$$

按照公式可求出：

$$\mu = \frac{\ln a + \ln b}{2} = 5.739, \quad \sigma = \frac{\ln b - \ln a}{8} = 0.051 \qquad (5\text{-}4\text{-}8)$$

抽样公式为

$$x = e^{5.739 + 0.051\sqrt{-2r_1}\cos(2\pi r_2)} \qquad (5\text{-}4\text{-}9)$$

因此利润总额的抽样模拟模型可由式（5-4-10）计算：

$$P_i = (1233 - C_f)Q_0 - 63401.47 \qquad (5\text{-}4\text{-}10)$$

利用上述结果，按照利润总额的模拟公式计算，取模拟抽样数为 10000 次，将利润总额变化区间分成 100 个小区间，把模拟结果按小区间统计，计算频率。计算结果最大频率为 17%，对应的利润总额为 86553.96 万元。

模拟的平均值 $\bar{y} = 93657.34$ 万元。

均方差 $S = 43794.17$。

风险度 $R_D = \dfrac{S}{\bar{y}} = 46.76\%$。

排除风险后尚有期望利润 $86553.96 \times (1-46.76\%) \times 17\% = 7833.83$ 万元，因此该方案有一定承担风险的能力。

（二）规划方案风险评价应用

由于各项措施的效果、新井产油量具有很大的不确定性，这使得某个开发规划方案的产油量具有很大的不确定性，致使规划方案产量的完成具有一定的风险性。在如何分析每年完成规划产量指标的可能性大小及方案产量部署存在的风险，这就是在不确定性环境下需要考虑的问题。这里采用蒙特卡洛模拟技术对开发规划方案完成规划产量的概率进行模拟，为规划决策者提供科学依据。

方案对应的产量因措施效果的不确定性具有很大的波动。根据历史数据或者经验，给出措施效果的概率分布（均匀分布，采用上下浮动 5% 作为边界；正态分布将确定的效果作为均值，其 5% 作为方差），利用蒙特卡洛模拟技术针对某一个开发规划方案的产量进行模拟，给出规划方案产油量的概率密度函数曲线，以及概率累积分布图。

根据措施产量随机模拟流程，随机抽取一定量的样本点，对各增产措施的单井年产油进行多次模拟，计算可得多组措施年产量及其概率。将产油量人为划分为多个区间，统计各模拟产量落在各区间中的频率，从而可得产量的累积概率分布，即模拟产量不大于给定产量任务的概率，也就给出开发规划方案完成任务的概率，或计算出概率为 100% 时能够达到的产量，提供给规划决策者作为制定规划决策的依据。

年产量计算模型可用式（5-4-11）表示：

$$Q_k = Q_{sq} + Q_{sc} + Q_{ww}$$
$$= \sum_{t=1}^{T-k+1}\sum_{i=1}^{3} x_{1ik}a_{1it}\beta_{1it} + \sum_{t=1}^{T-k+1}\sum_{i=1}^{5} x_{2ik}a_{2it}\beta_{2it} + \sum_{t=1}^{T-k+1}\sum_{i=1}^{2} x_{3ik}a_{3it}\beta_{3it} \quad (5\text{-}4\text{-}11)$$

式中　a_{1it}，a_{2it}，a_{3it}——分别为长垣水驱、外围、三次采油增产措施单井增油效果；

β_{1it}，β_{2it}，β_{3it}——为长垣水驱、外围、三次采油增产措施在 t 年的单井产油系数（考虑措施递减、到位率、贡献率等的综合产量系数）。

这里考虑到增产措施工作量和增产系数已经确定化了，因此在方案的风险评估中不作为风险因素考虑。影响年产量目标的风险因素主要是不同大区的增产措施的增产效果。

如设 a^L、a^U、a^* 分别为常用分布的最小值、最大值及最可能值（一般取 $a^*=a_{1it}$），r_1、r_2 属于区间 [0, 1] 上的随机数。则增产措施效果上、下限为（这里风险因素变化幅度取 10%），利用模拟软件计算，取模拟抽样数为 10000 次，模拟结果如图 5-4-9 所示。

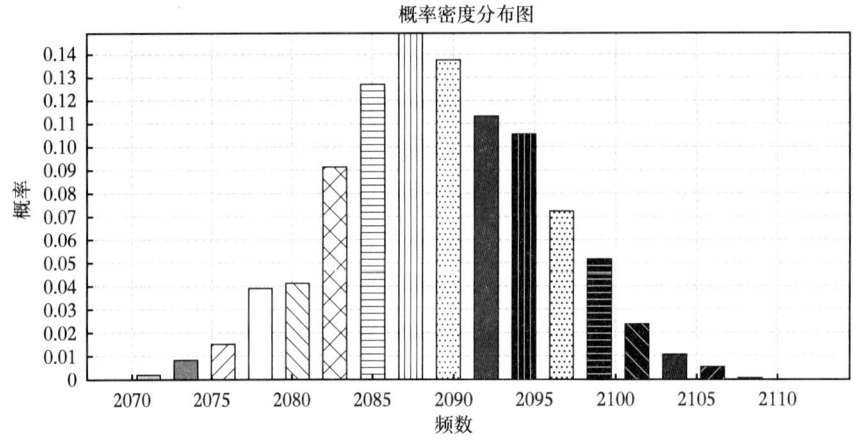

图 5-4-9　产油量的概率密度函数

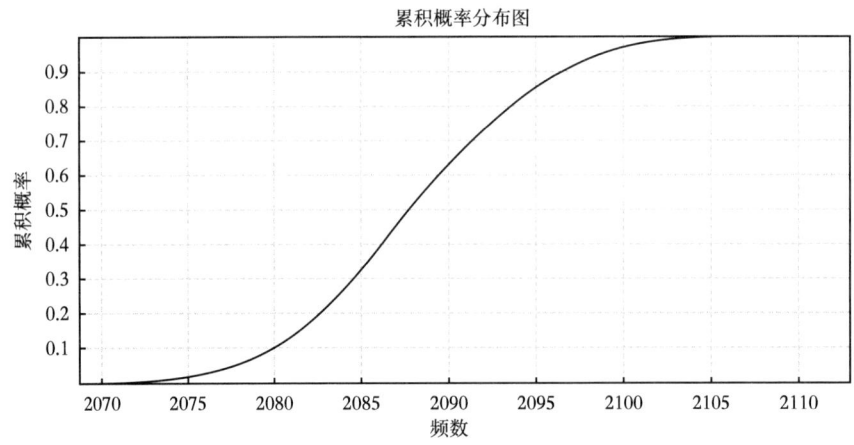

图 5-4-10　概率分布函数

根据概率累积分布图，可给出开发规划方案完成任务的概率，以及完成产量目标的概率，提供给决策者作为制定决策的依据。

（三）项目风险分析

开发投资项目分析主要任务是：通过分析研究，识别项目存在的风险，并对风险特征进行描述和界定，分析风险产生原因及其对项目的影响结果，寻找综合有效的风险评估方法，对风险进行定量综合评估，根评价结果进行风险处理和决策，采用有效措施进行风险规避和风险管理，以把项目风险降到最小。

（1）从项目经营环境及经营过程与特点来看，项目的风险主要包括3大类：投资环境风险、地质技术风险和经济风险。

①投资环境风险。

投资环境风险的概念包括两层意思：宏观的社会投资环境风险和客观自然环境风险。宏观的社会投资环境风险主要体现在资源国政治、社会经济、法律与合同等的变化。投资环境风险往往是不以人们意志决定的、难以控制和抗拒，在项目评价时需要充分认识和评价，并有风险管理的后备办法，把对项目的影响降低到最小。

②地质技术风险。

项目地质技术风险与项目类型密切相关，不同项目所隐含的地质技术风险差异很大。根据油气勘探开发项目的特点，可以划分为勘探、开发、勘探开发、上下游一体化等项目，可归结为勘探项目和开发项目两大类。勘探项目与开发项目相比，而面临的主要风险是不同的，而且勘探项目风险巨大，因而又叫风险勘探。勘探项目根据项目所处勘探开发阶段，进一步细分为新盆地新勘探领域、低勘探程度、中勘探程度和成熟高勘探程度，从技术难度和风险程度来看是逐步增大的；开发项目根据所处的开发阶段，进一步划分为未开发新油田项目、开发中后期项目、边际老油田项目，技术难度和风险程度逐渐增加。

③经济风险。

经济风险是由于国际经济环境或资源国经济环境的变迁而造成的。主要有市场需求风险、价格风险、汇率风险及融资风险。

（2）排除投资环境风险的影响外，项目自身特点及其风险决定项目成败的关键，对项目进行技术经济评价，实际上就是进行项目风险评估。根据影响项目风险产生的特点，主要风险类型可划分为：资源/储量风险类、开采技术风险类和经济风险类3大类。

①资源/储量风险类。

资源/储量是进行开发规划和投资的基础和根本，资源/储量风险是项目最大的地质风险，它的不确定性直接影响了项目可行性。因此，在项目评价中首先需要落实和进行评估的就是项目拥有的资源/储量及其不确定性。资源/储量的风险大小直接与项目类型和所处的勘探开发阶段紧密相关，据项目资源/储量风险的大小，可进一步把国际石油勘探开发项目类型分为5类，见表5-4-2。其中，勘探项目是纯风险投资项目，以其风险性大而著称。

②开采技术风险类。

开采技术风险主要是指与常规稀油开采比较，该类项目在地质特征和在开发上具有认识和技术应用的难度，资源/储量已具有一定基础，不是最主要的风险。如一些项目需要高新开发技术或特殊开采工艺技术，在项目的认识上和采用的技术上都具有一定的不确定性，从而影响勘探开发成功，进而影响项目的开发效果和经济效益。按照项目的特点和技术难度划分为常规技术风险类和特殊技术风险类，根据开采技术风险大小进一步细分为5类，见表5-4-3。

表5-4-2　根据项目资源/储量风险大小分类

资源/储量风险	项目类型	勘探开发阶段	潜力评价
大	勘探项目	勘探阶段	大
较大	开发项目	未开发新油田	较大
中	开发项目	已开发新油田	中等
小	开发项目	开发中后期油田	较小
较小	开发项目	开发末期老油田/边际油田	很小

表5-4-3　根据项目开发技术难度的风险类型

开采技术风险	项目类型	主要地质风险表现	技术要求
小	常规稀油油田	一般风险特征	常规开采技术
较小	普通稠油	稠油冷采	稠油冷采技术
中	注水、注气开发	开发效果	注水注气开发技术
较大	特殊储层油田	储层非均质性	酸化压裂、高渗透带预测
大	特殊油品、特殊环境	开采方法、钻采技术	专门开采技术

③经济风险类。

经济风险是指项目经济效益和投资回收的可能性，项目的投资是根据经济评价结果进行的，就本身而言应该是具有经济效益的。但投资项目在执行中由于地质条件认识的变化和采用的开采技术本身的风险引起项目经济的不确定性，也就是说项目本身的情况及其认识难度蕴涵着一定的经济风险。技术经济风险是由多种因素影响的最终表现，除合同等投资环境因素及其变化的影响外，也反映了地下油气藏特征的地质和技术难度以及认识程度。不考虑投资环境影响，单纯考虑地质风险方面的影响，主要与项目类型和勘探开发阶段及其认识程度相关。根据经济评价结果来看，经济风险的大小分可划分为五类（表5-4-4）。

一般情况下，开发项目的经济风险要比勘探项目低得多，原因是勘探项目的不确定性远远比开发项目要多得多；老油田和边际油田本身就是各种经济开采边际条件的综合，经济风险是不言而喻的。地质风险的影响因素多种多样，不同项目类型、项目所处不同勘探开发阶段、项目的认识难易程度等都具有不同的影响因素。总体来说，开发项目的经济风险比勘探项目的经济风险要小得多；而从开发项目来看，油田地质条件越复杂造成的经济风险越大，油田开发程度越高、地质剩余油越趋复杂，挖潜措施和技术难度越大，因而经济风险也越大。

表 5-4-4　根据项目经济风险大小分类

经济风险	项目类型	潜力评价	经济评价结果
小	未开发、开发初期油田	潜力较大、不确定性较大	好
较小	开发中后期油田	潜力中等、不确定性小	较好—好
中	老油田或边际油田	潜力较小、不确定性较小	差—中等
较大	特殊油气田	潜力较大、不确定性较大	中等—较好
大	勘探项目	潜力巨大、不确定性最大	中等—较好

第五节　产量概率模拟案例

油田开发规划优化主要是对产量目标的优化，而与产量对应的各类增产（措施、新井等）的效果评估、老井未措施产量预测过程中参数的获得都存在着很大的不确定性，由定性与定量结合确定的产量分配系数也存在主观与不确定性，油田的资源潜力，诸如加密井总量、未动用储量、待探明储量、三次采油增储等参数的确定都受到地质方面、经济方面以及社会方面的限制，由于地质状态、流体特征、测量技术等客观条件以及主观估计误差，这一参数实际上具有一定的不确定性，这就使得开发规划方案的增产油量具有很大的不确定性，方案实施具有一定的风险。例如，由于客观地质条件、技术条件、主观估计误差、成本限制等因素，实际情况中的措施年产油具有不确定性。对各增产措施的单井年产进行多次模拟，计算可得多组措施年产量及其概率。具体来说，各措施单井年产这一参数是不确定的，各措施的年工作量（模型中的决策变量）与此参数的乘积，即措施年产量，也是一个不确定值。由于总产量等于措施产量与未措施产量之和，所以油田总产量也是不确定值。考虑到总产量的随机性，即总产量的取值以不同的概率来表现，所以，对于决策者来说，每年完成既定产量任务的可能性有多大，就是在不确定环境下需要考虑的问题。因此，应用不确定规划技术，通过对规划优化方案进行概率分析，让模型能够更加贴近实际情况，还原现实情况中即存的不确定性，为决策人员提供更多的决策信息与支持。本章用蒙特卡洛模拟技术针对某一个开发规划方案的产量进行模拟。

一、随机模拟计算方法

随机模拟是针对实际问题建立一个简单且便于实现的概率统计模型，使所求的量（或解）恰好是该模型某个指标的概率分布或者数字特征。对模型中的随机变量建立抽样方法，在计算机上进行模拟测试，抽取足够多的随机数，对有关事件进行统计；对模拟试验结果加以分析，给出所求解的估计及其精度（方差）的估计；必要时，还应改进模型以降低估计方差和减少试验费用，提高模拟计算的效率。

不确定规划的求解可采用计算机模拟方法，本项目采用了蒙特卡洛模拟。该模拟用于计算某个随机事件出现的概率，当给定随机变量的分布类型（例如正态分布、均匀分布等）时，经多次计算机模拟，就可得出这个随机变量的期望和方差等数字特征。利用随机变量的数字特征，就可以对随机事件进行描绘，给出其出现概率等重要信息策。

(一)随机数的生成

蒙特卡洛模拟的关键是生成优良的随机数。在计算机实现中,是通过确定性的算法生成随机数,所以这样生成的序列在本质上不是随机的,只是很好的模仿了随机数的性质(如可以通过统计检验)。通常称为伪随机数(pseudo-random numbers)。

在模拟中,需要产生各种概率分布的随机数,而大多数概率分布的随机数产生均基于均匀分布 $U(0,1)$ 的随机数。

一个简单的随机数生成器过程见式(5-5-1):

$$\begin{aligned} x_{i+1} &= ax_i / m \\ u_{i+1} &= x_{i+1} / m \end{aligned} \quad (5\text{-}5\text{-}1)$$

其中 x_i, a, m 均为整数,x_0 可以任意选取。

随机数生成器的一般形式为

$$x_{i+1} = f(x_i), \quad u_{i+1} = g(x_{i+1}) \quad (5\text{-}5\text{-}2)$$

(二)算法实现

许多程序语言中都自带生成随机数的方法(图5-5-1),如C语言中的random( )函数,Matlab中的rand( )函数等。但这些生成器生成的随机数效果很不一样,比如C语言中的函数生成的随机数性质就比较差,如果用C语言,最好自己再编一个程序。Matlab中的rand( )函数,经过了很多优化。可以产生性质很好的随机数,可以直接利用。

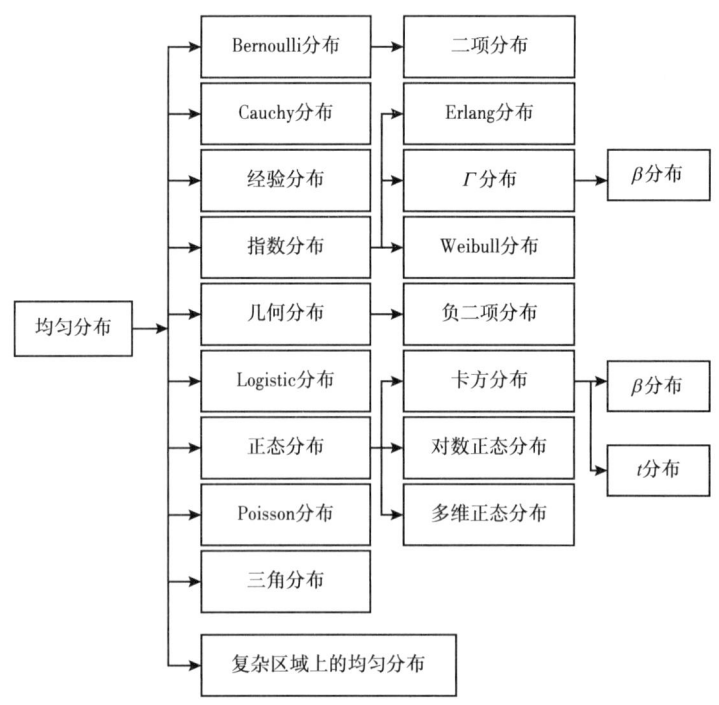

图 5-5-1 随机数生成数

采用如下的逆变换法产生服从任意分布的随机数。设随机变量 x，其概率分布为 $F(.)$，因概率分布为非减函数，而且其取值范围在 0 和 1 之间，所以其存在逆函数 $F^{-1}(.F(Y))$，定义域为 [0，1]。如果 u 是随机变量，服从 [0，1] 上的均匀分布，则

$$P\{F^{-1}(u) \leqslant y\} = P\{u \leqslant F(y)\} = F(y) \tag{5-5-3}$$

如果设 $x=F^{-1}(u)$，则其概率分布必为 $F(.)$。因此要产生服从分布为 $F(.)$ 的随机数，只需随机产生服从 [0，1] 上的均匀分布的随机数 u，然后利用求其反函数的方法 $F^{-1}(u)$ 得到。在本小节，给出服从均匀分布和正态分布的随机数的产生方法。

对均匀分布 $U(a,b)$，服从均匀分布的随机变量 x［记为 $x\sim U(a,b)$，a 和 b 为给定实数且 $a < b$］，其概率密度函数如下：

$$f(x) = \begin{cases} \dfrac{1}{b-a}, & a \leqslant x \leqslant b \\ 0, & \text{其他} \end{cases} \tag{5-5-4}$$

下面利用同余法产生随机数，令 $x_{i+1} = ax_i + c \pmod{m}$

其中乘子 a 为正整数，增量 c 为非负整数，x_1 为种子，m 为模数，是伪随机数序列的长度。这样利用上式对任给的 x_1 初始值，可产生序列 $\{x_1, x_2, \cdots, x_n\}$。

然后通过式（5-5-5）产生随机数

$$u_i = \frac{x_i}{m-1}, \quad i = 1, 2, \cdots, n \tag{5-5-5}$$

相应地，服从 [a，b] 上的均匀分布的随机数产生方式如下：

$$u_i = a + \frac{x_i}{m-1}(b-a), \quad i = 1, 2, \cdots, n \tag{5-5-6}$$

许多程序语言中都自带生成服从 [0，1] 上均匀分布的随机数的函数，如 C 语言中的 Rand() 函数所产生的随机数为 0 和 Rand_Max（Rand_Max=2¹⁵-1）之间的伪随机数。下面给出利用 Rand() 函数产生区间 [a，b] 上随机数的方法。

产生服从 $U(a,b)$ 的随机数算法。
步骤 1：调用随机函数，并设 u=Rand()。
步骤 2：将 u/Rand_Max 的值赋予 u。
步骤 3：输出 $a+u(b-a)$。
同样利用逆变换法可以产生服从正态分布的随机数。
设随机变量 x 服从正态分布（记为 $x\sim N(u, \sigma^2)$，其中 u 为均值，σ^2 为方差），其概率密度函数为：

$$f(x) = \frac{1}{\sigma\sqrt{2\pi}} \exp\left[-\frac{(x-u)^2}{2\sigma^2}\right], \quad -\infty < x < +\infty \tag{5-5-7}$$

利用逆变换法产生服从正态分布的随机数的方法如下。
步骤 1：产生服从均匀分布 $U(0,1)$ 的随机数 u_1 和 u_2。

步骤2：$y=[-2\ln(u_1)]^{\frac{1}{2}}\sin(2\pi u_2)$。

步骤3：输出 $u+\sigma y$。

二、油田产量完成概率模拟及分析

(一)简化条件下的产量完成概率模拟

对各增产措施的单井年产进行多次模拟，计算可得多组措施年产量及其概率。具体来说，各措施单井年产量这一参数是不确定的，因此，各措施的年工作量（模型中的决策变量）与此参数的乘积，即措施年产量，也是一个不确定值。由于总产量等于措施产量与未措施产量之和，所以油田总产量也是不确定值。考虑到总产量的随机性，即总产量的取值以不同的概率来表现，所以，对于决策者来说，每年完成既定产量任务的可能性有多大，就是在不确定环境下需要考虑的问题。

根据前面各单元优化结果，可得开发规划方案。该方案对应的产量因措施效果的不确定性具有很大的波动。根据历史数据或者经验，给出措施效果的概率分布如图5-5-2所示（均匀分布，采用上下浮动5%作为边界；正态分布将确定的效果作为均值，其5%作为方差）。措施效果不确定性的量化过程可由图5-5-3确定。

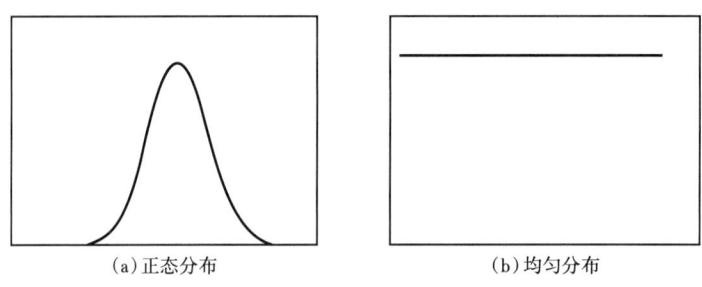

图 5-5-2 措施效果的概率分布图

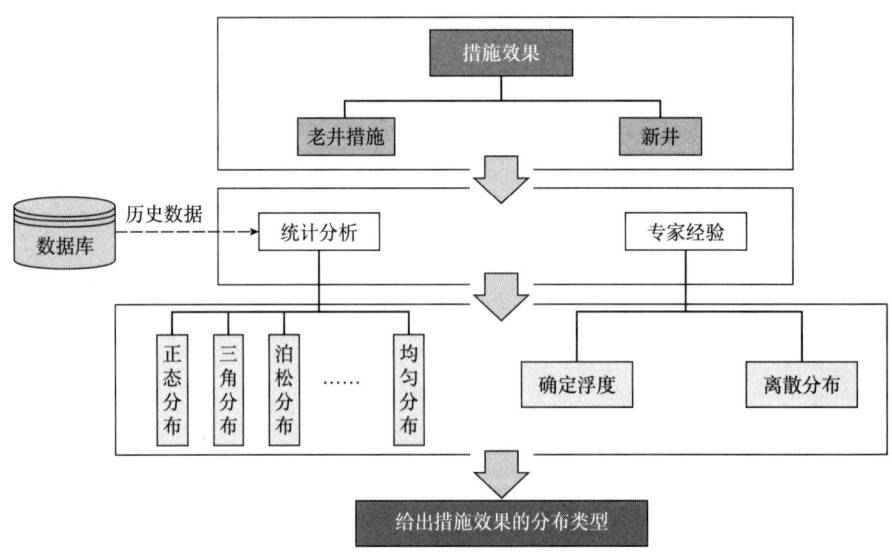

图 5-5-3 措施效果不确定性的量化过程

由于措施效果等的不确定性，某种方案的产油量具有很大的不确定性，利用蒙特卡洛模拟技术，随机抽取 10000 个样本点，将产油量人为划分为多个区间，统计各模拟产量落在各区间中的频率，从而可得产量的累积概率分布，即模拟产量小于等于既定产量任务的概率。类似的，也可以计算得出完成某一既定概率，所对应的任务分配应当为多少，针对于最优方案给出产油量的概率密度函数曲线，以及概率累积分布图。

模拟结果及模拟过程如图 5-5-4 和图 5-5-5 所示。

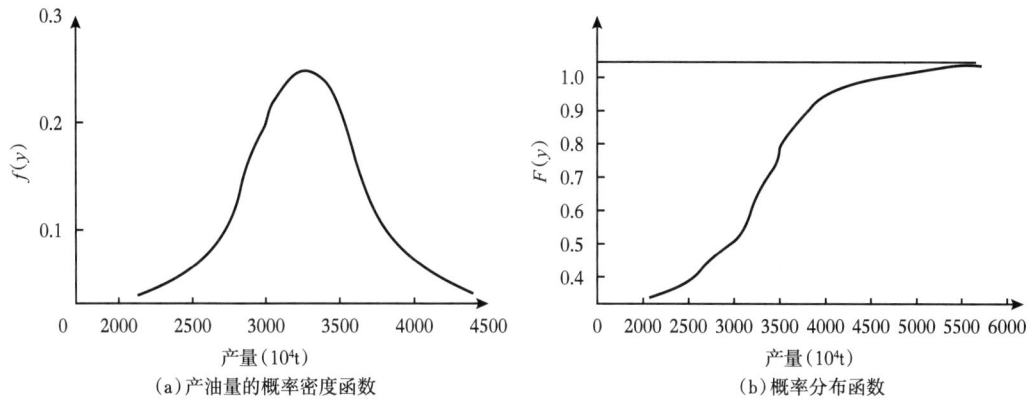

（a）产油量的概率密度函数　　（b）概率分布函数

图 5-5-4　产油量的概率密度函数曲线即概率累积分布图

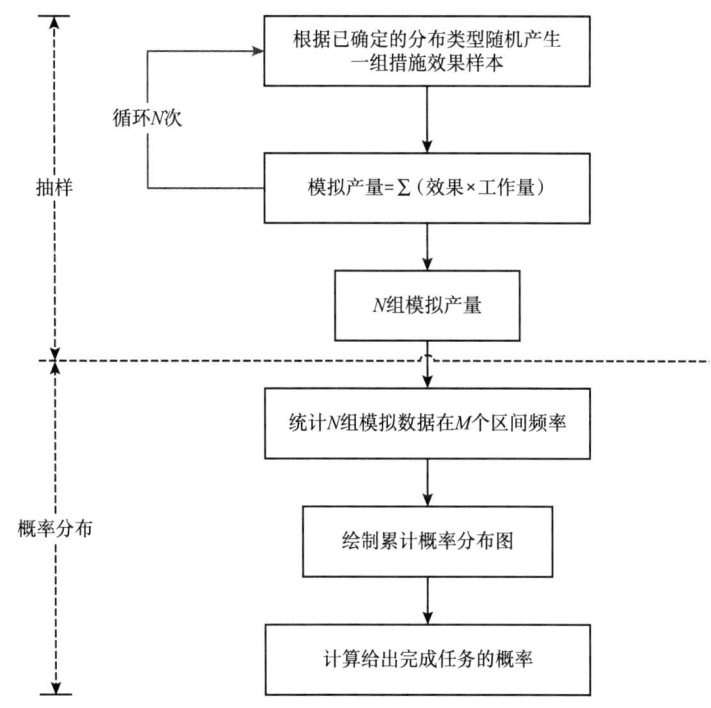

图 5-5-5　措施产量随机模拟过程

根据概率累积分布图，可给出开发规划方案完成任务的概率，提供给决策者作为制定决策的依据。如果某方案产油量的概率分布如上图，表明 $Pr\{产量 \leqslant 4000\}=0.35$，即

$Pr\{产油量 \geqslant 4000\}=0.65$ 则表明完成 $4000 \times 10^4 t$ 产量具有一定的风险，完成的概率为 0.65。

针对一套方案，其措施效果为不确定参数，对该套方案的产量进行模拟。可以模拟规划期内各个年份的产量，不确定参数的类型可选择均匀分布或者正态分布，即可给出完成每个常量的概率也可给出要想以某个务的产量。

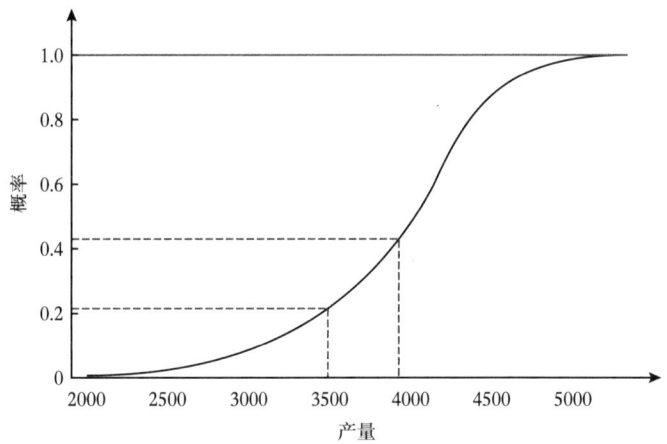

图 5-5-6 开发规划方案完成任务的概率

例如，将措施的产量用服从均匀分布的随机变量给出，利用蒙特卡洛模拟技术，针对建立的模型，采用相应的算法或工具实现对模型的求解，给出计算结果，可以看出规划期内第三年完成 $4000 \times 10^4 t$ 产量的概率为 79%。在决策过程中，有时需要公司能以给定的概率完成任务；如使公司在规划期第三年完成任务的概率为 100%，则分配给公司的任务不应该高于 $3953 \times 10^4 t$。通过蒙特卡洛模拟技术，可以为决策者提供技术支持。

（二）复杂条件下的产量完成概率模拟及分析

1. 模型参数

以长垣水驱为例，决策变量为 25 个，分为措施、时间两个维度，措施包括压裂、三换、补孔、其他和新井 5 类，时间包括规划期 5 年，组合形成 25 个决策变量，也就是要确定在每个规划年的每种措施的工作量，即都要有多少口井对应采取措施（表 5-5-1）。

表 5-5-1 规划期间措施总潜力

措施类别		措施总量	年均衡约束				
			第 1 年	第 2 年	第 3 年	第 4 年	第 5 年
压裂（口）	上限	7500	1500	1500	1500	1500	1500
	下限		900	900	900	900	900
三换（口）	上限	4500	900	900	900	900	900
	下限		600	600	600	600	600
补孔（口）	上限	1250	260	260	260	260	260
	下限		150	150	150	150	150

续表

措施类别		措施总量	年均衡约束				
			第1年	第2年	第3年	第4年	第5年
其他 （口）	上限	1250	260	260	260	260	260
	下限		150	150	150	150	150
新井 （口）	上限	7200	1450	1450	1450	1450	1450
	下限		900	900	900	900	900

不确定参数30个，其中递减率分为5年5个，后一年的递减率不大于前一年的递减率；措施增油效果参数25个，分为5种措施5年，每种措施的增油效果同样有后一年的小于等于前一年的规律。各不确定参数给出在输入数据中给出其上下限，取值在此区间内浮动，且满足确定的分布类型，在实例中采用均匀分布（表5-5-2）。

表5-5-2 长垣水驱不确定指标量化表征参数表

措施类别		分布类型	年均衡约束				
			第1年	第2年	第3年	第4年	第5年
老井递减率 （%）	上限	正态	10	10	10	10	10
	下限		8	8	8	8	8
压裂单井年增油 （t）	上限	对数正态	370	370	370	370	370
	下限		300	300	300	300	300
三换单井年增油 （t）	上限	正态	170	170	170	170	170
	下限		140	140	140	140	140
补孔单井年增油 （t）	上限	正态	150	150	150	150	150
	下限		120	120	120	120	120
其他单井年增油 （t）	上限	正态	150	150	150	150	150
	下限		120	120	120	120	120
新井单井日产油 （t）	上限	均匀	3.0	3.0	3.0	3.0	3.0
	下限		2.4	2.4	2.4	2.4	2.4

其余参数包括5年的措施规模上下限、5类措施在各年的年均衡约束上下限、各类措施工作量总量、老井初始产油、各年水驱后效产量、各类措施在各年的单井增油系数和成本系数（油液水）、各类措施单井成本系数（井）以及各年的新井单井增储系数。按照年产量递减 $40×10^4t$、$50×10^4t$、$60×10^4t$、$70×10^4t$、$80×10^4t$ 和 $90×10^4t$ 等不同递减规模，设计了6套长垣水驱规划优化的产量目标（表5-5-3）。

表 5-5-3　长垣水驱不同递减规模下的规划产量目标

产量目标	递减规模	第 1 年	第 2 年	第 3 年	第 4 年	第 5 年
目标 1（10^4t）	40	1985	1945	1905	1865	1825
目标 2（10^4t）	50	1975	1925	1875	1825	1775
目标 3（10^4t）	60	1965	1905	1845	1785	1725
目标 4（10^4t）	70	1955	1885	1815	1745	1675
目标 5（10^4t）	80	1945	1865	1785	1705	1625
目标 6（10^4t）	90	1935	1845	1755	1665	1575

2. 模型求解

应用 Lingo 软件，求解模型。并将 Lingo 计算部分嵌入 Excel 表，方便操作。计算结果见表 5-5-4 至表 5-5-6。

表 5-5-4　水驱工作量安排表

措施		规划年					合计
		第 1 年	第 2 年	第 3 年	第 4 年	第 5 年	
老井（口）	压裂	900	900	1124	1326	1236	5486
	三换	600	600	899	890	851	3840
	补孔	150	150	260	167	164	891
	其他	150	150	151	252	151	854
新井（口）	总井数	900	900	966	947	1431	5144

表 5-5-5　水驱目标偏差汇总表

时间	产量偏差		成本偏差（万元）		新增可采储量偏差（10^4t）		产量偏差合计（10^4t）
	负偏差	正偏差	负偏差	正偏差	负偏差	正偏差	
第 1 年	0	28.4399	0	25571.145	171.2	0	43.04896
第 2 年	0	14.6069					
第 3 年	2.74×10^{-4}	0					
第 4 年	0.000383	0					
第 5 年		0.0015072					
合计	0.000657	43.048307					

表 5-5-6 水驱目标优化结果

时间	产量（10⁴t）		成本（万元）		新增可采储量（10⁴t）	
	目标产量	优化产量	目标成本	优化成本	目标新增可采储量	新增可采储量
第1年	1935	1963.44	190000	215571.1	1200	1028.8
第2年	1845	1859.607				
第3年	1755	1755				
第4年	1665	1665				
第5年	1575	1575.002				
合计	8775	8818.048				

3. 风险概率模拟

不确定多目标优化模型方面，基于遗传算法和蒙特卡洛模拟，采用C++语言编程实现模型求解。

在不同的递减规模下，针对不同的优化产量目标分别求解，每组均求得多组Pareto解。每一组解包括每年完成目标的概率值、五年概率乘积、成本期望、新增可采储量、工作量安排。以下给出各目标下求解结果示例。

（1）递减规模 $40×10^4$t。

完成概率分别代表第一年、第二年、第三年、第四年、第五年在递减率、措施增油参数不确定条件下，分别完成各年产量目标的概率。概率表示随着措施增油量和递减率的随机变化，能完成五年产量目标的概率的乘积，即完成概率的乘积。观察可行解对应的概率值均为0，基本只有第一年的完成概率不为0，表明在此条件下，产量目标基本不可能完成。所以，这组产量目标对于水驱区块来说是过高的，在措施工作量约束下，没有办法完成。

成本是油田开发过程中的一项重要经济指标，该值越小越好，有效地控制成本有着非常重要的意义。此组条件下，可行解对应的最小化成本费用的期望值的范围大约在630000到690000之间。根据不同的工作量安排，有一定的上下浮动，Pareto最优解对应的成本差异在10%以内。

新增可采储量对未来油田的可持续开发有着重要的意义，该值越大越好。此组条件下，可行解对应的最大化新增可采储量的值在1000~1400之间，表明在未来，油田还可长期稳定地开发。

X表示工作量，即各年采取各种措施的井数，其中横行表示某种措施在不同年份k的工作量，纵列表示某年的第i种措施的工作量。不同的X的组合构成了Pareto解集。各项措施规划期内工作量均接近约束上限。

（2）递减规模 $70×10^4$t。

观察此条件下求得的全部可行解，可以发现相较于前两组，可行解的数量显著增加，对应的概率值不再为0，在0~70%之间，表明在此条件下，产量目标是存在可能完成的概率的。在某些工作量安排下，完成目标的概率可以达到70%，但想要顺利完成产量目标还是存在一定的风险。为了保证顺利完成年产量的硬性指标,需要考虑这组目标是不是依旧略高,或是需要适当地对措施要求进行调整处理。

表 5-5-7　水驱不确定模型求解结果(递减规模 40×10^4t)

	第1年	第2年	第3年	第4年	第5年	
目标产量	1985	1945	1905	1865	1825	
	--------方案--------					
完成概率	0.571	0	0	0	0	
概率	0					
成本	739026.6875					
新井增储	1321.200073					
(口)	----结果----					合计
压裂	1375	1306	1181	1154	1118	6134
三换	651	604	681	891	745	3572
补孔	177	184	215	248	258	1082
其他	208	188	197	208	257	1058
新井	1416	1023	1273	1450	1444	6606

此组条件下,可行解对应的最小化成本费用的期望值的范围在 630000~790000 之间,浮动范围较大。可行解对应的最大化新增可采储量的值在 1000~1400 之间,表明在未来,油田还可长期稳定地开发。

表 5-5-8　水驱不确定模型求解结果(递减规模 70×10^4t)

	第1年	第2年	第3年	第4年	第5年	
目标产量	1955	1885	1815	1745	1675	
	--------方案--------					
完成概率	1	0.989	0.849	0.889	0.95	
五年概率	0.709136					
成本	773873.9375					
新井增储	1357					
(口)	----结果----					合计
压裂	1300	1253	1160	1282	1157	6152
三换	658	643	839	600	879	3619
补孔	178	244	190	227	255	1094
其他	157	255	211	239	242	1104
新井	1369	1440	1321	1359	1296	6785

(3)递减规模 90×10⁴t。

观察此条件下求得的全部可行解,可行解的概率值基本等于 1 或接近 1。表明在适当的工作量安排下,可以确保产量目标的完成。可行解对应的最小化成本费用的期望值的范围在 630000~760000 之间。可行解对应的最大化新增可采储量的值在 1000~1400 之间。

表 5-5-9 水驱不确定模型求解结果(递减规模 90×10^4t)

	第1年	第2年	第3年	第4年	第5年	
目标产量	1935	1845	1755	1665	1575	
	-------- 方案 --------				
完成概率	1	1	1	1	1	
概率	1				
成本	752806.8125				
新井增储	1320.800049				
(口)	---- 结果 ----					合计
压裂	1257	1210	1118	1084	1198	5867
三换	839	723	881	900	722	4065
补孔	251	225	211	246	190	1123
其他	244	247	255	242	205	1193
新井	1405	1094	1439	1377	1289	6604

三、主要经验与认识

(1)单因素变化,"确定"的风险评价已无法满足目前油田开发形势的需要。油田开发规划方案的风险分析是一个系统的、整体的工作,涉及到多个不确定因素同时变化的影响,而且每个因素概率分布又可能不同,常规方法难以很好描述,因而无法满足实际需求,同时,油田开发规划所具有的多层次、多因素、多阶段等特点,也决定需要研究适合规划方案风险分析的方法。

(2)目前多数风险分析方法除了经济评价中的不确定分析方法外,主要都是基于蒙特卡洛随机模拟的方法,或是其他方法与其的结合而形成的综合不确定分析方法,如层次分析与蒙特卡洛的结合。多方法相结合的方式可以更好地综合各方面因素信息,使方案评价结果更为合理,值得在方案风险分析方法中考虑。

(3)大多风险评价分析都是基于概率分布的,不确定因素分布类型的确定将是风险分析的首要步骤。由于多数都是基于已知概率分布这个假设,但在分布类型确定方面提及的却比较少,立足概率统计理论,研究完善已知样本的概率分布确定方法,也是今后在方案风险分析实际中值得研究的工作。

(4)给出分析对象的风险概率,是大多研究的主要目的。但有时决策者并不只看所关心的分析对象的概率是多少,完成目标的风险有多大,重要的是要了解产生风险的根源所在，实际中如何把控不确定性影响因素，降低风险，更大程度地保证目标任务的完成，这前提是需要知道研究对象不确定性因素对目标任务达成的影响程度。目前还未见这方面在油田上的应用研究。因此，研究不确定性因素的影响程度，对风险的规避、完成目标任务的调控都有现实的指导意义，也是今后项目风险分析评价中需要深入研究的方向。

（5）目前应用的有关风险评估分析软件大都可实现不确定因素的随机模拟（蒙特卡洛）和影响程度分析（灵敏度），在解决油田规划实际存在的不确定性问题，是直接应用形成的软件工具还是自己实现，要根据实际问题的复杂程度、决策人员的需求以及不确定优化模型系统的结合等方面进行合理安排，以保证系统的整理性。

参考文献

[1] 盛骤、谢式千. 概率论与数理统计 [M]. 北京：高等教育出版社，2006.

[2] 杨耀臣. 蒙特卡洛方法与人口仿真学 [M]. 合肥：中国科学技术大学出版社，1999.

[3] 郭睿. 国际石油勘探开发项目技术评价方法研究 [D]. 北京：中国地质大学（北京），2007.